第七届中国建筑装饰卓越人才计划奖
The 7th China Building Decoration Outstanding Telented Award

再接再厉
KEEP WORKING

2015 创基金·四校四导师·实验教学课题
2015 Chuang Foundation · 4&4 Workshop · Experiment Project
中国高等院校环境设计学科带头人论设计教育学术论文

主　编	Chief Editor
王　铁	Wang Tie
副主编	Associate Editor
张　月	Zhang Yue
彭　军	Peng Jun
王　琼	Wang Qiong
巴林特	Balint Bachmann
赵　宇	Zhao Yu
段邦毅	Duan Bangyi
韩　军	Han Jun
陈华新	Chen Huaxin
齐伟民	Qi Weimin
谭大珂	Tan Dake
冼　宁	Xian Ning
陈建国	Chen Jianguo
石　赟	Shi Yun
刘　原	Liu Yuan

中国建筑工业出版社

图书在版编目（CIP）数据

再接再厉 2015创基金·四校四导师·实验教学课题 中国高等院校环境设计学科带头人论设计教育学术论文／王铁主编. —北京：中国建筑工业出版社，2015.8
ISBN 978-7-112-18359-3

Ⅰ. ①再… Ⅱ. ①王… Ⅲ. ①环境设计－教学研究－高等学校－文集 Ⅳ. ①TU-856

中国版本图书馆CIP数据核字（2015）第183945号

责任编辑：唐 旭 杨 晓
责任校对：姜小莲 党 蕾

第七届中国建筑装饰卓越人才计划奖
再接再厉 2015创基金·四校四导师·实验教学课题
中国高等院校环境设计学科带头人论设计教育学术论文
主 编 王 铁
副主编 张 月 彭 军 王 琼 巴林特
赵 宇 段邦毅 韩 军 陈华新
齐伟民 谭大珂 冼 宁 陈建国
石 赟 刘 原
*
中国建筑工业出版社出版、发行（北京西郊百万庄）
各地新华书店、建筑书店经销
北京锋尚制版有限公司制版
北京顺诚彩色印刷有限公司印刷
*
开本：880×1230毫米 1/16 印张：13½ 字数：415千字
2015年8月第一版 2015年8月第一次印刷
定价：128.00元
ISBN 978-7-112-18359-3
（27617）

感谢深圳市创想公益基金会对2015四校四导师实验教学的支持

深圳市创想公益基金会，简称“创基金”，于2014年在中国深圳市注册，是一个非官方及非营利基金会。

创基金由邱德光、林学明、梁景华、梁志天、梁建国、陈耀光、姜峰、戴昆、孙建华及琚宾等来自中国内地、中国香港、中国台湾的室内设计师共同创立，是中国设计界第一次自发性发起、组织、成立的私募公益基金会。创基金以“求创新、助创业、共创未来”为使命，特别设有教育、发展及交流委员会，希望能够协助推动设计教育的发展，传承和发扬中华文化，支持业界相互交流的美好愿望。

课题院校学术委员会

4&4 Workshop Project Committee

中央美术学院建筑学院

王铁　教授　院长

Central Academy of Fine Arts, School of Architecture

Prof. Wang Tie,Dean

清华大学美术学院

张月　教授　系主任

Tsinghua University, Academy of Arts & Design

Prof. Zhang Yue, Department Head

天津美术学院　环境与建筑艺术学院

彭军　教授　院长

Tianjin Academy of Fine Arts, School of Environmental and Architectural Design

Prof. Peng Jun,Dean

苏州大学　金螳螂城市建筑环境设计学院

王琼　教授　副院长

Soochow University, Gold Mantis School of Architecture and Urban Environment

Prof. Wang Qiong,Vice-Dean

四川美术学院

潘召南　教授　处长

Sichuan Fine Arts Institute

Prof.Pan Zhaonan,Science and Technology Department Director

佩奇大学工程与信息学院

阿高什　副教授

金鑫　博士

University of Pecs，Faculty of Engineering and Information Technology

Prof.Akos Hutter

Dr.Jin Xin

山东师范大学
段邦毅　教授
Shandong Normal University
Prof. Duan Bangyi

青岛理工大学
谭大珂　教授
Qingdao Technological University
Prof. Tan Dake

内蒙古科技大学
韩军　副教授
Inner Mongolia University of Science and Technology
Prof.Han Jun

山东建筑大学
陈华新　教授
Shandong Jianzhu University
Prof. Chen Huaxin

吉林建筑大学
齐伟民　教授
Jilin Jianzhu University
Prof. Qi Weimin

沈阳建筑大学
冼宁　教授
Shenyang Jianzhu University
Prof. Xian Ning

广西艺术学院
陈建国　教授
Guangxi Arts Institute of China
Prof. Chen Jianguo

深圳市创意公益基金会
姜峰　秘书长
Shenzhen Chuang Foundation
Jiang Feng,Secretary–General

中国建筑装饰协会
刘晓一　秘书长
刘原　设计委员会秘书长
China Building Decoration Association
Liu Xiaoyi,Secretary–General
Liu Yuan,Design Committee Secretary–General

北京清尚环艺建筑设计研究院
吴晞　院长
Beijing TSINGSHANG Architectural Design and Research Institute Co.,Ltd.
Wu Xi,Dean

深圳广田建筑装饰设计研究院
肖平　院长
Shenzhen Grandland Construction Decoration Design Institute
Xiao Ping,Dean

苏州金螳螂建筑装饰股份有限公司设计研究总院
石赟　副院长
Suzhou Gold Mantis Construction Decoration Co.,Ltd. Design and Research Institute
Shi Yun,Vice–Dean

佩奇大学工程与信息学院

University of Pecs
Faculty of Engineering and Information Technology

硕士录取名单
Master Admission List

"四校四导师"毕业设计实验课题已经纳入佩奇大学建筑教学体系，并正式成为教学日程中的重要部分。在本次课题中获得优秀成绩的六名同学成功考入佩奇大学工程与信息学院攻读硕士学位。

The 4&4 workshop program is a highlighted event in the educational calendar of University of Pecs. There are six outstanding students get the admission to study for master degree in University of Pecs, Faculty of Engineering and Information Technology.

中央美术学院	赵　磊	Central Academy of Fine Arts	Zhao Lei
山东师范大学	亓文瑜	Shandong Normal University	Qi Wenyu
广西艺术学院	蔡国柱	Guangxi Arts Institute of China	Cai Guozhu
山东建筑大学	王广睿	Shandong Jianzhu University	Wang Guangrui
吉林建筑大学	曾浩恒	Jilin Jianzhu University	Zeng Haoheng
吉林建筑大学	姚国佩	Jilin Jianzhu University	Yao Guopei

2015年6月13日　　13th June 2015

佩奇大学工程与信息学院简介

佩奇大学是匈牙利国立高等教育机构之一，在校生约26000名。早在1367年，匈牙利国王路易斯创建了匈牙利的第一所大学——佩奇大学。佩奇大学设有十个学院，在匈牙利高等教育领域起着重要的作用。大学提供多种国际认可的学位教育和科研项目。目前，每年我们接收来自60多个国家的近2000名国际学生。30多年来，我们一直为国际学生提供完整的本科、硕士、博士学位的英语教学课程。

佩奇大学工程与信息学院是匈牙利最大、最活跃的科技高等教育机构，拥有成千上万的学生和40多年的教学经验。此外，我们作为国家科技工程领域的技术堡垒，是匈牙利南部地区最具影响力的教育和科研中心。我们的培养目标是：使我们的毕业生始终处于他们职业领域的领先地位。学院提供与行业接轨的各类课程，并努力让我们的学生掌握将来参加工作所必备的各项技能。在校期间，学生们参与大量的实践活动。我们旨在培养具有综合能力的复合型专业人才，使他们充分了解自己的长处和弱点，并能够行之有效地表达自己。通过在校的学习，学生们更加具有批判性思维能力、广阔的视野，并且宽容和善解人意，在他们的职业领域内担当重任并不断创新。

作为匈牙利最大、最活跃的科技领域的高等教育机构，我们始终使用得到国际普遍认可的当代教育方式。我们的目标是提供一个灵活的、高质量的专家教育体系结构，从而可以很好地满足学生在技术、文化、艺术方面的要求，同时也顺应了自21世纪以来社会发生巨大转型的欧洲社会。我们理解当代建筑；我们知道过去的建筑教育架构；我们和未来的建筑工程师们一起学习和工作；我们坚持可持续发展；我们重视自然环境；我们专长于建筑教育!我们的教授普遍拥有国际教育或国际工作经验；我们提供语言课程；我们提供国内和国际认可的学位。我们的课程与国际建筑协会有密切的联系与合作，目的是为学生提供灵活且高质量的研究环境。我们与国际多个合作院校彼此提供交换生项目或留学计划，并定期参加国际研讨会和展览。我们大学的硬件设施达到欧洲高校的普遍标准。我们通过实际项目一步一步地引导学生。我们鼓励学生发展个性化的、创造性的技能。

博士院的首要任务是：为已经拥有建筑专业硕士学位的人才和建筑师提供与博洛尼亚相一致的高标准培养项目。博士院是最重要的综合学科研究中心，同时也是研究生的科研研究机构，提供各级学位课程的高等教育。学生通过参加脱产或在职学习形式的博士课程项目，达到要求后可拿到建筑博士学位。学院的核心理论方向是经过精心挑选的，并能够体现当代问题的体系结构。我们学院最近的一个项目就是为佩奇市的地标性建筑——古基督教墓群进行遗产保护，并负责再设计（包括施工实施）。该建筑被联合国教科文组织命名为世界遗产，博士院为此作出了杰出的贡献并起到了关键性的作用。参与该项目的学生们根据自己在此项目中参与的不同工作，将博士论文分别选择了不同的研究方向：古建的开发和保护领域、环境保护、城市发展和建筑设计等等。学生的论文取得了有价值的研究成果，学院鼓励学生们参与研讨会、申请国际奖学金并发展自己的项目。

我们是遗产保护的研究小组。在过去的近40年里，佩奇的历史为我们的研究提供了大量的课题。在过去的30年里，这些研究取得巨大成功。2010年，佩奇市被授予“欧洲文化之都”的称号。与此同时，早期基督教墓地及其复杂的修复和新馆的建设工作也完成了。我们是空间制造者。第13届威尼斯建筑双年展，匈牙利馆于2012年由我们的博士生设计完成。此事所取得的成功轰动全国，展览期间，我们近500名学生展示了他们的作品模型。我们是国际创新型科研小组。我们为学生们提供接触行业内活跃的领军人物的机会，从而提高他们的实践能力，同时也为行业不断增加具有创新能力的新生代。除此之外，我们还是创造国际最先进的研究成果的主力军，我们将不断更新、发展我们的教育。专业分类：建筑工程设计系、建筑施工系、建筑设计系、城市规划设计系、室内与环境设计系、建筑和视觉研究系。

佩奇大学工程与信息学院
院长　巴林特
2015年6月24日
University of Pecs
Faculty of Engineering and Information Technology
Prof.Balint Bachmann，Dean
24th June 2015

前言 · 再接再历

Preface: Keep Working

中央美术学院 王铁教授

Central Academy of Fine Arts, Professor Wang Tie

伴随2015创基金“四校四导师”实验教学课题，在中央电视台14频道中文国际中国新闻播出，第七届中国建筑装饰卓越人才计划奖圆满地画上了句号。人们思考是什么力量让这群中外高等院校的教授们坚持了七年，课题组全体导师们，用简单而概括的一句话，三个字，公益心。

在人类高等教育的历史长河中，中国的高等教育历史相对西方发达国家比较晚，高等学校建校历史最长的也不到120年，我们承认与发达国家教育在历史上存在一定差距。为此100多年前政府派学子去西方留学，目的是发展中国的高等教育。

刚刚完成“四校四导师”课题论文写作，今天又要继续拿起笔写出版前言，回忆起七年前2008年9月的秋天，新学期按照校历自然地开始了它的使命。放在桌面的名单上写着14名毕业生的名字，他们在校的最后一年将与我一起度过，这就是中央美术学院工作室的教学规定。望着写有学号的名字，我沉思了许久。然后拿起电话拨通了清华大学美术学院环艺系主任张月教授的手机，沟通合作教学的想法，他非常认同并约定面谈。隔日见面一拍即合，就这样一个偶发的想法，一个大胆的尝试开启了“四校四导师”的实验教学课题。

努力只是一种态度，追求高质量是目标，这是“四校四导师”的实验教学课题的价值核心。经过七年的探索，课题组全体同仁认识到院校间存在差距是共同进步的表现，验证了在成果面前，教者表现的是不懈的职业态度，再一次激励奋斗者激情继续燃烧这句名言。

促使中外课题合作院校架起与企业合作的桥梁，不断探索是全体“四校四导师”的实验教学课题组导师的奋斗目标，邀请建筑设计、环境设计、景观设计和相关专业学者、学科带头人，为课题探索增加坚实的学术基础，目的是带动相关院校的教学，根据不同类型课题项目和要求进行分类，制定可行性课题设计任务书，努力为高等院校树立设计教学研究的学术品牌。其特色是邀请具有影响力的兄弟院校和社会知名设计师，与知名企业中的名师共同组成学术团队带头人，提倡学生与学生互动，导师与导师互动。在导师组共同指导下，参加课题的学生根据要求进行调研，构思、独立完成调研报告的写作和动手表达能力，鼓励设计方案与解读设计任务书中的设计条件，遵循有法规可依的设计原则，搭建名校、名企、名家与学生的对话平台，鼓励参加课题院校学生之间相互交流、共同探讨，建立无界限交叉指导学生模式，科学有序地完成实验课题。打造多维的实验教学模式，强调三位一体的教学学术研究团队，即国内外知名教授、专家学者、企业名人的实验教学指导团队，科学有效地完成教学计划课题，为高等院校教授间的深入合作打下良好而有价值的可鉴案例。

虽然实验教学课题教学过程中出现了一些问题，但是共同的价值观将有助于克服教师与教师、学生与学生之间的差别。找出环境设计专业教学中的缺点和不足，提高掌握工学科的基础知识和能力，利用艺术院校特有的专长，发挥设计表达能力优势，针对6名保送去匈牙利国立佩奇大学攻读硕士学位的获奖学生，评价“四校四导师”的实验教学质量，创作出具有低碳理念和高度审美能力的设计作品是教育所提倡的，相信今后还会有更多的学生被推荐走出国门去读书。

再接再历是鼓励全体“四校四导师”实验教学课题组导师的名言，七年来就是靠这种坚持的精神走下来的，它是明确表达全体同仁的动力，从责任导师的论文题目看院校之间，认识问题的优点与缺点上存在不同，这种不同说明了设计教育实践是发现问题的突破口。找出问题同时也是发现成果，大家民主的言论和公平的价值奠定了环境设计健康有序发展的未来。

2015年6月28日于北京

目录

参与单位及个人

课题组责任导师：
王铁、张月、彭军、潘召南、巴林特、王琼、段邦毅、韩军、陈华新、齐伟民、谭大珂、冼宁、陈建国

课题组指导教师：
侯晓蕾、钟山风、李飒、高颖、赵宇、阿高什、阿基·波斯、诺亚斯、汤恒亮、王洁、马辉、王云童、孙迟

创想公益基金及业界知名实践导师：
姜峰、林学明、琚宾

知名企业高管：
吴晞、孟建国、裴文杰、米姝玮

行业协会督导：
刘　原

教务管理：

中央美术学院教务处	王晓琳	处　长
清华大学美术学院教务处	董素学	主　任
天津美术学院教务处	赵宪辛	处　长
苏州大学教务处	唐忠明	处　长
四川美术学院教务处	翁凯旋	处　长
山东师范大学教务处	安利国	处　长
青岛理工大学教务处	王在泉	处　长
内蒙古科技大学教务处	赵　团	处　长
山东建筑大学教务处	段培永	处　长
沈阳建筑大学教务处	姚宏韬	处　长
东北师范大学教务处	饶从满	处　长
广西艺术学院教务处	钟宏桃	处　长
吉林建筑大学教务处	陈　雷	处　长
中国建筑工业出版社	唐　旭	副主任

名企支持:
中国建筑装饰协会设计委员会
中国建筑设计研究院
北京清尚环艺建筑设计研究院
苏州金螳螂建筑装饰设计研究院

媒体支持:
中国建筑装饰装修杂志、家饰杂志、中华室内设计网

课题主题:
环境设计

课题院校:
中央美术学院建筑学院
清华大学美术学院
天津美术学院环境与建筑艺术学院
苏州大学金螳螂建筑与城市环境学院
佩奇大学工程与信息学院
四川美术学院设计艺术学院
青岛理工大学艺术学院
内蒙古科技大学艺术与设计学院
山东建筑大学艺术学院
沈阳建筑大学艺术设计学院
吉林建筑大学艺术设计学院
山东师范大学美术学院
广西艺术学院建筑艺术学院

2015创基金·四校四导师·实验教学综合景观设计教案

<table>
<tr><td>课题院校
（13所）</td><td colspan="3">五核心：
中央美术学院（教育部属）：
教授1名、学生3名
清华大学美术学院（教育部属）：
教授1名、学生4名
天津美术学院（市属重点）：
教授1名、学生5名
苏州大学（省属重点）：
教授1名、学生3名
匈牙利佩奇大学（国立大学）：
教授2名、学生4名

四基础：
四川美术学院（市属重点）：
教授1名、学生3名
山东师范大学（省属重点）：
教授1名、学生3名
青岛理工大学（省属重点）：
教授1名、学生3名
内蒙古科技大学（区属重点）：
教授1名、学生3名

邀请院校：
山东建筑大学（省属重点）：
教授1名、学生2名
吉林建筑大学（省属重点）：
教授1名、学生2名
沈阳建筑大学（省属重点）：
教授1名、学生2名
广西艺术学院（省属重点）：
教授1名、学生1名

注：
1. 国际合作院校导师和学生除往返机票外，于中国的课题费用完全由课题组负担。
2. 责任教授17人，学生37人，课题师生总计54人。
3. 各校经费由责任导师垫付，结题后由课题组统一报销。
4. 课题报销按协议执行（责任导师的助理费用不包含于报销计划内）</td><td>导师</td><td>院校责任导师：
王　铁
张　月
彭　军
潘召南
巴林特
王　琼
段邦毅
韩　军
陈华新
齐伟民
谭大珂
冼　宁
陈建国
实践导师：
姜峰
林学明
琚宾
设计企业高管：
吴晞
孟建国
石赟
裴文杰
行业协会督导：
刘 原</td></tr>
<tr><td>课程类别</td><td>实验教学</td><td>考核方式</td><td>答辩加汇报（100）</td><td>授课对象</td><td>本科四、五年级</td></tr>
<tr><td>上课时间</td><td>2015年3月20日至
2015年6月15日</td><td>课题地点</td><td>开题：清华大学
中期：苏州大学
中期：山东师范大学
结题：中央美术学院</td><td>上课人数</td><td>37人（限定）</td></tr>
</table>

续表

教学目标	1. 在课题组教师共同指导下学生独立完成课题。在掌握城市公共空间景观设计与建筑设计原理的基础上，深入理解课题任务书，对选用的设计课题用地进行深入的调研分析。 2. 对已掌握的专业理论与技能展开深化，提高对城市街区的设计概念的认识，学习构思与分析方法，掌握城市景观与建筑设计综合基础原理和表现。 3. 在责任导师的认可下，参加课题的学生需要具备相关专业知识，能够按课题阶段规定计划进行课题拓展，达到实验教学课题的相关要求（掌握基础建构原理、功能分布、空间塑造、制图、识图、专业表现技法、文本写作）
教学方法	1. 导师讲解课题的学习计划和设计基本原则，把控学生分阶段完成相关计划，组织学生对城市用地及环境进行实地调研，每位学生在开课题前要完成综合梳理，向责任导师汇报调研报告，获得通过后参加每一阶段课题汇报，达标后可参加答辩。 2. 导师必须把握学生课题进度及讲解设计原理及相关知识，课题过程注重互动，随堂辅导学生，解决学生提出的问题，课题分为四个阶段
教学内容	宗旨： 1. 实地调研和资料收集，了解、认识、感受、分析城市环境空间（课题街区）关系及寻找设计手法，在学习理解相关城市设计基础和设计规范的基础上，掌握设计方法。 2. 对调研资料收集结果加以梳理，编写出《调研报告》，字数不得少于1500字（含图表），为课程的进一步深入打下可靠基础。 注：调研地点：天津市西开教堂用地（详见地块建筑及景观设计任务书）。 汇报要求（课题）： 第一阶段： 调研报告一份，完成PPT制作（总平面图、功能分析图、主要建筑景观立面图，横剖与纵剖不少于2个断面图）。可以选用意向图丰富主题，在责任导师认可后参加调研课题汇报。 第二阶段： 强调构思过程草图表现，依据调研成果建造用地模型（提供用地内建筑模型），强调分析过程，强调建构意识，强调功能布局，强调深入能力。平衡用地遗留建筑与新功能建筑及景观环境设计概念方案的关系，严格遵守课题任务书要求，严格表现CAD及标高界限。完成PPT制作，在责任导师认可后参加调研课题中期汇报。 第三阶段： 完成动线流程，深入区域划分，强调建筑功能与特色，分析各功能空间之间的关系，建造意识、形态及设计艺术品位，完成城市街区古建筑保护与新建筑建设、环境景观的综合设计方案。 第四阶段： 提交完整的课题最终排版内容（电子文件一份），最终答辩用PPT，必须记录课题设计全过程的重要内容，作品标明“主题”学校、姓名、指导教师。

续表

作业小样	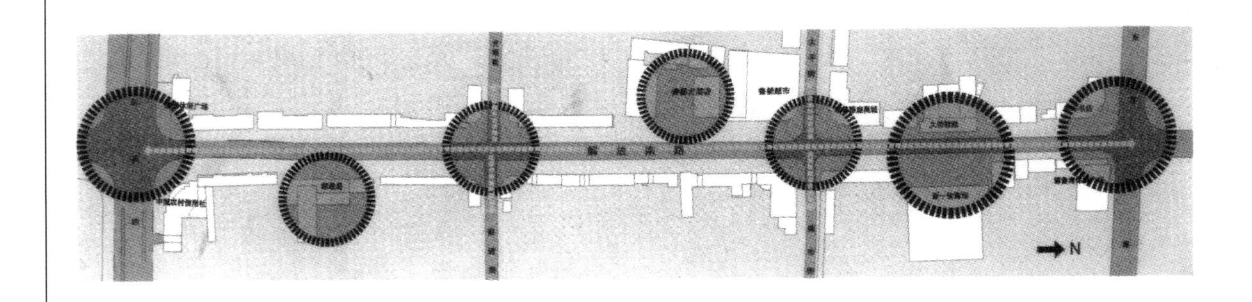
参考书目	《城市设计》，王建国著，东南大学出版社，2004年8月版。 《地景设施》，黄世孟著，大连理工大学出版社，2001年1月版。 《城市设计的维度》，段进等译，江苏科学技术出版社，2005年11月版。 《设计与分析》，伯纳德·卢本等著，天津大学出版社，2003年2月版。 注：也可参考与之内容相近的可读物。
备注	1. 结合课程发挥导师与学生互动的优势，达到对城市历史街区保护设计一般性原理的掌握。 2. 达到学生在多个导师面前，学会梳理，找出解决设计问题的方法，为融入设计院工作打下基础。 3. 选用本课题的学生可申请课题合作境外国立高等院校建筑学专业硕士课程。 4. 获得一等奖的学生全额免除学费进入匈牙利佩奇大学波拉克米海伊工程信息科学学院攻读硕士学位，推荐在中国建筑装饰设计50强知名企业就职。 5. 获二等奖的学生免除入学考试，交纳学费进入匈牙利佩奇大学波拉克米海伊工程信息科学学院攻读硕士学位。 6. 获三等奖、佳作奖的学生，将授予中国建筑装饰协会加盖公章的获奖证书。 7. 在年度的中国建筑装饰设计代表大会上进行表彰。 8. 参加课题院校责任导师要认真阅读本课题的要求，承诺遵守课题要求，签署合作协议，按时完成四个阶段的各阶段教学要求，严格监督自己学校学生的汇报质量。 9. 责任导师必须遵守课题管理，确保本学校师生名单不能中途换人，课题秘书将严格执行签署协议，违反协议的院校一切费用需由责任导师负担。 10. 课题费用报销前先由责任导师垫付（发票抬头统一，开题前通知），课题阶段使用的费用必须严格按协议执行

学术委员会主任的课题提示

城市街区更新与保护设计的三个重点。

一、系统性

发展中的历史城市街区保留着各个时期的优秀建筑，人们对有价值的历史建筑进行保护是完善城市健康的基础，是达到共同价值观的体现，同时也是继承优秀文化评价城市系统的重要内核。近些年从世界各国对城市优秀历史建筑及景观保护的案例中，获得了有序提升，成就了环保理念低碳城市的综合价值。看到建立在多层面、多元化、综合系统下的多维思考成果反映在城市面貌上，健康的城市系统性是迈向科学管理城市、不断走向有序更新的第一步。为此，科学升级历史城市功能，街区是提升功能、是梳理的重要条件，系统性是应对整个城市发展的硬件，是环境保护良性生长的依据。研究城市生态是专业院校和优秀企业的历史责任，实践教学课题更离不开“创基金”的支持。立体化思考是“四校四导师”课题组的主张，课题开展七年来“四校四导师”课题组始终遵循客观公正、认真负责的态度对涉及的城市问题进行研究与探索，有序地升级了中国设计教育的教学质量。七年里教学始终保持以培养优秀学生为目的，以对接社会需求的教学理念为宗旨，强调城市综合景观功能与视觉美的科学系统性。所以在课题开始之际我提示参加课题院校的责任导师，在指导学生设计时必须做到严格把关，在教学中做到启发式引导学生建构意识，以系统性为基础强调教学质量。拓宽学生对于城市生态、建筑设计、环境景观、植被绿化、水体环境、设施小品、低碳理念、文脉传承、建设价值、设计信息的认识，其核心是培养更多的学生成为立体思考的优秀设计人才，更加多维地理解城市环境生态发展过程，理解城市环境相互渗透的节点，研究城市街区新情感与历史情感的对接。我希望2015年的“四校四导师”是中外课题院校，研究城市街区环境景观系统性的平台，成为2016年“四校四导师”可借鉴延续的课题，起到中外高等院校继续合作研究的课题加油站作用。

二、有序性

七年来“四校四导师”课题成果奠定了教学基础，完整的教学模式已反映到就业学生工作单位的评价上。课题的有序性得到业界同行认可。企业反馈的高度评价给了课题组信心，是激励团队导师继续完善实验教学与探索的完整性动力源。如：城市有序性规范主道路在城市运行中起到大动脉作用，畅通是核心价值。因此，有序性相对于学习城市街区景观设计的学生而言主要指两个方面：一是对接城市主线道路的规范性。二是支线道路与区域空间内环境的科学性。

把握主线与支线之间的构成环境关系是体现有序规范，即主次道路合流后的流畅设计，达到与所辖街区小环境的建筑设计、景观设计形成互动，才能够创造出有序性规范下的城市美，服务城市整体与各局部关系在点、线、面的层次关系上的有序性。

三、艺术性

城市公共环境艺术性是广义的环境内最值得研究的课题。塑造城市艺术性必须考虑到当下城市建筑设计与景观设计以外的复杂群体的建议，因为当下参与城市设计的群体已不仅仅以设计师为主，所以关心城市建设的有：人文学家、社会学家、综合艺术家、管理经营者等多学科专家，这使城市街区建筑设计与景观设计在思考中加大了综合性，也给设计师提出了更高要求。城市街区建筑设计与景观设计离不开环境意识，脱离不开与自然有着密切关系的背景和低碳理念。建立综合性下的一体化艺术性研究是未来城市街区艺术表现的研究课题，城市公共环境中的艺术性表现是彰显国民综合素质的窗口，科学立体思考是理性建设的未来，是防止城市街区成为部分艺术家个人的陈列商场的最后防火墙。

总之，系统性、有序性、艺术性是课题与教学过程中值得重视的重要内核。

第二阶段给责任导师的教学提示

课题组长　王铁教授

“四校四导师”课题，开题答辩计划圆满结束，全体导师辛苦了，纵观全局其成果离不开全体师生的共同努力。现将开题答辩中出现的问题进行归纳，以便各学校责任导师在指导学生分析设计时及时纠正，希望在4月25日中期苏州大学汇报前达标，使我们的课题质量真正达到高质量。

在接下来的教学中，全体指导教师需要结合课题思考，“四校四导师”课题对高等院校设计教育的价值，探索未来国际院校间交流的长远价值，注重以下九点教学要求。

一、严格遵守课题要求

课题院校师生必须以严格遵守“四校四导师”课题教案规定为基础原则，在进一步深入设计过程中首先要阅读、解读课题任务书（自选题目没有设计任务书的必须补齐），否则将无法评价设计作品。

二、室内设计选题

1. 有部分学校学生的设计与“四校四导师”课题要求差距甚远，烦请责任导师及时纠正，正确发展。特别是选择室内设计的学生，一定要在导师的正确指导下，向“四校四导师”课题任务书看齐。如：室内设计方向和酒店的学生（现实是部分学校学生已开完题，但责任导师必须协调其设计）建议以综合体的一部分功能形式融入发展课题，巧妙地添加正在进行中的课题内容，强调设计在广义上的延展。

2. 自选课题的学校在深入课题时（特殊原因的院校），必须制定设计任务书方可进行，防止缺少内容陷入课题不完整。再次强调设计方法首先是解读任务书，否则将导致设计无法评价，更重要的是课题质量得不到保证。

三、建筑与景观选题

1. 深入到设计方案阶段，学生在构思时一定要综合分析环境与总平面的关系，尽最大可能处理好新建筑和旧建筑的关系，街道与建设用地的综合关系，做到合理规划。

2. 导师必须强调，设计前学生要查看中国建筑工业出版社出版的建筑资料集的规范方法，了解有关博物馆设计的技术指标和功能分区，按要求进行动线分析，讲求内外空间环境相互融合，创造在情景与审美基础上的合理规划和设计。

四、实地踏勘

现场调研拍照取景位置必须标注在平面图上，否则无法证明是踏勘现场。必须用文字对用地周边环境进行描述。

五、图示要求

要求总平面图、立面图、剖面图（CAD）不能填充颜色，按规范制图语言表达，必须注明比例与指北针。

六、色彩使用

使用彩色平面图和立面图来表示功能分区时，可以填充颜色，注明空间名称及建筑材料。特别提醒：概念推理过程的图形表现可以使用填充色彩(用色一定要注意印刷效果，协调第一)。

七、引用优秀作品

使用意向图时必须备注来源。

八、设计过程

构思过程请责任导师指导学生，注重草图分析表达过程，强调原创意识。

九、互动性

提倡平面图与剖面图和立面图的互动性，相互修正，以达到构建理想的立体图形。请反复调整，做到满足任务书中提出的各项技术指标在设计作品中的体现。

注：以上九点内容请责任导师严格遵守。有关博物馆图纸及技术指标问题请向天津美术学院高颖副教授咨询。室内选题请参照课题要求，切记完全偏离“四校四导师”课题轨迹。

2015年4月2日于北京

责任导师论文写作要求

课题组长：王铁教授

首先感谢多年来为2015创基金“四校四导师”实验教学课题而努力工作的责任导师，感谢参加课题学校教学的主管领导，有了你们的支持才使“四校四导师”课题团队以惊人发展走到今天，成为设计教育瞩目的亮点。

回顾：“四校四导师”实验教学课题起源于2008年年底，发起人中央美术学院王铁教授与清华大学美术学院张月教授，共同邀请天津美术学院彭军教授，联合苏州大学王琼教授，创立3+1名校实验教学模式，经过六个春夏秋冬成长的实验教学成果，证明“四校四导师”教学理念是打破院校间壁垒的可鉴案例，是成功的尝试。特别是去年匈牙利国立佩奇大学、今年美国丹佛大都会州立大学的加入，使课题达到了教授治学理念的预想规划。这是课题组坚持严谨的治学态度的反馈，是坚持高等教育设计学科的核心价值体现，是贯彻落实教育部培养卓越人才的落地计划，是行业协会牵头的作用，更是深圳创基金的鼎力捐助，是改变高校设计教育单一知识型人才培养，大胆而科学创新的教学模式，是迈向知识与实践并存型人才培养战略的有序升级版。

因为课题有高等院校环境设计学科带头人、知名设计企业高管、名师、名人、国内优秀专家学者、国外知名院校，有共同探讨无障碍模式下的实验教学与追求，建立校企合作共赢平台，目的是为社会用人企业培养大批高质量合格设计人才。

2015年创基金“四校四导师”实验教学，已完成第一个六年计划，如果人们将六岁视为学龄前教育，那么基础尤为重要，因为这是人生走向正规教育的起点。接下来“四校四导师”课题将踏进常态“正规教育”小学一年级，2015年即第二个六年计划的开始。需要各学校学科带头人自身的努力和完善，才能够建立与之相配套的学习架构，才能够获取通往更高学习目标的门票。2015创基金“四校四导师”课题是国际化的开始，需要全体师生共同努力，课题组有信心让我们的成绩经受国内外学者与学校的考验，为此，提前把有关责任导师要做的研究论文选题及要求发给大家，请你们认真准备完成一篇有价值的设计教育学术论文。在课题最终完成答辩后的一周内，要求责任导师指导学生将最终达标作品连同自己的论文交到课题组指定的信箱（相关内容在课程大纲中已明确）。

最终院校课题经费报销以达到课题要求为准方可结题，万请参加课题的学校师生理解。

责任导师论文框架格式：

1. 标题：要求与本次教学内容相关，具有敏感性和学术价值（中英文）。
2. 摘要：提炼出论文核心价值内容，要求精练（中英文）。
3. 关键词：正确提取论文中的精华代言（中英文）。
4. 文段：根据学术论文要求进行写作，图片300DPI、文字4000字即可。

注：请责任导师在完成指导学生工作量的同时，提前做好写论文的准备工作。

2015年5月7日于北京

2015创基金・四校四导师・实验教学课题

2015 Chuang Foundation·4&4 Workshop·Experiment Project

活动安排

开题汇报及新闻发布会

时间：

2015年3月20日至22日

课题承办：

清华大学美术学院

提示：

1. 现场调研、解读任务书、设计构思概念与表达；
2. 演示汇报PPT文件制作（标头统一按课题组规定）；
3. 常态内审均由各校责任导师负责,确保无误，确保课题教学质量。

课题院校责任导师及助教辅导需要在开题答辩前进行不少于三次辅导。

第一次中期汇报

时间：2015年4月24日至26日

课题承办：

苏州大学

提示：

1. 消化梳理导师团队提出的问题，调整总平面及功能分区；
2. 丰富设计构思概念与表达；
3. 修改演示汇报PPT文件制作（标头统一按课题组规定）。

注：常态内审均由各校责任导师负责，确保无误，确保课题教学质量。

课题院校责任导师及助教辅导需要在中期答辩前进行不少于三次辅导。

第二次中期汇报

时间：2015年5月22日至24日

课题承办：

山东师范大学

提示：

1. 进一步消化梳理导师团队提出的问题，调整平立剖面及立体关系，达到中后期进度标准；
2. 强调设计理念与完善技术指标与结构关系；
3. 修改演示汇报PPT文件制作（标头统一按课题组规定）。

注：常态内审均由各校责任导师负责，确保无误，确保课题教学质量。

课题院校责任导师及助教辅导需要在中期答辩前进行不少于三次辅导。

终期答辩暨颁奖典礼

时间：2015年6月12日至15日

课题承办：

中央美术学院

提示：

1. 梳理导师团队提出的相关问题，调整总平面与表现图，编写检查文字稿；

2. 检查与完善建造技术相关的内容；

3. 完成最终答辩演示PPT文件制作（标头统一按课题组规定）。

注：常态内审均由各校责任导师负责，确保无误，确保课题教学质量。

课题院校责任导师及助教辅导需要在终期答辩前进行不少于三次辅导。

1. 6月24日前在责任导师的监督下各校学生按课题要求进行排版，并按照课题协议要求将作品发到教学秘书指定的邮箱。

2. 课题助教整理好发票（抬头待通知），与教学秘书最终确认后，申请报销，票据清单上标明学校及银行账户。

注：请责任导师和课题学生严格按照上述计划执行。

责任导师组

中央美术学院建筑学院
王铁教授

清华大学美术学院
张月教授

天津美术学院
彭军教授

苏州大学
王琼教授

四川美术学院
潘召南教授

佩奇大学工程与信息学院
巴林特教授

青岛理工大学
谭大珂教授

山东师范大学
段邦毅教授

吉林建筑大学
齐伟民教授

广西艺术学院
陈建国副教授

山东建筑大学
陈华新教授

沈阳建筑大学
冼宁教授

内蒙古科技大学
韩军副教授

指导教师组

中央美术学院
侯晓蕾副教授

中央美术学院
钟山风讲师

清华大学美术学院
李飒副教授

天津美术学院
高颖副教授

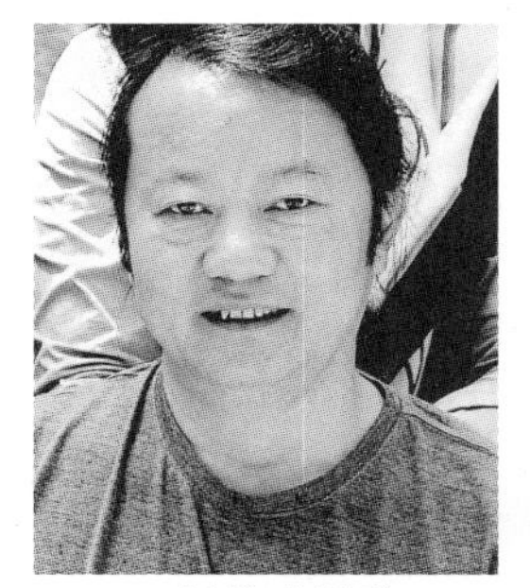
四川美术学院
赵宇教授

佩奇大学
阿高什副教授

佩奇大学
阿基·波斯副教授

佩奇大学
诺亚斯副教授

青岛理工大学
王云童副教授

佩奇大学
金鑫博士

吉林艺术学院
刘岩副教授

苏州大学
汤恒亮副教授

沈阳建筑大学
孙迟教授

内蒙古科技大学
王洁讲师

吉林建筑大学
马辉副教授

黑龙江省建筑职业技术学院
曹莉梅副教授

实践导师组

刘 原

吴 晞

姜 峰

林学明

琚 宾

石 赟

梁建国

裴文杰

2015创基金·四校四导师·实验教学课题

2015 Chuang Foundation·4&4 Workshop·Experiment Project

参与课题学生

李逢春　刘宇翀　赵　磊　张婷婷　王　莎　邓斐斐　佰　桃

乔凯伦　角志硕　陈文珺　蔡国柱　本斯·瑞恩　张和悦　李桓企

马宝华　王明俐　杨　坤　李思楠　肖何柳　马　克　杨嘉惠

刘方舟　王广睿　胡　旸　马文豪　明　杨　常少鹏　郭墨也

牛　云　柴悦迪　曾浩恒　亓文瑜　蕾娜朵　张文鹏　姚绍强

薄润嫣　姚国佩

广义空间维度

The generalized spatial dimension

中央美术学院　王铁教授

Central Academy of Fine Arts, Professor Wang Tie

摘要：设计者学习建构技术不仅仅是为了掌握设计原理，重要的是给未来设计人生奠定可靠的基础，高等院校为培养高质量的设计人才，认知建构课程是不可缺少的。对为填补实践教学中出现的对建筑构造体表现欠缺的问题展开研究，寻其根源发现是设计基础教学环节出了问题，导师面对毕业学生发现在四年制大学本科教学中，三年基础课学习存在一些遗留问题，同时面对课题团队的师资教育背景和不同地域的多元性，有序提高中青年教师的综合能力是今后实验教学的一部分内容，强调全体导师相互鼓励、共同进步，克服困难解决问题是课题存在的价值。众人皆知教师的职业是教与学的人生，教的同时需要在实践中也不断地丰富自己，方能够彰显出精彩的职业生涯。这验证了两点，其一教师勤奋努力只是表明对所从事职业的态度，其二智慧追求与创造能力才是彰显伯乐的价值。“四校四导师”实践教学课题经过七载而“从不褪色”验证了其成立的价值，特别是与佩奇大学合作后，相互间综合性的互补开创了中外高等院校合作、相互认可的培养学生的方法，为此，要提高实验教学课题的教学质量，首先必须解决CAD表达下基础的空间认知能力，掌握建构技术基础，提高综合审美能力，客观地认识自我，这是课题组今后值得研究的重要环节。训练学生认识多维立体空间中的功能价值是培养学生不断思考完善的设计人生，对课题组导师来说，设计教育就是行走在不断探索的广义空间维度范围，用智慧和低碳理念表现空间与创造美的不断探索之中。

关键词：建构技术，空间维度，教师背景，从不褪色

Abstract: Designers to learn construction technology is not only to master the design principles, but it is important for future design life lay a reliable foundation. Institutions of higher education to cultivate high quality design talent, cognitive construction course is indispensable. When we focus on the problems that the lack of performance of the building structure in our education, the fundamental reason is the design basis education had some problem. Supervisors faced with graduate students, they found that in four-years universities undergraduate teaching, there are some legacy issues from the basic course in first three years. At the same time, since the different level of teachers' education backgrounds and different geographical diversity, so to improve the overall capacity of young teachers is part of the experiment teaching in future. We will emphasize all mentors encourage each other, their ability of overcome difficulties and solve problems is the existence value of 4&4 workshop subject. It is well-known that teachers' professional life is teaching and learning. While they teach in practice they have to constantly enrich themselves, so that they can highlight a wonderful career. It verifies two points, first: the teacher who hard work that is only indicate their attitude to occupation, second: the wisdom and creativity are highlight the value of a great teacher. The "4&4" workshop practice teaching project never have faded for seven years. Especially we have cooperated with the University of Pecs, we have achieved a great value in comprehensive complement each other that have mutual recognized by all the mentors of 4&4 workshop. Therefore, to improve the quality of experimental teaching subjects is an important topic for all mentors. First of all, students must solve spatial cognitive ability based on the CAD expression. And then students need to master the basic construction technology, improve the overall aesthetic ability and objective to understanding of themselves. These are the important part to the "4&4" workshop teacher group in future. Training students to understand the multidimensional space function is to train students constantly thinking perfect design of life. For "4&4" workshop mentors, the design education is constantly exploring walking in generalized spatial dimension range with wisdom and low-carbon concept to express the space and continue explore the beauty of creating.

Keywords: Construction Technology, Spatial Dimension, Teachers' Background, Never Fade

一、发展中的建构

在建设历史发展过程中,研究发现有很多东西方优秀建筑构造相似之处，这验证了不同地域的人类在建造智慧方面是相通的，不同的只是存在事实上的时间先后，因为人类无法证明这就是巧合，所以只能认可证据。据此得出在高等教育建造设计教学中，为什么始终坚持构造基础课教学，而且是举足轻重的核心基础课，这足以证明在高等教育设计专业学习期间建构技术课的重要价值，其为日后创造和发展奠定了同智同思的基础。

回顾建筑发展历史，巴比伦时代的建筑构造与同时期的东方建筑有同智的价值，这说明人类工匠早期掌握的建设技术大多是在实践中获取的，不同的地域都是由师傅带徒弟传承发展才得以延续。工业化雏形的出现为18 世纪末欧洲全面发展迎来了新的机遇，当时传统手工艺人的设计和民间艺术的方法逐渐遭受新思潮的冲击。同期出现英国的建筑联盟，对抗工业化的威胁，保存民间工艺，有组织、有要求地提出口号和观点，但是也没能阻挡住社会发展新技术的趋势，潮流还是积极转向工业化进程，建筑业从此告别了传统单一化的农业和手工业的建造历史。伴随19世纪工业革命的开始，建筑业伴随城市建设扩展促使建筑设计业快速走向对新技术应用探索时期。

此时新技术为建筑设计迎来了发展机遇，代表当时设计风格趋向的主要国家是法国。很多设计匠人在建筑设计中开始尝试运用简单的几何结构形式，采用古典早期的部分风格为创作依据探索城市与建筑设计。其代表作品是伦敦市的英国银行（the Bank of England in the City of London, 1791~1833年），1815年美国国会大厦的改建也采用同样的思路，在结构与形式表现方面强调以雅典风格为主要符号，由此可见城市与建筑设计在这一时期，呈现怀旧与创新的矛盾徘徊之中。

从现存建筑构造看新艺术运动（Art Nouveau）的出现，建筑构造体在技术和装饰材料方面走上新的探索期，到19世纪末20世纪初，在大量的实践过程中人类在建造技术与艺术上的关键节点上的创造奠定了通往科学时代的基础，这就是对当时欧洲和美国都产生相当大的影响的"装饰艺术"运动，其内容涉及之广泛，也可以称其是设计表现上的形式主义运动。反映在建筑构造、家具制作、饰品设计等领域，换言之可称其是建筑与艺术史上创新的形式主义运动。代表这一时期独特风格的建筑师和设计师是高迪，在他的设计中可见哥特式风格的建构痕迹，巧妙运用有机形态，将曲线风格发展到极致，代表作品是巴特罗公寓。

由于战争的原因诞生出包豪斯风格，使人们感受到现代主义建筑风格在特定时期的雏形，基于特殊的年代受当时社会条件的影响，对包豪斯客观的定位：它只是一种特定时期的时尚，一批有志教育家和建筑设计师用智慧谱写了那个时代的悲歌。仅存世短短14年，但其理论与学说是人类建筑历史中不可磨灭的闪光点。

从高技派设计诞生以来，人们无时无刻不在探索新的建构技术用于建筑设计，回顾人类在建造历史的长河中，为探索建构技术付出的代价与成果，仅有少数人的行为和成果成为"流派"，被历史承认。所以说，建筑设计的发展是时代综合科技文明的产物，可以改变人的生活方式。所以，了解后现代主义建筑，应该从结构、符号、形式等多种角度出发，只有掌握多种专业之间的协作技术能力，才能够创造出具有高度审美价值的设计作品。

可以推定现今低碳设计理念是在建造历史的长河中必然的发展阶段，建筑设计是科学、是不断采用高技术手段完善设计的专业，所以在设计形式上极力追求和表现科学技术结构安全性，在材料、设备、工艺以及建造可回收再利用价值方面更强调低碳理念，不断为环境保护可持续性架起桥梁。

上述回顾可以得出人类在建筑发展过程中，始终离不开探索建构技术与艺术，特别是自从高等院校开办建造工学课教育以来，功能空间设计始终伴随构造力学课程，技术与艺术互为粉丝，严格的教育造就了大批掌握技术与艺术设计的优秀人才，成为建筑设计与景观环境设计的栋梁，因为是具有高度的审美能力的设计者，所以是社会实践最需要的设计师。

二、设计教育与教师质量

中国有5000年的农耕传承下的历史文明，在农业方面世界领先，因此在建筑与造园上带有农耕遗传基因，古人在建筑设计与农业方面主要靠师傅带徒弟进行技术传承，所以俗称“师傅领进门，发展在个人”。中国大学教育到目前为止建校历史最长的也没有超过120年的学校，也就是说120年以前中国人接受教育的方式主要是通过私塾完成，同时期“庙宇”也起到了与私塾相同的作用，可以共同称其为教育机构。到了近代在很多不太发达的地区，还有一部分地区的人由于没有条件接受教育，他们主要靠听民间的戏剧进行自我悟化式教育，以戏剧中的人物对照自己，模仿其剧中情节完成了自我教育的青春年华。特别是很多著名建筑工匠、画家和表演艺术家的成长经历见证了那个时代，至今还有个别健在的艺人成为那个时代自我成长的活化石在当下现实社会中生活。庚子赔款以后中国开始有了自己的大学，同时也有一批少年被国家派往欧洲留学，部分学子学成后归国成为那个时期国家的栋梁之材。回顾历史只有清醒地认识和客观剖析，才能够从事教育职业。教师们必须面对现实，为此教育的核心是教师，教师的质量决定了学校的质量，学苗的质量取决于教师的学术水平和知识框架结构的好坏。

近几年中国高等院校为完成各种评估，各大学教育机构已建立起完整的教学大纲，在评估专员面前，在管理者面前进行汇报的重点，就是围绕所谓“特色教学与办学的特色”进行汇报，试想当人们静心思考学理框架时，汇报其实就是为了达到教育部规定的各项指标，因为不达标者是不能参加高等院校评估的，许多大学为了跨进评估门槛，就必须仿造相关名校的模式，丰富自己的教学管理，其结果就是达到标准化下的同质标准化教学模式。许多大学如果说有特色，业界也只能承认其是被评估了的学校，挂的学校牌子与其他院校不同，这种标准也许是中国教育现象的过渡阶段。

“四校四导师”实践教学强调的是，不同地域的学校，不同国家的学校，不同教育背景下的教师组成团队，建立共同理念下的设计教育价值观，打破院校间壁垒开展设计教育，以建立跨地域式的探索性实验教学研究培养人才的模式。由于中国教育择校方式是以全国统一考试为录取标准，学生的分数是报取名校的标准。教师方面也存在名校与普通学校的区别，因此学校的人才资源是决定中国设计教育的大战略，实验教学课题在七年的教学实践中解决了很多现实问题，表1所示是本次实验教学课题的院校及师生信息。

2015创基金“四校四导师”实验教学课题院校师资背景与学生背景　　表1

序号	院校	专业	归属	院校背景	学生背景
1	中央美术学院建筑学院	风景园林学科	国立学校	工学科、文学学位为主	工学科学位
2	清华大学美术学院	环境设计系	国立学校	文学学位为主	文学科学位
3	天津美术学院环境与建筑艺术学院	景观设计	市立学校	文学学位为主	文学科学位
4	苏州大学金螳螂建筑与城市环境学院	—	国立学校	文学学位为主	文学科学位
5	匈牙利佩奇大学工程与信息学院	—	国立学校	工学科、文学学位为主	工学科学位
6	四川美术学院	环境设计系	市立学校	文学学位为主	文学科学位

续表

序号	院校	专业	归属	院校背景	学生背景
7	山东师范大学美术学院	环境设计系	省立学校	文学学位为主	文学科学位
8	山东建筑大学艺术学院	—	省立学校	文学学位为主	文学科学位
9	内蒙古科技大学艺术与设计学院	环境设计系	省立学校	文学学位为主	文学科学位
10	吉林建筑大学	—	省立学校	文学学位为主	文学科学位
11	青岛理工大学艺术学院	环境设计系	市立学校	文学学位为主	文学科学位
12	沈阳建筑大学艺术设计学院	环境设计系	省立学校	文学学位为主	文学科学位
13	广西艺术学院建筑艺术学院	环境设计系	省立学校	文学学位为主	文学科学位
列席	美国丹佛大都会州立大学	—	州立学校	文学学位为主	工学科学位

注：课题组院校排列不分先后。

从表1可知，从参加课题院校的基本信息可以得出教师背景和培养学生的定位，当然详细的资料还要查询官方网站。在七年的“四校四导师”实验教学课题中，由于各学校师资力量的不同，在教学辅导和质量方面也存在一定的差距，课题组根据导师和学生的具体情况在出题与辅导方面做了一定的准备工作，取得了同仁相互认可的成绩。

目前中国设计教育的现状是，很多教师的能力与学校的教学大纲要求存在一定的差距，在教学大纲中规定的培养目标上，多数院校主要强调培养研究型人才，对于实践方面巧妙地进行回避，教学发现从部分院校学生的知识面和运用上，反映出基础课掌握的情况达不到教学大纲要求。也许是教师力量和水平不能与教学大纲对接，可怕的是学生每一年都在升级和正常毕业。根据设计企业反馈的信息，普遍认为学生在掌握和认知构造体的表现方面存在普遍问题，究其原因发现是师资的知识结构出现了问题。如何弥补建筑与景观设计专业在学科体系当中的缺失，工学与技术基础知识比艺术与审美知识占的比例要大，因此没有扎实的工学基础是完不成景观设计学业的。在美术学院和综合性大学，评价优秀学生的标准就是看学生能否同时掌握技术与艺术原理。接下来“四校四导师”实验教学课题组核心责任教授与名企设计研究机构，针对存在的问题采取教师之间相互学习，承认差距，联合优势力量勇于实践，通过了解前六年已经毕业的学生在设计企业工作的情况，建立与他们对话的平台，了解在实践中的问题反馈给导师组，以便在学校调整教学大纲和教师教案时增补内容，提高建筑景观设计专业的教学质量。

纵观设计教育的发展过程，当今要解决的头等大事就是师资问题。回避是解决不了中国设计教育现状的。此次合作的匈牙利佩奇大学师资水平相比中国院校，在整体架构上综合素质强，学生的建构意识和设计基础、图示表达与色彩表现、逻辑概念等相对中国学生要好一些，这是不争的事实。面对取得的优秀学生作品，反思过程中摆在面前的是导师辅导得好还是学苗好？原因是非常复杂的，也许伯乐们不愿意正面回答。

向先进学习是华夏民族的优良传统，“四校四导师”实验教学课题就是要研究解决这些问题，“四校四导师”实验教学课题组共同的目标及其核心价值就是要伯乐们反思，改变中国高等院校设计教育存在的问题。

三、空间设计教育的探索思路

从学校的学理架构看过去中国高等学校设计教育注重的是单一学科教育，如建筑学科专业教育主要以掌握与建筑学科直接相关的第一层知识结构为主导，景观设计、室内设计也是只注重与景观设计学科直接相关的知识，学科之间的互动性基本上是屏蔽状态，学生毕业后在社会工作中凸显了这一问题。“四校四导师”实验教学课题是探索相关问题的桥梁，因为课题院校教授和学生的教育背景不同，专业基础课设置也有所差别，所以建立完整的立体架构是课题的核心。景观设计和室内设计的学生，进入课题之前责任导师必须为他们补建构课，注重综合知识体系设计的技术性表达，强调在相关技术基础上构建审美综合理念。回顾七年来实验教学课题成果，提出实验教学中出现的问题，为探索实用的教学方法建立新思路。问题如下。

1. 严格遵守课题要求

课题要求院校师生必须以严格遵守“四校四导师”课题教案规定为基础原则，进入课题准备之前，导师首先要阅读相关学科资料和一般性法规，为解读课题任务书做好准备。在进一步深入方案设计过程中，对于没有细读设计任务书的学校是不能够进一步深入课题的，否则中期将无法对其设计作品进行评价，因为跑题也就达不到课题要求和深度。但是有几所学校的学生作品始终达不到课题要求，甚至出现个别责任导师也未能控制学生作品。

2. 室内设计选题

（1）部分学校的学生选题存在问题，与“四校四导师”课题要求差距甚远，责任导师要及时纠正，正确解读设计任务书。特别是选择室内设计题目的学生，导师的正确指导是学生课题发展的基础，导师在指导学生的时候，必须按照“四校四导师”实验教学规定的课题任务书调整，科学地规划课题进度。如：选择酒店室内设计的学生不能自己随意想象，设计前要查看《建筑设计资料集》的相关设计要求。了解建筑综合体的各部分功能，设定与内容相符的配套规划，把一般性常识巧妙地添加在课题设计内容中，强调室内设计功能在广义上的延展与表现空间意境之美。

（2）由于种种原因，自选课题的学校在深入课题时，到中期还是提不出设计任务书，出现功能定位无序的乱象，由于缺少构思过程的理性分析阶段，图示表达又没有严格按设计规范执行，缺少大量内容从而陷入课题不完整的尴尬境地，导致设计无法评价，更重要的是课题质量得不到保证。

（3）部分学校学生出现作品表面上看还可以，深入分析到处是问题，制图能力不达标，设计与任务书没有任何关系，直到最后交图还是达不到课题要求。

3. 建筑与景观设计选题

（1）解读课题任务书与调研必须同步进行，特别是深入到设计方案阶段，学生在构思时一定要综合分析周边环境与总平面关系，尽最大可能处理新建筑和旧建筑的关系，街道环境与建设用地内的综合空间关系，严格执行设计任务书中的相关规定，做到合理规划景观与建筑设计。导师未能按大纲的进度辅导学生，完成设计每一阶段的成果质量不够高。

（2）导师必须了解设计任务书，设计前为学生讲解相关规范及设计重点，要求学生进入设计方案前，切记查看中国建筑工业出版社出版的《建筑设计资料集》相关章节，理解设计项目的规范，做好博物馆设计的技术指标和功能分区设计，按要求进行动线分析，讲求内外空间环境相互融合，注重推理可行性，创造情与景下的审美基础，合理规划和设计作品。

4. 实地踏勘

前期现场调研拍照取景位置必须标注在平面图上，否则无法证明是踏勘现场的取景点。必须学会用文字标注位置，对用地周边环境进行真实描述，部分学生做得不深入。

图示表达要求总平面图（含屋顶平面图）、立面图、剖面图、屋顶平面图（CAD）不能填充颜色，彩平图和彩立图是标注功能与材料的图，不作为设计方案，因为有遮挡。可还是有部分学生做不到，很多学生不能按照制图规范表现设计图，导师每一次都对学生的剖面图进行指导，可下一次汇报时还是照样出现同样的问题，究竟问题在哪里？也许是导师出了问题。

5. 色彩使用

使用色彩填充平面图和立面图时必须选取重要部分进行表达，特别是用来表示功能分区和材料的部分，可以填充颜色，注明空间名称及建筑材料。特别提醒，在概念推理阶段，图形表现可以使用填充颜色(用色一定要注意出版印刷效果)，文字不能使用太多的颜色，协调第一在部分导师那里还是做不到位。

6. 引用优秀作品

课题设计过程中使用意向图时，必须备注来源，防止出现版权纠纷，部分导师没有做到。

7. 互动修正

平面图、剖面图、立面图要强调互动性，做到相互修正，达到构建理想的立体空间形态。反复与任务书中提出的各项技术指标相对应，很多学校的导师和学生都做不到，责任导师在把握学生设计作品进度中的综合能力出现了问题。

2015创基金"四校四导师"实验教学课题已经结束，发现问题是"四校四导师"实验教学课题走向严谨教学的开始。课题负责人反复强调13所学校在一起绝不是比赛，相互学习、共同进步、共享成果才是原则。本次课题要求是为保证课题质量而提出的规定，到目前为止整体教学质量初步达到了阶段性成果。同时，也显现出一些当前无法解决的现实问题："教师的知识结构"。因为是多所学校的联合教学，探索是课题组的基本原则，认清教师队伍出现的问题，是加强教师自我更新能力的第一步，提高专业知识水平是打破壁垒的实验教学的探索价值，是教授治学与兄弟院校学术带头人的合作价值，是导师相互间学习无障碍探讨教学的开始，总结是为今后全面执行实验教学课题开路，为严谨的教学规范奠定可行性基础。

四、城市街区景观设计与室内建筑设计系统性

不断完善的中国设计教育与发展中的历史城市街区同样保留着各个时期的优缺点，设计教育强调对有价值的历史建筑进行保护，是完善城市形象的基础，是积累城市审美共同价值观的集中体现，同时也是继承优秀文化评价城市系统设计的重要内核。近些年从世界各国对城市优秀历史建筑及景观保护的案例中可知，设计教学单位得到了认可，成就了环保理念下低碳城市的综合设计价值观。高等教育环境设计学科从多层面、多元化、多角度、强调综合系统下的多维思考获得了可喜成果，反映在城市环境设计与室内设计已走向科学低碳的城市设计理念上。评价优秀城市条件之一，就是对衡量城市健康的系统性进行客观评估，因为这是迈向科学管理城市的开始，也是不断有序更新设计教育的第一步。为此，在科学地升级历史城市质量、有序开发新城市功能时，提倡把重点放在对街区功能的提升和梳理上，这才是科学的学术态度。中国艺术院校设计专业建立科学理性基础模型，为教学系统性提供服务是时候了，这符合国家"十三·五"规划的原则。设计教育应抓住机遇提高教师学术能力和实践能力，为城市由外到内的环境美制定理性化的法理硬件，保护环境良性常态化。

1. 景观环境内外设计系统性

中国景观设计教育伴随建筑业的发展走过了30多年，功过不用评说。可以说设计教育在顺应世界对环境保护的风浪中颠簸前行，总体发展是良性、阳光的。今后摆在设计教育面前的是如何解读政府相关部门的政策与法规，这或许是大专院校设计专业教与学的核心价值基础。如何提高现行教师队伍的综合素质，是政府管理和学术评估的重点，加强景观设计与室内设计专业教学的学理化规范，是通往专业系统科学性的核心课题。学术质量要求教师拥有坚实的理论能力和创新的技术能力，技术与审美是景观设计、室内设计教师的生命底线。

设计教育在发展初期需要遵循“同质化”标准，因为“同质化”是通往更高平台的第一条件，是建立科学教育规范的阶段性保证。其实“同质化”并不可怕，它是人类踏进设计教育全面科学化、智能化的必然转化阶段，是彰显追求学术高质量乐章的序幕。为此，理性认识“同质化”，是景观设计和室内设计教育走向共同价值观的实践过程，是环境设计低碳理念的基石，是科学环境保护的有序梳理，是走向科学低碳创新的放飞平台。需要全体教师加大学者头脑中的内存，同时捆绑景观设计和室内设计专业教学所需要的360软件，鼓励教师放飞探索人与环境主题，使大学教授与社会一线设计师拥有更加广阔的平台展现自我，以更加科学理性的视角和新锐的观念建立设计教学系统，迎接魅力华夏空间设计的又一次崛起。

2. 室内建筑设计系统性

中国室内建筑设计教育经过30多年的实践，培养了大批优秀人才，结束了从完全模仿到具有一定的创造能力的历史，实践已让这块沃土成长出一批具有创造能力的优秀设计师。目前，摆在室内建筑设计教育面前的是，如何提高教师队伍的综合素质，做到教学岗位与教师能力相匹配，掌握一定的工学基础是室内设计教育的质量保证，培养维度转换能力是教师的基础条件。为此，构建立体思维是本年度实验教学课题研究的重点。

室内建筑设计教育要求教师熟练掌握建构空间设计原理，CAD制图的无障碍认知，三维空间的维度表达，运用材料和色调匹配，提高综合审美能力，正确理解建筑内部空间，如何进行二次再划分设计，理解法规能力，创造专业审美高度。

综述以上研究城市生态景观和室内建筑空间的设计教育，提出高素质培养目标，是今后专业院校和优秀研究机构的历史责任。立体化多维思考是“四校四导师”课题组的核心主张。课题开展七年来导师组始终遵循客观公正、认真负责的态度，对涉及城市环境问题和室内设计问题进行多角度研究与探索，目的是建立大空间概念设计专业理念体系，有序升级中国设计教育师资的综合质量。在七年里实验教学始终保持教师队伍知识自我更新，以培养优秀学生为目的。教学坚持以对接社会需求，培养优秀人才的教学理念为宗旨，强调城市综合景观与室内空间功能在技术和艺术上的和谐，打造新环境空间视觉审美价值上的学科系统。要求参加课题院校的责任导师，在指导学生设计时必须做到严格把关，在教学中以启发式引导学生为主，理解建构技术原理为基础，强调以系统性为基础的教学方法。

拓宽学生对于城市生态、建筑设计、环境景观、室内环境、植被绿化、水体环境、设施小品、文脉传承、建设价值、低碳理念、设计信息等方面的认识。其核心是培养更多的优秀学生，成为立体思考的优秀设计人才。科学理解城市环境与自然环境相互渗透的节点生态关系，研究城市街区景观情感与历史建筑内外空间的价值对接，研究城市街区景观环境与室内空间设计的互动系统，建立高等院校间继续合作研究的课题平台，共享合作带来的成果。

3. 有序性

七年的“四校四导师”课题实践成果奠定了教学发展基础，教学模式已验证了课题的有序性价值，是通往可持续性教育的理性成果。从就业学生工作单位传出的评价，验证了课题的高质量，教学的有序性得到业界和同行的广泛肯定。从大量的企业反馈信息中得出，正面的评价使课题组导师信心倍增，成为激励课题组导师继续完善实验教学与探索的动力源。

景观设计教学实现了有序规范化教学的第一步，室内建筑设计是实现综合城市运行质量中的大动脉，为城市环境负担一定的人流聚散，人们更愿意在好的室内环境中享受生活，大环境设计是分散使用空间的良策，起到科学理性的作用。因此，有序性相对于学习空间环境设计的学生来讲，是必须做到的基础。设计是对接城市文化与遵守相关规范，是综合景观与局域空间景观内环境的学科。把握主体与客体之间是构成环境关系的有序规范，即知识与实践合流后的流畅设计，与所辖街区小环境的建筑设计、景观设计、室内设计形成互动，才能够创造出有序性规范下的城市环境美，做到服务城市整体大景观与各局部关系，在点、线、面、体的层次关系上，继续完善空间设计有序性。

4. 艺术性

建立共同艺术价值观是实验教学价值的基础，前提是参加课题的成员必须具备良好的学科基础，能够完成共同探讨的课题。有能力评价城市设计与公共环境的艺术性价值，其是广义的空间环境艺术内容中最值得研究的课题。教师要明确塑造城市艺术性，必须考虑到当下城市建筑设计与景观设计以外复杂群体的建议，因为当下参与城市设计教育的群体已不仅仅以设计师为主。关心城市建设的群体：有人文学家、社会学家、管理开发的经营者、综合艺术家等，这使城市街区建筑设计教学与景观设计研究在思考中加大了综合范围，也给高等院校设计教育提出了更高的要求。研究发现由于城市街区建筑设计与景观设计离不开环境条件，脱离不开与自然有着密切关系的风土人情背景和低碳理念，所以设计教育建立综合性下的一体化艺术性研究，是未来城市街区艺术融于环境的研究课题。如何表现公共环境中的艺术性是彰显国民教育综合素质的窗口，科学立体思考是理性艺术建设的未来，是防止城市街区成为部分艺术家个人的陈列商场的最后防火墙。

总之，系统性、有序性、艺术性是实验教学课题值得重视的重要研究内核。

五、承认差距，尊重成果

自2008年以来“四校四导师”实践教学走过七个春夏秋冬，参加院校累计投入教师人数：教授20人、副教授25人、讲师10人，累计培养合格学生总数432人，实践导师团队投入企业高管和设计院长为18人，在各自院校主管教学领导的大力支持下，在中国建筑装饰协会的鼎力支持下成功地完成了课题教学大纲，为企业和用人单位输送了优秀人才，得到了业界的全面肯定（表2）。

总结七年的实践教学经历，正确认识课题院校师资队伍的教育背景是研究“四校四导师”实验教学课题的突破口。承认相互间存在的差距是教学能够继续的基础，目的是为了真实地提高实验教学的质量。七年里来自不同院校的师生之间相互交流，有相同的欢乐，也有共同的不足，同时也存在教师资源共同的问题，对症下药是课题组不断修正教学的共勉基础，发现问题、解决问题是课题组存在的前提。以下是归纳的九点问题：

（1）各院校导师由于第一学历基本上都是艺术院校或者是综合大学环境设计专业，所以在工学科知识方面和建造知识方面存在明显不足；

（2）在辅导中暴露出教师对于专业的结构力学原理与工学知识，及如何运用和表现专业设计的综合修养基本上是欠缺的；

（3）特别是反映在解读课题任务书的问题上，部分导师甚至与学生一起抵抗，无视规划条件，自由地发挥，如同画家在画画；

（4）学生由于不理解设计要求，无视设计任务书，尽情地按自己理想的总图位置布置总平面图，课题进入中期阶段带来很多问题，甚至有学校的学生半途退出课题；

（5）学生在设计前没有阅读和参考中国建筑工业出版社出版的《建筑设计资料集》关于专业设计所涉及的基础条件，在功能分区设定时，讲解偏离主题；

（6）百分之七十的同学设计表现如梦中的“无限想象”，成为实践教学课题今年有条件选择主题设计出现的最突出问题，在课题进入第三阶段的时候，无序自由发挥才得到纠正；

（7）学生普遍存在前期调研分析过度，概念产生太牵强，出现部分学生在效果图表现方面只注重表面效果；

（8）学生普遍存在CAD表现的不足，平面图基本上是由模型导出来的，有轴线对不上，剖面和标高不对位，构造不清，比例失调等问题；

（9）学生普遍存在设计逻辑模糊，美术院校应有的审美表达方法有待于提高。

归纳以上教学问题出现的原因，说明“四校四导师”实践教学课题并不成熟，需要严谨的教学要求和管理，因为今年对设计课题提出了部分条件限定，给艺术院校背景的学生带来了困难，满足设计条件才能够进入分段设计过程，设计课题更加接近实际工作。改变过去导师选一块用地，学生自由发挥、畅想设计的现象，设计作品不着边际，浪漫地走一回。踏进企业工作一切都要重新开始。提高环境设计教育的质量，首先需要优化中国高等院校设计教育师资结构向立体化发展。

由于种种原因参加课题院校教师、学生之间在设计与理解能力方面都存在差距，相互学习、取长补短才是导师组所提倡的互动，与实验教学课题同学们的作品成果相比“理解比探索更重要”。面对出现的问题，导师组全体教师客观地面对。不可能毕业设计指导老师用三个月，就能把学生前3年甚至前4年缺失的基础知识完全补回来。发现的问题有利于在今后的毕业设计教学过程中进行填补，逐步达到有序升级。

六、实验教学在中国

目前世界上的优秀设计师和西方的教育机构，把目光几乎都投放到具有东方古老文明的中国，他们把中国真的当做实验教学基地了，确实有部分西方知名建筑设计师，在中国实现了他们压抑多年的创意构想，释放出了几代洋设计师不能抒发的情感，中国在这段发展中也付出了高昂的学费。高等教育更是不亦乐乎，出去留学的、回国就业的，你来我往，如同现代新版“清明上河图”，热闹过后总要思考为什么？中华民族是好客的国家，但也是没有多余时间的。开放表明了国家的态度，学习是为了未来发展，这在今天的地球上人人皆知。为此，中国如同世界的大舞台，大幕一开表演者走出来，无论是表演教育、表演设计与艺术、表演科学技术的，热闹之余必须制定可控下的表演底线。失去自我的民族从来没人把你当回事。

2008~2015年“四校四导师”实践教学课题参加院校师生人数一览表　　表2

序号	课题院校	教授累计人数	副教授累计人数	讲师累计人数	学生累计人数
1	中央美术学院	1	3	—	55
2	清华大学美术学院	1	3	—	52
3	天津美术学院	1	3	—	55
4	四川美术学院	1	2	—	3
5	广西艺术学院	—	1	2	5
6	吉林艺术学院	1	—	3	30
7	哈尔滨工业大学	1	—	2	20
8	同济大学	—	1	—	10
9	沈阳建筑大学	2	—	1	6
10	吉林建筑大学	1	2	—	2
11	北京建筑大学	1	1	—	10
12	山东建筑大学	1	2	—	6
13	苏州大学	2	2	—	30
14	山东师范大学	1	—	2	28
15	东北师范大学	1	2	—	36
16	青岛理工大学	1	1	—	30
17	内蒙古科技大学	1	—	2	28
18	北方工业大学	1	2	—	10
19	匈牙利佩奇大学	1	2	—	8
20	美国丹佛大都会州立大学	—	1	—	2

注：1. 七年投入教授19人，副教授28人，讲师12人，累计培养学生总数426人。

2. 实践导师团队投入企业高管和设计院长为18人，基金会1家。

可以说近几年世界上城市与建筑环境设计的优秀作品都在中国。虽然中国在环境保护与城市发展方面还要走很长的路，但是有一批头脑清醒的学者认识到，中国进入更加科学的发展道路，还需要有高度的国民素质作支撑。回顾近半年与国外专家学者的交流，在他们的演讲和设计作品中，存在理念和逻辑推理方面基本上是绕弯子，甚至设计学理化观念表达深度不够清晰，也许世界上各国都缺乏具有理论研究能力的设计师。“四校四导师”实验教学课题下一步的重点研究就是，培养具有理论研究能力的设计师，因为现在的中国更需要这方面的人才。

在与境外专家学者近30年交流里，细心地分析、客观地面对，业界不否认付出的成本。可也不能总拿自己国家有限的资源进行实验性探索，精神平等需要强大的物质文明作基础。解决这一问题只有加大投入高等教育，提高国民素质，培养具有综合能力的学者型设计师。开放有开放的范儿，面对美好风景也要有客观的评价。时下在设计作品中无论中外学者，更多的都是考虑与环境保护相关的数据，在形态的表现上几乎是单一的，也有简洁和复杂多曲面视觉的，但没有带给学术更多的借鉴价值，原来被西方封锁那么多年，是我们自己出题自己答，被封的圈里和圈外其实就是一个装饰带。把标高一提，一切就全变了。理性深思其差距不难得出结论，当然业界同仁承认与西方有着差距，这就是设计师的综合素质，源头就是高等教育的问题。

素质教育要从小抓起，审美也需要长期培养，其外在能力是长期努力积累后，零存整取的外部表象。强调素质是指要培养具有科学计划的头脑，综合的专业能力的群体，这需要高等院校教育不断修改和丰富培养方针。要求教师必须具有良好的专业基础和掌握设计规范体系下的专业知识结构。有了这样的基础，在设计教育传达的讲台上，就可以做到游刃有余地传达正确的方法。在七年的实验教学课题中，课题组始终坚持院校之间的合作教学模式，以点带面的可行性原则。这就是建立无障碍下探索高等院校设计教育的核心价值，是打破壁垒的共同成长理念，七年的努力为设计教育提供了可鉴案例，这些财富成果是中国高等院校环境设计专业教师探索实验教学的发动机。

因为不是院校间比赛，所以共同进步、相互搀扶、共享成果是坚定实验教学继续向前的动力源。课题组提出以责任教授为探索资源，其核心就是“责任”二字，在这两个字面前课题组将用心血去浇灌她。坚持带领并培养中青年教师，探索学理化教学模式，不愧为教师的使命感，相信“四校四导师”实验教学课题受众群体将继续扩大化。

2015年6月27日于北京工作室

专业人才的培养体系与过程的思考

清华大学美术学院　张月教授
Tsinghua University, Academy of Arts & Design，Prof. Zhang Yue

设计专业高等教育是一个复杂庞大的体系，其中涉及的细节问题颇多，作为一个系统，每一个细小的枝节都会影响到整体输出的结果。每一个细节都值得我们去深究。

一、设计人才成才的标准

环境艺术设计人才的培养目标及标准，在十几年前好像很简单，学生只要会画、能动手就可以了。但是，我们的设计行业发展越充分，设计教育越普及，好像我们对培养目标的说法也越多，越发没有一个统一的模式。对设计专业的人才培养定位出现了不同的表述，有强调针对社会实践能力的职业化教育，也有另辟蹊径追求创意与研究型人才，还有很多院校期望找到一种统一的模式标准以备大家参照执行。单一标准还是多元化，各执一词。其实设计行业发展到今天的实践已经证明，设计也是一个多元化的职业，需要各类不同的人才：创意型、管理型、操作型、研究型等。整个设计产业也是一个有上下游，需要分工合作系统和产业链条，需要各种不同类型人才的协作。另一方面每个人的自身素质也是有差异的，可以发展的个人兴趣与专长也有较大的差异性，过分强调统一标准不能适应这种多元化的需求。而一窝蜂地对某一类所谓高大上人才培养方式的趋之若鹜，如近些年单一地强调创新型、创意型人才的培养是否也是一种变相的“一刀切”。

1. 设计师的核心素质

虽然说本科教育应该追求多元化的人才成长，但是设计专业的核心素质仍然是其中重要的必选项之一，这好像与多元化是一个悖论。什么是设计专业的核心素质？创意概念、手绘还是施工图……这一点不同的人和不同的视角之间存在着争议。每个个体都会根据自己的经验和所处的位置给出不尽相同的答案。但是如果脱开具体的工作环境、经验和眼界的藩篱，从整体社会需求的职业差异着眼，其实又十分地清晰可辨。

概念的创意不独是设计专业人才的专美，很多的社会实践与大师成长的成功案例，都印证了非设计专业教育出身的人也可以有很好的概念创意。如果我们的设计教育以此为立足的基石，何以有区别于其他人的独特性。那么专精的施工经验与技能、技术是否是本科设计人才教育的专业素质核心呢？且不说在本科教育有限的教学时间与空间内，其教学的对象能否达到完善的掌握，很多职业化或工程专业的教育也许对这类人才的培养更有效，而且投入产出效率可能更高（近年来专科教育人才在业内更好用的口碑或基于此）。有鉴于此，那么什么是我们本科设计专业教育的独门武功秘籍呢？——我认为以功能需求和艺术情境并重的空间塑造与实施转化、抽象概念转化成具体形态语言的方法，恐怕才是设计专业人才不可替代的看家本领。然而，这一点恰恰在近些年的专业教育中、在纷杂的教学理念发展中，被从各种不同的角度弱化。我们经常看到的学生作品是逻辑严谨的精细分析与概念，却没有了精彩的“形态”下文；精彩的“形态”呈现却看不到前面的“脉络”上文。这样的人才如果再没有优秀的基本文化素质，也许一个文科专业的学生或电脑培训班的学员就足以对其构成职业竞争威胁。

2. 专业技能——“过程”还是“表现”

“过程”还是“表现”，一直是设计专业教学纠结和左右摇摆的问题，基于造型艺术的传统背景，“表现”一直被艺术设计专业教育所重视，而且成了相对传统的教学体系特点，甚至成了教学质量优劣的指标。近些年由于欧美以强调创意为主的设计教育体系的引入，强调概念、强调过程，形成了一种“去”表达的设计教学观念，虽然其重视内在真实问题的解决，放弃了过度追求表面化样式的模式，在国内设计界过去过度注重表面“装饰化”的大背景下有积极的意义，但过度追求“过程”，忽略了“表现”的必要性也同样带来了问题。

这一问题的直接结果，是学生有时有一个很好的概念创意，却不能用恰当的形式表达出来。在创造样式与形式为主的艺术设计行业，“形式表达”是设计的重要手段，某种意义上，“表达”即“设计”。光有概念不行，能够用恰当的形式表达和表现出形式的优美也是起码的底线。因为说到底设计不是靠文字和观念打动人的，最终的成果还是要“表达”出来。在当代因为技术的进步，有如此多的优良的“表达”手段，不能用注重过程来推卸“表达”不利的结果。

与“表达”不力相对的另一种情况是“表达”的过度和不专业。大量的令人眼花缭乱的素材，可很多基本的设计必要要素没有呈现，设计表演化、娱乐化。其实这个问题要追踪起来应该说是行业市场的问题，是因为行业内评价体系的“不专业”决定的，是专业管理体系的问题。从本质上说优秀设计的出现是由管理者的眼界决定的。好的管理者应该有能发现好设计的眼光，应能减少设计过程与品质的“内耗”，将优秀的设计品质执行彻底。当然，这已经不在我们设计专业教育能控制的范围内了。也许我们能小小地干扰一下——开一门设计管理学课程。

3. 两种不同的人才教育培养倾向

“仰望蓝天与脚踏实地”、“理想与现实”、“向左走向右走”……这些都表明了两种极端状态和人们在这两种状态中的纠结，当事物的发展发生转折时，当人们对自己的方向面临选择时，就如今天的中国社会，历史好像到了一个纠结的时代：国家是继续追求高速的经济增长还是注重社会公平正义与民生？设计师是继续简单地山寨古今中外获取商业快钱还是关注社会与自然并脚踏实地地改变世界？学校是追逐现实的市场需求还是为未来的理想提供一些幻想家……这些问题都是中国目前设计教育迫切需要解决的。

各个院校的教学取向与学生的设计课题呈现了两种不同的倾向，职业化的务实实用与有一点点理想的“浪漫”畅想。“务实”还是“浪漫”，一直是这几年中国高等设计教育争论的焦点。务实的固然有现实意义。而随性的有点超脱的思考与探究，在当下中国过度现实的社会境况下也殊为难能可贵，值得我们呵护。其实，在中国这个惯于一边倒的“主流”语境下，值得警惕的倒不是过度现实的职业化教育是否拖累创新型人才培养的后腿，反倒是培养人才上的不接地气，好高骛远，盲目地以欧美的理念为目标，却忘了欧美人也是以他们自己的需求为人才培养目标的，学术和人才的培养也都很务实。而我们现在一味强调的研究性，其关注的问题却往往与中国社会的实际需求不相衔接，造成了中国整个设计教育范畴的一个怪现象，务实的学校培养的学生很好用，却被那些所谓高大上的研究性学校所看不起。而高大上的所谓研究性教育模式培养的人才却很难适应现实设计人才市场需求的“地气”。我们该如何走确实值得思考。

4. 精英教育的目标是什么？

当下设计行业的激烈竞争也传递到校园内，设计专业本身的实践性及与社会紧密结合的特征，使其强烈地受到社会现实的冲击。不管是出于虚名还是出于实际的功利目的，每个学校都在为自己争取心理的制高点。夸夸其谈也好，暗中较劲也好，都把“精英培养”挂在嘴边。至于什么是精英？精英如何培养？精英都是一样的吗？各人的语境不同，会有非常不同的理解。

但显而易见的是有些属性是精英必须拥有的：其一，精英一定是少数人，否则何以为“精英”，所以铺天盖地的全民运动似的“精英”培养，很有些像不顾现实的拔苗助长。其二，精英一定是“去粗存精”，且“粗”的数量与“精”是成比例关系的，如此则出现两个至关重要的问题：一是“粗”要有足够个基数，否则无以满足去粗取“精”的比例；二是萃取的过程对获得什么样的“精英”是至关重要的。萃取的过程是哪个环节？是入门的考试过程，还是后来的教学过程，哪个对“精英”的形成更有意义？从现在的学校教学实践情况来看，入门的筛选过程对人才类型影响颇深，它基本决定了你所获得的生源类型，也对后来的专业成长起了很大的诱导作用。那么教学过程对于人才类型的意义是什么？其三，精英是否也有各种类型？“学术研究”与“创新素质”被很多的院校定义为精英的属性，所以教学的“学术研究”与“创意培养”成了主导，对一些技能型、技术性的知识弃如敝屣。学术研究是什么？研究是否也有很多种类型？观念与理论的研究必不可少，而技能与技术层面的研究是否也不可或缺，难道动手操作就不是研究？我们很多学术评判标准中，充满了疑似“万般皆下品、唯有读书高”的封建士大夫思想。客观地说，研究与创意的媒介应该不仅仅是脑细胞，也有我们的双手。动手能力强的也是精英。记得曾经有一位前辈说过，过去的高等院校之所以成为中国科技发展的核心骨干，其最重要的因素之一，就是其实验室中有一批技艺精湛的技术工人。他们是落地那些学术大家思想、成就科学成果的基础。其实中国在近现代的学术研究思想创意上对世界鲜有贡献，这个时期的科技成就，很大程度上是依托这些技术工人在技术和技能上的自我完善。社会的实践证明“精英”应该是多元的。

二、评价体系对教学的影响

对事物的评价体系决定事情的发展与结果，这不是什么新的观点，但是在很多的现实事物中，人们却往往忽略了这个规律。结果是建立了某种评价体系后，所产生的结果与其建立的初衷出现差异。

评价体系对教学成果方向性的影响：四校环境艺术毕业设计交流活动，从一开始就显现出这种明显的不同所带来的学生毕业设计课题操作方向上的差别。比如在开题的操作方式上的两种不同的模式：

其一是：以毕业设计为中心，开题阶段的工作主要是设计项目的确定及对设计项目相关的背景资料的调研与收集，学生介绍的内容主要是设计课题的基础资料、相关调研及自己对课题的分析。通过开题阶段的准备工作确定了未来设计课题的概念与总体走向。

其二是：其特征是以论文研究为主，开题阶段的工作主要是根据预定的设计项目课题，经过广泛的文献检索与调研，确定毕业论文的研究题目，毕业设计课题相当于论文研究的案例或应用实例。学生介绍的主要是与论文研究课题相关的背景资料，研究的目的、意义及计划，还有相关的文献检索情况。通过开题阶段确定了论文的研究方向。

出现这样的结果是在意料之中的，令我意外的倒不是各个学校之间的差异，而是通过比较发现我们自己的努力目标与结果之间的不吻合。不论是教育部、大学这几年的教学理念，还是我们自己对艺术设计学科的教学培养目标的认知，都是强调实践能力的培养。因此，在艺术设计专业本科毕业设计课程的教学目标中，也是强调以“毕业设计为核心、论文为辅”的指导思想，可是通过这次的交流发现是南辕北辙，其原因也是缘于教学评价指标与管理体系的变化产生了一些问题。

在我们传统的毕业设计教学中（可以追溯到中央工艺美术学院），毕业设计课程要求对毕业论文与毕业设计的关系基本上是持各自为政的态度。毕业设计与毕业论文可以没有必要的联系性。在这种评价标准下，毕业设计与毕业论文基本是独立的两件事情。对两者的评价也没有侧重，其实这也符合当时的教学目标——培养设计实践能力与理论研究能力兼备的人才。那时的毕业设计成果是学生做一个毕业设计，再单独写一篇论文，二者之间没有关系，因为评价体系没有要求。

当我们随着院校调整由原来的独立美术学院变成为在综合性的理工科大学中的二级学院后，在教学评价体系及具体的指标上都要符合大学的总体要求，情况渐渐地发生了一些变化。由于理工类学科的专业特点决定，毕业设计的课题成果体现主要是以论文的形式，所以对毕业设计课程的很多具体要求都是对应这种学科特点的。比如：对各种文献及理论工作的定性定量的教学要求；强调论文为核心的评价体系——对论文进程的各个阶段都有详细的对应要求和考评。而操作实践的环节（在我们艺术设计学科即为毕业设计）则成了论文的实验手段，成了附庸。这种评价体系产生了弱化设计实践的后果。这一问题曾经引起我们很多人的争议。很多人认为艺术类专业本科毕业设计课程应该以设计实践为主，因此在美术学院的教学指导方向上，这两年也是不断地强调毕业设计课程以设计实践为主，论文只是一个附加的训练，即“毕业设计为核心、论文为辅”。但是尽管主观上强调这样的一种宗旨，实际上的结果却常常事与愿违。仔细地分析其原因，是因为在现有的毕业设计课程教学中对论文的教学要求及评价体系十分清晰、明确、完整（因为大学的评价体系如此），而对毕业设计的教学要求则相对模糊，没有明确具体的要求。造成学生对要求明确、对最终成绩有影响的部分更用心，而对相对模糊的部分则比较忽视。这里就可以看出几个问题。

1. 学校的类型对教学的影响

理工类的综合大学，在教学要求和评价指标上都有很强的理工类特点，都是对课题的选定注重论文的研究。这一特点决定了其课题的教学方向偏重于论文的特点。而艺术类院校更强调实践，很多对论文并没有明确细化的要求，因此成果以设计为重点。

2. 教学要求、评价指标对教学的影响

即使是教学目标有明确的要求，但如果没有与之相符合的配套评价和管理方法，也还是会出现事与愿违的问题，尽管我们已经意识到教学结果不符合我们的目标，也在主观上试图扭转这种情况，但由于在具体的教学管理和评价体系中没有相对应的细化管理规则（没有对理工类的评价体系进行有针对性的调整修订），造成学生还是会随着原有的评价体系的导向进行自己的毕业设计课程，偏离教学目标。

3. 评价指标的多元

有些学校对教学水平的评估，提出了追踪的几项指标：学生对学校的评价、学生毕业工资水平、学生跳槽频率、学生美誉度。不可否认这些都是非常客观的指标，也是对教学和学生选择学校专业非常具有指导性的指标。可问题是客观现实与追求的理想并不总是一致。人们会因为不同的理想而选择不同的客观指标。

在活动中的每一位教师或设计师们，由于他们对设计的意义与价值的观点不同，对同样的学生或作品经常给出不同的评价。我们一直是一个追求大一统的民族，在价值观念上也常会以追求“唯一真理”为标准，经常会在评价体系上提出“保持一致”、“紧紧跟随”、“与xx接轨”，并不崇尚个性的与众不同。哪怕是在艺术领域推崇的所谓的“个性”、“另类”其实也多少有些虚伪，因为骨子里还是要追求“认同”。因此，学习别人的经验、山寨别人的成果成了国人的惯性思维。前几年的高校评估潜意识里也有“唯一真理”模式的影子。在这样一个文化背景下，勇于提出与别人不同确实很难。这个问题很多人虽然理智上清楚，但是在现实中能坚持下来确实是需要勇气。能够发现学校之间的不同与特点不难，而更重要的是发现不同的目的并不是为了“趋同”，各院校在毕业设计的教学过程中可能出现比较大的差异性是可预见的，其实这也是我们发起交流活动的本意，就是要在不同的差异中去发现、比较，才能不断地通过吸收、放弃自己或别人的一些教学理念、方法，调整出适合自己的教育目标的教学体系，各自更清晰地明确自己的特色。现代社会的特点就是专业分工合作、差异化竞争和多元并存。因此，每个教育个体或院校只要把自己的特色与定位做到最好，不必纠结与艳羡别人。

三、教学生态体系

教学实际上是一个生态系统，系统中的每一个要素都会对人的成长产生直接或潜在的影响，甚至一棵树或者一段墙。学校就像是一个陈年的老窖，校址的迁移表面上看来没有太大的影响，对教学体系、师资或一些硬件的资源影响不大，但实际上环境也是有灵性的，它一定会影响人的气质。

1. 蝴蝶效应

“一只南美洲亚马逊河流域热带雨林中的蝴蝶，偶尔扇动几下翅膀，可以在两周以后引起美国得克萨斯州的一场龙卷风。”其原因就是蝴蝶扇动翅膀的运动，导致其身边的空气系统发生变化，并产生微弱的气流，而微弱的气流的产生又会引起四周空气或其他系统产生相应的变化，由此引起一个连锁反应，最终导致其他系统的极大变化。这种现象称之为蝴蝶效应，是“混沌学”中的一种想象。此效应说明，事物发展的结果，对初始条件具有极为敏感的依赖性，初始条件的极小偏差，将会引起结果的极大差异。“今天的蝴蝶效应”或者“广义的蝴蝶效应”已不限于当初的定义，而是一切复杂系统对初值极为敏感性的代名词或同义语。

其实教育又何尝不是这样。今天的教育体系也是一个复杂庞大的“混沌”系统，教育者总是“期望”教育的过程像解析数学一样，以一个明确的公式，代入已知的条件，并最终得出确定的或者说是我们希望得到的结果。很多时候，这是一个理想。现实的情况是：我们努力地试图影响教育的过程，使之接近我们设定的目标。变化是一定会有的，而且反响巨大，就像我们的“四校四导师”活动在社会上产生的影响。但是是否是我们预期的，至少短时间看不出来？在漫长的教学和人才成长过程中，我们就好像是扇动翅膀的蝴蝶。每一次的活动，都像是翅膀的扇动，在我们每一个参与者的内心及周围掀起了扰动的波澜。波澜或是自扰，或是扰人，虽然微小，但一定会产生某种影响。比如是否能够提供学生固定的教室、宿舍与教室的距离、是否有公共的非正式的聚会交流空间，很多小的改变都会产生影响。

2. 人才成长是否完全是课程教学的结果？

人才是否完全是课程教学的结果？课程教学能左右人才质量的程度有多大？我们是否夸大了教学过程的作用，尤其是优秀的人才的培养。其实从每个人的人生经历来看，教育只是一条以素质与能力训练为主线的人生经历。在这条人生之路的两边会遇到各种跌宕起伏的境遇，有风景也有波折。课程教学只是这段经历中的n分之一。与教学活动有关或无关的一个活动、一件事或者一个人产生的影响也许都足以改变那课程教学的n分之一。我们所能做的应该不仅仅是那n分之一，应在那条路的两边多设出各种“风景”。

教育的资源应该是多元的、超越单纯教学的综合系统。优秀的人才应该是天时、地利、人和的综合结果，个人的素质、学校的操场与建筑都有可能产生深远的影响。有些人先天的素质就具有成为设计师的潜质，有些人则只是经过设计教育混设计圈。不应该指望全方位的、事无巨细的、全包办似的定向教学体系的出现与成功。纠结于培养什么样的人本身就是职业化的定向培养模式，与今天强调素质教育的高等教育目标实则是相悖的。

其实教与学的一个核心部分是环境。我觉得教育本身也是一个小生态环境，就是它里边的所有因素，老师，它的图书馆，它的实验室，甚至于它的大门，那个学校教室门口的广场，以至于它周围的植物，都可能影响到这个人的气质。这个东西其实是一个非常微妙的东西，就像酿酒一样，这个酒池酿出来就是这个酒。那你最好的办法是把这个池子，做成最好的一个池子，然后它这个里边怎么去发酵，你让他们自己去互动，所以我觉得我们其实现在是建中国最好的池子，我们要培养最好的设计师，就要先把这个池子做好。这个池子我觉得不应该是光学校来做，而是学校、社会机构、企业一块儿来做。

3. 教育体系也应包括产业机构

把眼界放到一个更大的范围，就会觉得过于局限于一个小的视野很多事情无法厘清。“教”其实也要跨界，就是放到更大的范围去思考、体察。虽然我们的专业领域是环境艺术设计，但是关注的问题不能局限于环境艺术专业范围之内，这个对老师、对学生是同样的，就要“功夫在笔外”，你要把你的眼界放得更大，才能给学生更多的东西。

过去把教育局限于学校，认为学校是教育产业。企业是接受成品出来从事某种职业。今天，一个知识更新速度与增长量巨大的时代，我们应该去换一个思维——教育不一定是在学校，教育其实是一个全生命周期的过程。教育要在一个更大的平台，学校可能只是一个起始，要建立人格品质，那可能“小学”就开始了，那么专业素质应该是从大学。而从业的综合素质及职业熟练应该是在就业机构。所以教育，不应该把它认为是从一个学校的门口开始，从学校的出口结束。我们应把眼界放宽一点，教育也是个跨校企的产业链。学校、社会机构、企业，与人才有关的各个方面组合在一起。让最好的设计公司，最好的设计院校，共同去做专业教育这件事，在这个培养环境里边，使人才慢慢地去熏陶、生长，有可能比简单的学校负责上课教学，企业被动地等着人才出来。（这是一个断裂的，育人与用人两面没有相接的教育体系），做成在一起可能会更好。

最后再说一点，还是刚才那个孵化器。我就觉得最近两年，我有一种特别深刻的体会，因为也是一直想这个教学的事，从课程本身的如何组织？从教材如何去编写？从老师的上课如何去上？一直在想，发现这些问题有时候确实是很难找一个最佳的方法。最近一段时间，总的来想这个问题的时候，忽然有一种想法，我自己觉得是豁然开朗，其实这个专业教育，有时候它不像电脑编程，就是说我的这个目的、方法和结果是非常明确的，非常清楚的。艺术这个专业，有它自己的特点，我倒觉得它应该更多的是一个熏陶的过程。

4. 社会文化也是教育生态体系的一部分

再从外界的大环境来说，社会发展的阶段性，决定了整体社会的主要诉求，也影响了学校教育的状态，就好比“山寨”之于“独创”的争论，从理性的客观判断及主导的社会价值观来说，其实多数人都有共识及明确的判断。但是理性上能想明白与现实中能做到是两回事。在我们的社会及行业整体还满足于简单快速拥有的时候，特立独行的、漫无边际的随性思考及对过程的尊重，对细微体验的追求，必然是一种奢侈。而“山寨”与“独创”其实就是这两种不同思想生态的结果。所以，对院校设计教育观念接轨国际主流理想状态的追求，在外在大环境语境错位的情况下多少有些无奈。学校不是脱离社会的真空地带，教学的状态是社会现实的反映。

从更大的外部环境来看，还有一个中国国情与特色的问题，中国的现代设计教育体系几乎是完全引进西方的，诸如包豪斯的学术及教育体系，但它们是否完全适合中国的文化与国情呢？中国的社会文化和教育体制，是与欧美完全不同的体系，中国的文化与价值观、做事方式都有自身的特点。这样一个庞大的社会文化体系会牵制专业教育体系，从文化上、从体制上、从很多方面来讲，那些西方引进来的都有一些冲突与不适应。或者说我们无法完全抛开这种体系，去全盘按照诸如包豪斯的体系做。中国人还是要接受中国的国情，接受中国的大环境。在这个大环境里我们怎么样培养出中国的设计师？这可能是一个需要探索的问题。现在很多人提到中国设计教育，老是在与包豪斯等作对比，但是中国毕竟是中国，不是欧洲，也不是美国。我们要把中国的文化，跟现代设计结合在一起，要尊重我们的历史，要有文化传承。我们要去探索一种方法——现代设计教育怎么植根于中国传统文化。

四、在扁平的语境中寻找“个性”

据说过去丘陵地带各地方的人因为地理环境的隔阂，交通不便，各个聚居族群之间的交流比较少，所以语言及生活习俗差异颇多。而现代社会便捷的交通缩小了这方面的差距。四校活动也像便捷的交通一样，迅速抹平了不同学校的差异与个性。套用现在的流行语言，这个世界变得扁平，没有了差异带来的沟壑。原来那种明显的地域与教学风格的差异被迅速的“山寨”（借鉴）普及混合，使大家的学生作业成果看起来越来越趋同。这也许是四校交流活动有意无意的结果。在我们未曾可以设定交流的目标时，这也许是一个自然的结果。当其真的出现时，我们会深究和思考，这是我们要的结果吗？细究起来这种表面的趋同却隐含着本底的差异。表面的拟态与与生俱来的生存属性还是有本质的区别的，在外部教学生态环境与人才需求差异的廓形下，均值回归还是会左右结果的生成。另一方面，在当今这个因为高铁和网络而变得扁平化而趋同的时代，追求差异也许是更难能可贵的。因此，“个性”也许是我们未来努力的方向。

趋同与求异

——"2015创基金·四校四导师·实验教学课题"教学的思考

Assimilation and Dissimilation—Reflections on the Teaching of the 2015 Chuang Foundation · 4&4 Workshop · the Experimental Teaching Project

天津美术学院　彭军教授

Tianjin Academy of Fine Arts ，Prof. Peng Jun

摘要："四校四导师"环境设计专业本科毕业设计实践教学课题从初始的3+1名校教授实验教学模式，到扩展成4+4+4的规模，2015年又有国外大学建筑设计专业的加入，使该项实验教学走出国门，具有了更为广阔的国际视野，成为环境设计、建筑设计、风景园林等专业深入交流的平台。通过分析该教学活动从选题模式、教学思路以及教学过程中出现的某些问题，思考在毕业设计选题和表现、教学思路、专业特点、人才培养等方面避免趋同、力求差异的教学理念，探寻解决问题的途径和科学的方法，对进一步提升该项课题的层次，提高专业教学水平无疑是有益的。

关键词：环境设计，建筑设计，趋同，求异

Abstract：4&4 Workshop · the experimental teaching Project has expanded to the scale of 4 + 4 + 4 from the initial 3 + 1 experimental teaching pattern by elite universities' professors. In 2015，there are foreign architectural design universities participated in this project，so that So that the "4&4" workshop experimental teaching project go out of the country and have a broader international vision. It has become an in-depth exchange platform of environmental design，architectural design and landscape design.It is undoubtedly useful that improve the professional level of teaching by analyzing some of the issues coming out of the teaching topics，teaching ideas and teaching process. We have to think avoid the assimilation in topic of graduation design and performance，teaching ideas，professional characteristics and personnel training. And then，we strive to find differences in teaching philosophy and explore the way and scientific methods to solve problems，so that enhance the level of the architecture education in further.

Keywords：Environmental Design，Architectural Design，Assimilation，Dissimilation

引言

"四校四导师"环境设计专业本科毕业设计实践教学活动迄今已经连续成功举办了7届。从2008年年底创立的3+1名校教授实验教学模式，到2014年开始以4+4+4模式确定今后5年的发展原则，在注重实验教学可操作性的基础上，敏锐地发现课题开展过程中出现的新问题，不断开拓、创新教学方法，逐步完善可持续的教学发展模式，形成了由知名企业资金支持、知名设计师参与专业教学的实践指导、企业择优招聘学生的具有创新、示范性的综合性教学方式。

2015年在此基础上又得到"深圳市创想公益基金会"的项目资金支持，进一步保障了教学活动的开展，促进了教学管理的规范；匈牙利、美国的两所大学建筑学、建筑工程专业的加入，又使该项实验教学走出国门，具有更为广阔的国际视野，成为环境设计、建筑设计、风景园林等专业深入交流的平台。

"四校四导师"环境设计专业本科毕业设计实践教学对国内相关专业教学的重要贡献与示范是改变了传统的、封闭的教学模式，打破了各院校间的教学壁垒，实现了多所高校联合教学、校企合作教学，让本科生教学的学术交流从一般化的专业教学信息交流转变为直接交叉指导本科生教学研究的全过程，学生可以在一个学期的时间内充分体验多所高校的不同教学氛围，接触不同的教学理念、多元化思考方式的直接交流，充分利用教

学资源，实现理论与实践的直接贯通。

在“四校四导师”教学成果得到专业教学领域同仁给予充分肯定的同时，客观面对近一段时期该教学活动从选题模式、教学思路以及教学过程中逐渐浮现出来的某些问题，理性分析其出现的原因与背景，探寻解决问题的途径和科学的方法，对进一步提升该项课题的层次，提高教学水平无疑是有益的。

1. 设计选题研究与表现的趋同与求异

环境设计本科专业的教学大纲对毕业设计课程的要求与其他设计课程的要求有本质的不同，如果说其他的设计课程是以传授专业知识为主，并通过教师设计的作业题目练习来使学生掌握课程内容的话，毕业设计课程则是通过设计课题的合理的选题，深入的调研和主动性查阅、梳理相关资料等工作，培养学生独立分析和综合运用专业知识，解决复杂实际设计问题的能力。

环境设计专业毕业设计选题能否激发学生对现存环境问题的深入思考，满足在科学理性的基础上放飞无限的设计创造力，无疑是十分重要的，是否具备这些基本特征的选题直接关系到长达一个学期的毕业设计课程的研究走向和教学效果，是能否保障学生充分展现设计才华、设计出与众不同的优秀作品、完成有价值的设计研究的基础。纵观国内高校环境设计专业毕业设计的学生优秀作品无不体现了设计选题的这些特征。

环境设计专业毕业课题设计内容的规模（量）控制应该与课时和学生应该具备的完成能力大致相符。课题规模过小，与一个学期的教学时长不符；课题规模过大，尤其是超出本专业教学课程体系的范围，既不科学，也没必要。环境设计专业毕业课题设计的作品应该倡导学生在规范、严谨的基础上以个性化的、富有感染力的多种表现形式来展现设计创意、思想和风格特色，尽量避免趋同划一、面面相向。

“四校四导师”环境设计专业本科毕业设计实践教学初始几届的优秀学生作品无不体现了以上所述的特点，尤其是获得这几届一等奖的作品都具有题材迥异、构思巧妙、设计严谨、表现感人、才情尽显的特色。分析原因首先是选题来源多样：有学生自选或指导教师带来的富有地域特色和文化特征的项目、有国内一线优秀设计师提供的设计选题，专业特色鲜明，具有满足环境设计专业深度设计的基础；教师间、学生间、设计师与教师学生间的直接教学研讨，使“四校四导师”这种模式不仅打破了校际间的壁垒，还打破了教师为教学唯一主体的壁垒，这种教学的创新对环境设计这种实践性很强的专业尤其难能可贵。

本届的选题由课题组负责人向各校征集，最后采用了清华大学美术学院提供的室内设计专业方向的“博物馆设计”和天津美术学院提供的景观设计专业方向三个选题中的“天津西开教堂区域环境设计”，此构想的好处是便于针对有限的建筑学留学名额进行对比遴选人员，为此课题设计以该选题中“天津近代历史博物馆”的建筑设计为重点展开。值得关注的是：此次课题的场地因素相对复杂，既要面对新建建筑与保留的历史教堂建筑的矛盾与冲突，又要顾及设计任务书对各种功能使用面积的满足，还要考虑地块与周边商业、居住等复杂环境的关系等。其中主要问题体现在：让五年制建筑学专业的学生完成如此复杂、规模较大的建筑设计都具有难度的项目，规定让没系统学过建筑设计的环境设计专业的学生在较短的课时内完成确实勉为其难，设计过程中所出现的问题不可避免地集中在建筑设计最基础的知识方面的谬误，而课题组的导师基本上亦不是学建筑设计出身，对学生的指导如隔靴搔痒，其过程无疑是令人尴尬的，其作品进程的累积也似有设计“表述八股”的定式，其作品的水平用建筑设计专业标准审视的话也难以令人称道。

反观匈牙利佩奇大学参加此次课题的几位五年制建筑设计专业的毕业生，选题差异大、设计项目小巧、设计时间比中国学生至少长了近3个月，最终的设计作品相对严谨、深入；设计成果表现各具特色，体现出了本专业的专业素养。这种教学理念的求异与我们下意识的趋同形成了对比，令人深思。

趋同致使退化，求异或能进步：不论是设计思维的取向，还是设计成果的表现，均循此理。

2. 不同专业研究方向的趋同与求异

教育部专业学科目录要求环境设计专业培养的人才是“掌握专业基础理论、相关学科领域理论知识与专业技能，并具有创新能力和设计实践能力，能在高等艺术学校从事环境设计或教学、研究工作，在艺术环境设计机构从事公共建筑室内设计、居住空间室内设计、城市环境景观与社区环境景观设计、园林设计，并具备项目策划与经营管理、教学与科研工作能力的高素质环境艺术应用型和研究型人才”（摘自《普通高等院校本科专业目录和专业介绍》第362页）。

国内高校的建筑设计专业也有与“四校四导师”环境设计本科毕业设计实践教学相近的活动，比如艺术院校建筑设计专业“四校联合毕业设计营”、工科院校“八所建筑学专业联合毕业设计活动”……而建筑学专业培养的目标与环境设计专业是有差别的：建筑学专业的学生要“掌握建筑学科的基本理论、基本知识和基本设计方法，接受建筑师基本训练，具备基本的建筑知识和较强的设计能力，具有创新能力和开放视野，能在城市建设领域从事建筑和城市设计，城市规划和风景园林规划设计、科学研究和管理工作的复合型专门人才”（摘自《普通高等院校本科专业目录和专业介绍》第273页）。

虽然我们认同建筑设计专业和环境设计专业包括的景观设计、室内设计同属于空间设计大的范畴之内，但是从以上国家对这两个专业的定位上明确了从教学范围和课程体系内容均有着不同的、清晰的专业界限。尽管环境设计课程体系中用很少的课时量设置了建筑初步、建筑构造等基础知识甚至有小型建筑设计的课程，但这是为“环境设计以环境中的建筑为主体，在其内外空间综合运用艺术方法与工程技术，实施城乡景观、风景园林、建筑室内外等微观环境的设计”（国务院学位委员会第六届学科评议组编《学位授予和人才培养一级学科简介》）的配套课程。

中国的环境设计专业从20世纪60年代原中央工艺美术学院初始的建筑装饰专业、室内装饰，发展到核心美术院校逐步开设的室内设计专业，到20世纪80年代中期教育部批准为环境艺术设计专业，随着城市现代化的发展，于20世纪90年代中期增设了景观设计专业，于2012年更名为环境设计专业，一直在逐步完善中发展，形成具有中国特色的、在国内一千多所高校均有设置的专业，是大空间环境体系中不可或缺的重要组成部分。

遗憾的是在当下环境设计教育领域内似乎存在对本专业自轻、唯建筑设计马首前瞻的倾向，这种趋同心态对发展环境设计、完善环境设计专业无疑是不可取的。诚然，一些美术院校开办或正在筹办建筑设计专业，但这不是对环境设计专业的边缘化，而是都在力争从艺术的角度多元化地探索建筑艺术的特色教育，是对国内传统的建筑设计教育趋同化的求异举措，也得到了传统工科院校建筑设计专业有识之士的期许。

趋同只能萎缩，求异才能进取：不论是环境设计专业本身的发展，还是环境设计与建筑设计的协同共进，均循此理。

3. 卓越人才特色培养的趋同与求异

“2015创基金·四校四导师·实验教学课题”由于匈牙利、美国两所大学的加入，不仅使此项活动增添了国际范儿，更可贵的是国内外高校相近的专业合作教学得以深层次地交流，能够将求异的视野拓展至国际范围，为我们真切地、近距离地感受到不同文化背景师生的教与学的方法、理念。

从国外学生对课题的选择到独立思考能力的展现，个性化的设计解读无不展示着避同求异的教学理念和设计追求，这为我们提供了人才培养教学思路鲜活的借鉴范例。

“他山之石，可以攻玉”（取自《诗经·小雅·鹤鸣》），“四校四导师”环境设计专业本科毕业设计实践教学活动正是因为不断地引入新的专业教学资源、不同的教学理念，才不断地提升了层次，不断地向社会输送卓越的设计人才而被业内同行所瞩目。

不可否认，由于国内的环境设计专业扩招过快，优秀的师资力量严重不足，致使教学水平的发展严重滞后于当今艺术设计人才培养的发展的要求，教学思路的趋同、教学方法的趋同造成培养模式的同质化，致使卓越人才比例偏低。这也正是开展“四校四导师”环境设计专业本科毕业设计实践教学活动来培养学生迥异的设计个性、提升教师专业水平层次的意义所在。

如今的艺术设计教育已由原来的高等教育单一知识型培养转变为知识与实践并存型培养，七年来，“四校四导师”环境设计专业本科毕业设计实践教学活动力争对同质化教学模式有所突破，在培养学生的创造性、艺术性、科学性、可实施性、外在形式与内在结构的逻辑关系，以及对设计实践和学术课题的理解、效果的表达等诸多方面通过交流碰撞出火花、感悟差异，收到了令人欣喜的教学效果。

“四校四导师”教学活动率先推行的聘请活跃在设计领域一线的设计名家担任“设计实践导师”的形式，收到了很好的教学效果。在前几届此一特色尤为明显，这些既是设计师、又是设计机构负责人的“实践导师”们，以自身多年积累的实战经验，填补了院校教学的薄弱环节，既传授了实用的专业心得，又帮助学生建立了走向社会职场的信心，打破了毕业设计教学完全由专职教师封闭式教学的模式。大家在实际的教学实践中取长补短，汲取各自院校的经验和知名教授的优势，以及行业优秀人才的实践体会，共同研究、探索、实践，寻求教学科学发展方向，建立了培养卓越人才的创新模式。

趋同导致产生庸才，求异却能造就人才：不论是院校对学生的培养，还是社会对人才的要求，均循此理。

4. 教学相长、共同提高

“是故学然后知不足，教然后知困。知不足然后能自反也，知困然后能自强也。故曰教学相长也”（摘自《礼记·学记》）。“四校四导师”环境设计专业本科毕业设计实践教学活动在为学生搭建了相互学习、广结学缘平台的同时，也为来自四方的教师提供了相互切磋、取长补短的机会，环境设计具有交叉性、综合性、复杂性、广泛性的特点，各个院校的教学各有侧重，又各有所长，通过“四校四导师”课题的教与学的互动式深入交流，才能实现知识向多元化的延伸，才能受其裨益。

在大家享受着这个平台所带来的“红利”时，应该由衷地感谢课题组负责人王铁教授7年来为此呕心沥血的忘我工作。如果说在专业教学和学术研究方面学术带头人的引领作用是重要的话，为共同的事业把大家聚合起来、自己承担着繁杂的组织工作的无私奉献精神则更是令人敬佩。

环境设计教育应该随着时代的发展而不断进步，我们在探讨的环境设计专业合作教学的新思路，既是前一阶段的总结，又是下一阶段的进取，“四校四导师”环境设计专业毕业设计实验教学课题永远保持创新、探索的务实精神，才可以以更广的视野、更深入的交流逐步实现提高我们的专业教育水平的愿景。

参考文献

中华人民共和国教育部高等教育司编. 普通高等院校本科专业目录和专业介绍［M］. 北京：高等教育出版社，2012.

创基金“四校四导师”实验教学活动的毕业设计教学改革
——程序控制

Reading Based on the Graduation Design Teaching Reform of the “Four schools and Four Teachers” Experimental Teaching Activity—Process Control

苏州大学　王琼教授，汤恒亮副教授

Soochow University，Pro.Wang Qiong，Prof.Tang Hengliang

摘要：毕业设计是本科教育过程中的一个重要阶段，运用合理的程序来控制其生成的过程，使其路径清晰地展现出来，整个过程应是从形而上的考虑开始，到形而下的完成为终点的推演生成，并形成设计导则，进而能够更加合理地展开毕业设计的教学指导。

关键词：环境艺术设计专业，毕业设计，路径教育，程序控制

Abstract：The graduation design is an important stage in the process of undergraduate education. Using reasonable procedures to control the generation process，make the path clear to show up.The whole process should be start from the metaphysical thinking to shape for end of generation of deduction，and form the design guidelines. Then can be more reasonable to expand the teaching of graduation design.

Keywords：Environment Art Design，Graduation Design ，Education，Program Control

在20世纪50年代后期到20世纪60年代之间，人们试图将工作中的创造性解决问题的过程描述成一种逻辑结构，这种结构表现在那些看起来已经发生的公开行为中。设计被看成是一连串阶段，它们因行为（诸如解析、综合、推定等）的各类主导形式不同而显示出各自的特色。这种行为和观念，在建筑传统中具体呈现在设计组织和教学原则中。它们是18、19世纪间从巴黎美术学院和巴黎理工学校的工作室中逐渐演化出来（源自《设计思考》中埃伯格和卡利昂的观点）。

一、毕业设计改革的必要性

新中国成立至今，室内设计专业，经历了一个从无到有的过程。1956年5月，中央工艺美术学院成立，并首创室内装饰系，其教学以建筑为基础背景，围绕装修、装饰、陈设等专业课程，构建了一套适应当时国情的比较完善的教学体系。1978 年的思想解放和国家的转型，给室内设计专业带来了新的发展机遇和挑战。1980年年初，在全国开设设计教育的院校中，只有中央工艺美术学院设置了相关室内装饰专业，而至1987年，全国范围内已有十几所高校设置了室内设计相关专业，并开始形成新的教学理念和特色。与此同时，在1987年开始实施的新的《普通高校社会科学本科目录》当中，要求在工艺美术领域保留 9 个专业，其中室内装饰（室内设计）这个已多年没提及的专业，被明确并更名为环境艺术设计专业，专业方向中增加了室外环境这块的内容。

从1978年至今室内设计专业仍是以环境艺术设计专业名称存在。中国的环境艺术设计专业诞生在一个特殊的时代，时代赋予了该专业强大的生命力，学生毕业之后被输送到了建筑、室内、景观等相关的设计部门，当时的学生呈现的是一种多元化、宽口径的就业趋向。老师传道授业解惑的方式也是宽口径和多元化的，这是那个时代的特征。并且老师也是来自各个专业，例如传统的国油版雕，其他设计的各个学科，他们具备了很大的优势，但同时也暴露了很多短板。随着时代的发展和进步，行业专业化和专门化的趋势越来越明显，原来隶属于环艺的相关专业，已经被更细化的专业划分所取代，所以在这种前提下，对我们专业教学提出了更高的要求，原来的教师构架体系就不能够胜任现在室内设计专业的教学了，时代的发展和进步也给我们室内设计专业

带来了新的有待于解决的命题，原来专业课中所涉及的内容和时代产生了脱节。

基于我国环境艺术设计专业所面临的各种新的机遇和挑战，室内设计教学改革迫在眉睫并且势在必行。在这样的一个形势下，行业和专业都在做着积极的努力，“四校四导师”实验教学课题，就是这其中的一个比较重要的，并且有代表性的教学改革活动。因此，结合2015年“四校四导师”实验教学活动的全程跟踪，重点从毕业设计的程序控制和路径教育方面来解读一下，近些年业界和学界对该专业的对话以及努力。

二、毕业设计工作计划

这次的“四校四导师”实验教学活动分成四个阶段，从开题汇报、两次中期汇报到最后的终期答辩。通过这四个阶段来控制整个毕业设计阶段。在“四校四导师”活动中，导师分别来自中国各个重点高校（中央美术学院、清华大学美术学院、苏州大学建筑学院等高校），匈牙利国立佩奇大学以及美国的高校。来自三个国家的导师被构架成体系。该体系由责任导师、创想公益基金及世界知名学者实践导师、导师、知名企业高管、行业协会督导几个层次构成。

在毕业设计开始之前，由课题组统一界定课题范围，确定以天津老西开教堂地块为基地，完成以博物馆为主线的建筑、景观、室内方向的设计。后因各学校的实际情况以及其他原因各学校的选题进行了相应的调整。但主题还都是以展陈空间为研究的主要对象，这样的话就是大家可以在同一个框架平台下进行评定，有一个相对稳定的评判标准。

三、开题汇报（时间：2015年3月20日至3月21日，地点：清华大学美术学院）

整个“四校四导师”实验教学活动的第一个环节为开题汇报。本次课题以“真题假作”的方式来进行。我们认为“真题”更具有真实性和针对性，能充分培养学生的前期调研能力，每个项目都有真实存在的项目基地、自然环境、城市特性、地域文化，同时也有项目所属的各种法律法规、规范控制性条款等一系列框架信息，这使学生的发散性思维能够追根溯源，有脉络关系，从而教给他们解决实际问题的方法。特别要强调的是路径教育，通过设定设计导则来确立设计程序，进一步地规范和控制学生们的设计路径的顺利展开。

在此环节，学生们就自己的选题内容，主要是针对基地、设计内容、概念等几个方面作了汇报。这次汇报作为这一批次学生的第一次磨合，同时也是各个学校之间教学方法和理念的碰撞，其中出现了大量有意思的问题。同学们在前期的概念阶段，收集信息以及图片资料，拉洋片式的方式居多，但是概念的路径生成是相对比较薄弱的地方。有的同学太想把自己的成果或者工作量呈现给大家，很多学校的同学超额地完成了本阶段的任务，甚至是已经进行到了第二阶段；有些同学则是在汇报的过程中，把评委老师模拟成了一知半解的甲方亦或是以一种给政府领导报告的方式；更有些同学扮演了“导游”的角色。

在第一次的碰撞中，充分地呈现出学校间的教学思路和特色。这些差异化的表象，其实也如实反映了我们教学中的现状，以及作教学改革的必要性。基于以上问题，我们随之可以作出一些对教学现状的基本认知和判断。开题的目的主要是确定所做选题的合理性，找到设计题目所关注的点，要体现出题目的时代性特征，以及和相关设计行业息息相关的对应性。首先抓住主要矛盾，不要把题目选得过大，要受控，在充分作调研的基础上，目标定为解决一个或几个问题，不能大而空，什么都想解决，什么都解决不了。其次要解决好“形而上”和“形而下”的转化问题。在概念的生成过程中，主要考查学生对“形而上”的解读问题，在“形而上”层面能够思路清晰，准确地把握住概念和意识，并做好归纳梳理，将原始路径准确地定位，并形成自己完整且贯彻始终的概念，这一点非常重要，一定要充分做好市场调研，逻辑思维要缜密和严谨，不要走回头路，来回否定已经确认过的概念。最后，要提出来的是设计的结果是否能达到预期，取决于对设计原点和路径过程的尊重。很多同学在开始时观点很鲜明，但是随后所做的事情和设计原点关系不大了，以至于阶段性的成果看不到推理过程，这样对他最终的结果也无从判断。

四、第一次中期汇报（时间：2015年4月21日至4月22日，地点：苏州大学建筑学院）

在经过开题报告之后，学生对于选题有了一个相对清晰的目的性和诉求，因此这阶段工作的开展就落在了“形而上”和“形而下”的转化上。这种转化需要解决两个层面上的问题，一个是概念的物化即将抽象概念转化为具象物体进而转化为抽象的设计元素的问题，另一个是控制室内空间的功能定位、面积配比、流线关系、空间组合以及消防等问题。

这一阶段非常重要，也是非常具有高难度的，是同学们比较难把控的一个阶段。在形而上层面，大部分学生在找概念原点的时候，不能够有效地找到合理的设计点，要不就是大而空，要不就是陷入到了细节中去。因此对设计任务书系统化的阐释和解读，进而找到能达成任务的各种方式，并拿出诸种解决方案是非常重要而本质的方法。而后续阶段的视觉形态的生成推演可以将前一阶段的形而上的解读丰富，并通过形而下的平面图、剖面图等手段表达出来。整个过程应是从形而上的考虑开始，到形而下的完成度为终点的推演生成。每一个形而上到形而下的转化，应该都是一个有机的循环系统，能够通过反复的循环和周边环境及认知的反馈，来及时地对问题和信息进行评判和回应。这和《设计入门》作者阿西莫的范式不谋而合，他主张将设计过程分为两种结构，一是从上至下逐渐递进生成各阶段的垂直结构，另一是各阶段都处于某个决策循环反馈的水平结构。设计行为要保持各阶段的有序界定，有起点、有终点，在过程间还要有不断的反馈介入，来不断地审视着过程。在这个过程中不断地形成标准的评价体系和标准。这样就可以不断地、有序地来检验我们的形而上以及形而下的转化的合理性了。

在这次汇报中，同学们出现了一些共性的形而上的问题。正如之前的垂直体系和水平体系中所谈到的反馈因素的介入，其中比较明显的一个表象就是对于地域性问题的考虑，大家对于此采取的方式是无视或是躲避，对于这种反馈的逃避，造成的结果就是环境空间的可识别度降低，大家所设计的空间可以放在世界上任何一个角落。对场所精神的无视或忽略，导致了我们在设计各阶段的循环体系中，无法对我们的创意进行有效而合理的控制，进而离我们的设计原点越走越远。另一表象就是大家对于设计方法的匮乏，例如一个同学在形容其造园手法时，凡涉及之时就冠以苏州园林手法，但对于什么是该手法则是一知半解，这样对于其设计的回馈和评价就失掉了价值，无法形成设计的循环系统。

在形而下这方面，也同样暴露出了一些问题。基础的建构理论缺乏，建构意识相对薄弱。建筑系统的平立面关系对位、梁柱关系存在认知的缺陷，不能够有机地组成系统关系来考虑，易产生脱节。CAD表达不能够做到准确到位，过度地依赖于软件生成，表达的语言有点华而不实。在这方面匈牙利国立佩奇大学的学生做得比较好，通过简单而有效的图形、图纸语言将各自的想法直接表达出来，并达到了效果。

五、第二次中期汇报（时间：2015年5月23日至5月24日，地点：山东师范大学礼堂）

第二次中期汇报阶段，按照我们对于这阶段的控制，应该是对前期设计概念的进一步深化和落地，需要用大量的剖面图来解析和深化方案。并且要进一步地通过各种手段来回应设计过程，加强我们对设计程序的循环控制。

这次汇报之前，我们进行了一个有意思的假设，这次各个学校的学生们会给我们呈现出什么样的成果呢？是已经推进到效果图阶段？是进行了概念的进一步生成？还是否定了自己之前的概念？种种猜想其实都代表了各自相关的评价标准。相应的评价标准会呈现不同的成果。

在这次汇报过程中，我得到了相应不同的答案。比较普遍的一种状态是出现在“形而上”至“形而下”的转化中。同学们充分地发挥着他们的“聪明和才智”，积极地躲避着设计过程的呈现，尽量将设计结果以片段式的效果图的方式展示给大家！试图通过几个“过硬”的效果图来说服评委们，希望通过视觉要素来作为自己设计的作品的判断因素，忽略了大量过程中有效的控制标准。这也代表了大家常态的一种评判方式。在这样一种程序的控制体系下，是无法监控学生们的概念到结果生成的过程的，只能得到片段式节点的结果，大部分的有效工作面和过程节点被有效地遮盖掉了，无法对工作成果作出有效的回应，特别是缺失了大量的有价值的剖面图，没有能够通过剖面图来解析和演绎他们的设计概念。

六、终期答辩评审（2015年6月，中央美术学院）

最后一次的终期答辩是在中央美术学院。学生要对自己的设计作整体的汇报，并对过程中各个评委老师的点评予以回应。以学生汇报为主的方式，评委老师不参与点评，但要给予分数。

七、结语

经过四个多月的时间，基于“四校四导师”这个平台，各所高校的同学们和各个专家、学者和导师在设计方法、理念等各方面进行了大量的头脑风暴，收益颇丰，使学生们对设计过程和路径的理解更加深刻和全面，活动的组织比较有序合理，有效地缩小了国内各高校环境艺术设计专业的差距，提高了整体的教学水平。从最后达到的效果上来讲是非常成功的。

但同时我们也看到了我们还有很多的提升空间，特别是在对毕业设计程序和路径方面的控制，如何有效地实行每一个形而上到形而下的转化，形成一个有机的循环系统，能够通过反复的循环和周边环境及认知的反馈，及时地对问题和信息进行评判和回应，从而更加有效地控制设计。另一方面，在整个活动的组织流程上，可以将每一阶段学生们的成果，在汇报之前提前发给各个专家评委，这样的话各位老师可以有更充分的时间来评审学生们的方案，以便提出更加合理的建议。只有通过合理的程序控制，才能够更加有效地控制设计的结果，提高设计的水平，使我们的专业进行有序和良性的发展，成功地应对我国环境艺术设计专业所面临的各种新的机遇和挑战。

参考文献

[1] 彼得·罗著. 设计思考[M]. 张宇译. 天津：天津大学出版社，2008.

[2]（美）保罗·拉索著. 图解思考：建筑表现技法[M]. 北京：中国建筑工业出版社，2002.

[3] 左琰著. 西方百年室内设计(1850-1950)[M]. 北京：中国建筑工业出版社，2010.

[4] 刘敏. 建筑学专业毕业设计程序控制法探讨[J]. 高等建筑教育，2002，43（2）.

[5] 刘建强. 德国应用科学大学模式对实施“卓越工程师培养计划”的启示[J]. 中国高教研究，2010（6）.

毕业设计选题的社会价值

Social Values of Graduation Design Topics

林学明

Lin Xueming

摘要：笔者以广州集美组设计机构的创意总监兼中央美院城市设计学院主题空间工作室导师的双重身份，参与了2015创基金“四校四导师”实验教学的督导和CIID“室内设计6+1”校企联合毕业设计的答辩，基于长期参与高校毕业生的教学活动，对于高校设计教育与知名企业建立资源共享理念的尝试有一定的体会。笔者从毕业设计选题的社会价值角度出发，从学术的前瞻性与实践的可操作性两个角度进行思考，并以笔者所辅导的毕业设计教学为例，去探讨如何把握好毕业设计选题中理论与实践的尺度关系。

关键词：毕业设计，学术前瞻性，实践性，环艺设计

Abstract: As the creative director of Guangzhou Newdays Architectural design institution and a mentor of space studio of School of Urban Design of CAFA, I participated in the final presentation of the 2015 Chuang Foundation “4&4” graduate design experimental teaching project. Based on long-term participation in the university teaching practice of graduates, I have experience in attempts of establish the sharing resources concept by universities’ design education and well-known enterprises. In the perspective of social value of graduation design topics, I think about two perspectives which are the academic perceptiveness and operability of practice. I used the graduation design projects which I taught as the example to explore that how control the scale of the relationship between the theory and practice in graduation design topics.

Keywords: Graduation Design, Academic Perceptiveness, Practicality, Environmental Art Design

一、背景

环境艺术设计专业是一个综合性极强的专业，需要学生具备艺术、人文、自然等多方面的知识储备。对于不同的专业院校来讲，教学模式也各有侧重。单一的教学模式并不适应于艺术设计教育的规律，多元化的思维碰撞才能迸发出新的火花。

笔者受创基金教育委员会的委托，联同著名设计师琚宾完成了对“四校四导师”实验课题项目的考察与评估，根据创基金教育委员会的评估机制，实施了创基金对“四校四导师”的资助；项目过程中梁建国也代表创基金教育委员会对该项目进行了阶段性跟踪评议。“四校四导师”实验课题成了2015年创基金支持设计教育计划的优质项目，获得了社会良好的赞誉。

“四校四导师”实验课题教学正是对打破院系间隔墙，从传统的教学成果展示转向直接交叉指导的专业课题研究，是教与学在资源和实践层面上的可行性探讨。

二、提出问题

笔者以广州集美组设计机构的创意总监兼中央美院城市设计学院主题空间工作室导师的双重身份，对于高校设计教育与知名企业建立资源共享理念的尝试颇有体会。作为2015创基金“四校四导师”实验教学课题的实践导师以及课题督导组成员，笔者今年也参与了由中国建筑学会室内设计分会（CIID）主办，由同济大学、

华南理工大学、哈尔滨工业大学、西安建筑科技大学、南京艺术学院、北京建筑大学、浙江工业大学、上海现代设计集团联合组织的CIID“室内设计6+1”校企联合毕业设计活动。很有意思的是，这两个课题从表象上看有很多的相似性，而在教学辅导中又发现有很多不同。从共性角度上看；两个教学实践平台都是通过联合毕业设计的协作，加强国内兄弟院校之间的学术交流，增进彼此了解。同时，邀请本专业领域内具有影响力的国内高水平设计专家作为实践导师参与到教学中去。从个性角度讲，第一，“四校四导师”是由4所核心院校、4所基础院校、4所合作院校以及建筑装饰知名企业组成，在院校选择上既有知名院校也有地方院校，既有艺术类专业院校也有综合大学。而“室内设计6+1”对于院校的选择上则以建筑学专长的工科类院校为主。第二，从选题角度，“四校四导师”则是导师组与实践导师共同讨论，择优颁布选题，学生自由选题的方式进行设计。“室内设计6+1”则是以实际项目的单一命题形式出发。

笔者通过参与两个课题的实践教学发现了一些问题——两个不同院校组合的教学体之间的区别。对于艺术类专业院校来讲，毕业生在进行毕业设计时常常是天马行空，富于想象力，但在设计实施落地方面缺少理工院校的技术能力；而工科院校的艺术类专业在教学过程中对学生综合素质与创新能力的培养稍显逊色。所谓“实打实”的项目设计受到条件的约束，也难免约束了学生的创造力。环境艺术设计专业是一个综合性很强的专业，涉及的专业背景知识较多，要求学生既要有丰富的艺术形象思维能力，又要有科学缜密的逻辑思维能力，还要有基本的历史常识。衡量毕业设计的好坏，不仅要看其基本的设计表达能力，还要看设计切入点即选题所关注问题的社会价值，更重要的是看设计本身是否为解决问题提出新的方法或是对未来发展方向的展望。

三、毕业设计联合教学中选题的重要意义

毕业设计作为一个相对长时间上进行的课程教学，从选题、开题、构思到最后毕业设计的展览展示，是别的课程所不能比拟的。需要学生具有综合性地运用四年所学的各项专业知识去发现、分析、系统解决社会问题的综合能力。使学生的综合素质、专业技能，还有职业素养得到进一步的提升与整合。换句话讲，毕业设计是学生从学校走向社会的一个过渡阶段，而笔者所观察的“四校四导师”和“室内设计6+1”的校企联合教学活动也是希望通过毕业设计培养学生的创造性思维和实际应用能力，真正做到让学生理论联系实践。

毕业设计作为课时最长、最具实践特征的教学环节，选题是这一环节中的关键。这一阶段付出的精力不应少于后续的方案设计阶段。俗话说：“题好文一半”，好的选题能获得事半功倍的效果。毕业设计选题的目的不仅仅是让学生完成设计方案，更重要的是让学生明白设计的目的和意义，同时进一步探索设计的社会价值。

四、毕业设计选题中学术的前瞻性与实践的可操作性的思考

毕业设计是学生走向社会转化成职业身份前的最后一次思考，常常导致人们在毕业设计究竟是要强调职业培养还是坚持学术高度的问题上争论不休，有的老师认为：“学生毕业出去之后就再也没有展现自我的机会了，毕业设计是最后一次没有现实条件约束的设计。”也有老师觉得，“毕业设计应该实题实做，为工作打好基础”。在笔者看来这样的争论并无实际意义，把握好毕业设计选题的尺度才是关键。

从毕业选题的实践性角度讲：一方面，设计是目的性很强的实用性艺术，而这种“目的性、实用性”是设计区别于其他艺术门类的一个重要特征。设计是服务型行业，正所谓“设计为消费者服务”，不是艺术家的主观创造，尤其是对于环境艺术设计专业而言，毕业设计的选题也要从“实用性”的角度去考虑合理性。所谓的“实用性”其实是想说明设计无论如何发展，必须落实到合乎明确目的性的现实中来。环艺专业是一个实践性非常强的专业，涉及很多行业规范和技术限制。因此，教学过程要着重设计能力的掌握和基本技能的培养，把毕业设计教学与企业设计项目紧密结合，最大限度地锻炼学生解决具体问题的能力。

另一方面，虽然早在20世纪70年代德国的职业教育中已经逐渐形成了项目教学的应用浪潮，但不同性质的

学校在设计人才培养上的定位存在差异，高等院校的艺术设计教育不应等同于职业教育，它的任务不应停留在培养设计师的层面，更应该注重对学生的创造性思维的培养，让学生具备终身学习的能力，使他们不仅仅能成为设计师，同时擅长设计管理，以及设计教育。过于注重一般专业技能忽视专业素养并不利于学生的长久发展。

在追求所谓“真题实战”的毕业选题中，我们无法忽视中国设计的外部环境和西方发达国家之间的现实差距，具体来讲，中国设计产业中设计师、业主方以及受众之间发展并不均衡，这就致使社会中很多功利性的项目并不适合与毕业设计直接对接。毕业设计的实题实做使学生的思维受到了约束，并不利于个人才能的发挥。以笔者参与答辩的“室内设计6+1”为例，学生以“南京晨光1865创意园”的实题项目为例进行毕业设计，学生的思考很容易局限于项目本身，缺乏发散性思考，想象力似乎没有得到更充分的展开。同时，理工院校学生对于基本历史常识了解和深入研究不深，如对新中国成立以后各历史时期的研究比较不够，容易在主题表达上出现一些偏差，这也限制了毕业设计的深度发挥。

从学术的前瞻性角度讲，毕业设计作为本科学习的最后一个教学实践环节，其本身就非常有利于学生将其大学的全部专业知识和技能积累进行综合性的训练，正所谓“实战演习”。艺术类院校的环艺专业学生，想象力丰富、天马行空。如果没有设计条件的限制，很容易陷入自娱自乐地强调个人意志和审美的体现，而不是建立在严谨的设计研究之上。

因此，对于毕业设计的选题而言，应在尊重实际项目设计条件的前提下充分发挥应有价值的虚拟课题，即选题背景是真实的、客观存在的，设计方案则是虚拟的、按主观意愿发挥的。学生同样可以模拟实际项目进行现场勘察，充分了解各种限制设计条件。在解决具体设计问题的同时，大胆提出新的设计理念及技术手段，甚至是对未来发展趋势进行合理预测。

以笔者所辅导的环艺设计专业方向研究生毕业设计《敦煌雅丹精舍酒店设计方案》为例，在选题之初，笔者安排学生去西部进行为期一周的采风，我们发现西北的经济开发对自然环境产生了很大影响，同时提出了当今建筑空间如何能在满足时代需求的同时具备丰富的地域文化表现形式。在中国西北丰富的地貌特征中，我们将设计出发点指向了敦煌雅丹“魔鬼城”，进行一个体验性精品酒店设计。这个选题是经过笔者与学生几次的探讨得出的，其一，国家正在推行“一带一路”的西部发展战略，经济的快速发展势必会对西部丰富的自然环境及人文景观带来影响，这个选题是具有社会意义及学术高度的。其二，对于雅丹地质公园的旅游接待需求而言，雅丹国家地质公园对外开放以来游客呈井喷式增长，同时具有明显的季节性。从雅丹地质公园的基础设施配套角度讲，以莫高窟为起点，雅丹地质公园为终点的西线旅游线路需要7~8个小时车程，同时设有多种探险项目，对具有地域特征的体验型酒店需求越来越强烈。在这个过程中学生通过实地分析，使毕业设计的进行有理有据。其三，将敦煌雅丹精品酒店设计作为毕业设计选题虽无业主委托，但敦煌雅丹国家地质公园强烈的气候、地质地貌特征已经为设计提出了很多现实问题，因此在毕业设计中发现问题，运用专业知识大胆提出解决方案是其毕业设计的价值所在。比较幸运的是，正是因为在选题中把握好了“实践”和“实验”的尺度，在有限的条件下进行创新，通过对雅丹体生成条件以及表现形式进行分析，以龙岗状雅丹体的阵列形式作为地域文化的典型场域，以低调、顺从的姿态从排列组合方式、尺度、形态、质感肌理等角度延续场域特征，使形态的生成有了现实依据。对于场域特征除了形态上延续外，笔者启发学生从昼夜温差、降水量与蒸发量等自然需求以及对环境的最小干预的社会需求角度出发，将夯土作为建筑立面的主要材料。由此总结，在整个毕业设计的指导中，学生通过实地采风发现社会问题，在有限的设计条件下最大限度地发挥专业能力进行设计创新，从而得出延续地域风格又符合时代需求的空间特征，是对于“一带一路”经济高速发展下，建筑场域与自然景观和谐共处的有益探索。

五、展望

关于毕业设计选题的探讨从大的方面讲是关于高等教育尺度的探讨：教育不应该是功利性的技术教育，它担负着“文化”的使命。在专业快速发展的今天，需要教师给予学生必要的指导，帮助他们正确选题。虽然高等教育也要以社会尺度作为衡量标准，但这个社会尺度应该也是广阔且包容的。艺术教育没有既成的规律可循，其发展正是通过不同思想的碰撞和对话而形成，我们需要以包容和开放的心态继续探索。让实践推动实验，实验为实践提供更多前瞻性思考，共同寻找架起理想与现实的桥梁。

以强化工程实践能力为理念的环境艺术毕业设计教学

Teaching Modes Enhanced by Engineering Practice Abilities of Graduation Projects for the Environment Art Design

沈阳建筑大学　冼宁教授，杨淘教授

Shenyang Jianzhu University，Prof.Xian Ning&Prof.Yang Tao

摘要：毕业设计是高等院校实现本科培养目标的重要教学阶段，本文针对我国设计教育现行体制下毕业设计实践教学模式的现状和存在的问题进行分析，提出了以强化工程实践能力为理念的环境艺术毕业设计教学模式探索与创新方法，以期进一步促进综合性院校环境设计专业的可持续发展。

关键词：环境设计，工程实践能力，毕业设计

Abstract: The graduation design is a vital important stage of teaching. It ensures Universities and Colleges to implement the training objectives of undergraduate courses. According to the current situation and existing problems of the practical teaching modes under the current system of design education，this thesis puts forward an exploration and innovation methods of the teaching mode of graduation design for the environment art design students as it emphasizes the important role of the engineering practice abilities. In the long run，it's expected to accelerate the sustainable development of environment design major in the comprehensive universities.

Keywords: Environment Design，Engineering Practical Ability，Graduation Design

现代环境设计艺术是一门独立的艺术学科，它的研究内容和服务对象有别于传统的艺术门类，具有极强的实践性与实用性的特征。作为以培养综合应用人才为目标的实用性学科，对学生在毕业后实际完成工程能力的培养尤为重要。只有具备较强的工程实践能力，才能更好地提高学生实际运用知识和将设计理论付诸工程实践的能力。近年来，国内对环境设计专业学生工程实践能力的培养普遍引起重视和关注。强化工程实践能力的教学也一直被视作各院校的重点研究项目。

一、毕业设计实践教学模式现状及存在问题的分析

毕业设计是高等院校实现本科培养目标的重要教学阶段，是培养学生综合运用所学知识独立解决工程实际问题和创新能力的重要环节，也是衡量学校教育质量的重要评价内容。环境设计专业在教学管理、教学方法和教学评价上都有区别于其他专业之处，根据自身的专业性质和教学特点，强化工程实践能力培养已经成为一个重要的课题。

环境设计专业的毕业设计主要存在以下几个方面的问题：首先，绝大部分综合性院校的毕业设计都安排在第八学期，即四年级下学期。由于面临毕业，尤其近些年就业压力加大，学生投入大量的时间和精力用于处理就业选择的繁复工作，投入毕业设计的精力相对减少。其次，毕业设计课程基本上沿袭传统的教学模式，即以教师为中心，由一名教师辅导多名学生的毕业设计。教师布置毕业设计要求，由学生独立进行设计，期间教师集中给予相应的指导。 这种教育模式对于学生来说比较被动，容易轻视学生的设计过程而过于偏重设计结果，忽视了设计过程中对工程实践能力的提高。 对于教学成果来说，质量也不容易得到提高。如何把学生的这种被动学习的模式转变为主动探索的模式，激发学生的创造性思维及加强工程实践能力都是急待解决的问题。

二、强化工程实践能力在毕业设计中的重要作用

构建符合环境设计专业特点的毕业设计教学体系，有助于毕业设计教学质量的进一步提高，这将是环境设计专业向更高一级迈进的有效途径。一些设计水平较高的国家，在很早以前就将工程实践能力的培养作为高等艺术教育的重要理念，来提高学生的工程意识和设计能力。学生可以较方便地在老师的设计事务所进行日常和毕业设计的实践学习，设计实习以很大的比重贯穿在学生的整个教学过程中。而由于经济发展水平和社会背景的不同，我国的环境设计专业的学生参与工程实践的机会相对较少。目前，国内对环境设计专业学生工程实践能力的培养普遍引起重视。

以毕业设计的改革来带动学生工程实践能力的培养，使学生的工程实践能力在社会工作中能够得到持续的发展，让毕业设计教学更加踏实、稳固、持续。通过强化工程实践能力为理念，提倡在毕业设计教学中培养学生具有引导设计市场方向的理想与信念，同时也应具备适应设计实践需求的扎实的基本技能。有利于学生明确自身专业身份和未来发展方向。对环境设计专业毕业设计教学的改革探索也是在发展与培养实用型人才的总体战略中，使前进的道路更加顺畅、发展的效率事倍功半。

三、强化工程实践能力的毕业设计教学模式探索与运用

以强化工程实践能力为理念的环境设计专业教学模式，是改变以往多以教师为主导、忽视工程实践能力培养的传统教学模式。教学与实践的互动更多地反映在教学环节中的实验性与实践性的互补与融合。通过更新课程设置、改进教学方法等教学手段，在教学中突出实践性，积极调动学生的学习热情，激励同学开拓思想，敢于探索。不仅仅是教学组织形式的改变问题，更涉及环境设计教育观念深层次的变革。建立一套注重于实践能力提高的有专业针对性的毕业设计管理体系，可以更好地完善和健全毕业设计的教学，提高毕业设计的整体水平。

1. 建立可量化的毕业设计的考核评价标准

以工程实践能力为重要组成部分，设定符合艺术类专业要求的可量化的毕业设计质量评定标准是强化毕业设计工程实践能力的重要保证条件。由于环境设计专业的特点，毕业设计的评分标准往往主观性较强，对工程实践能力的培养方面的评分缺少明确规定。建立可量化的毕业设计的考核评价标准，对毕业设计过程中的工程意识、建构意识、设计规范掌握及工程制图规范等多方面进行考核，使学生对需要掌握的工程实践能力方面的知识有的放矢地强化学习。

2. 依托“工作室教学”制度提升学生的工程实践能力

学生的工程实践能力是不可能简单地通过书本和课堂来传授的，必须在设计中经过长期的训练才能建立起来。建设有企业导师参与的工作室教学制度完善了实践教学的途径，可以为环境艺术设计专业的毕业设计实践教学搭建良好的实战平台。工作室应具备研究的基础和实践设计的能力，由综合能力强的学科带头人作为负责人，还要有结构合理、专业性强的学术团队作为教学师资支撑，同时从企业聘请有工程背景的校外导师参与指导。这样既可以保证设计项目的到位，又可保证有足够的力量完成项目设计和毕业设计教学任务。

在毕业设计过程中采用以团队为单位的设计模式，这种模式能够更好地调动学生的设计积极性，改变独立设计中交流少、思路窄的弊病，使学生可以取长补短，对自己设计能力的方向有更清晰的认识，有效地缩短学生毕业后适应企业生存的时间。

3. 实行各类型高校、企业毕业设计联合教学

各个院校的教学各有倚重，又各有所长。通过高校毕业设计联合教学，可以打破多年来各院校间的教学壁

垒。2008年年底，由中国建筑装饰协会牵头 ，中央美术学院王铁教授、清华大学美术学院张月教授、天津美术学院彭军教授，联合苏州大学王琼教授共同创立了3+1名校教授实验教学模式，探讨环境艺术设计专业本科生毕业设计合作教学模式的新思路。此项教学的目的是打破院校间隔墙 ，从只是信息上的交流转变为直接交叉指导专业课题研究，学生的学术研究也更能达到本专业对理论与设计实践结合的要求。

与企业联合，依托校外实践教育基地，与社会企业联合培养人才，是完成毕业设计实践教学、延伸设计项目和成果应用的重要途径。与企业联合的毕业设计教学能够将毕业设计环节直接与实际工程贯通，进一步提升工程实践能力，使学生尽快参与社会实践，进入到产业发展的链条中，对于本专业教学水平、科研学术水平的提高，以及对外影响的扩大，都有着极大的推动作用和实际意义。

总而言之，当今社会要求高校强调素质教育，培养高素质、全面发展的人才，工程实践能力是其中最为重要的环节，这是由环境设计专业极强的实践性所决定的。如果学生缺乏工程实践能力，则无法适应就业后的工作实际要求，那么我们的人才培养也无法满足社会现状发展的需要。因此，以此着手的高校环境设计专业教学理念、教学模式转变，可以为教师与学生创设一个良好的教与学平台环境，更好地完善和健全毕业设计的教学，提高毕业设计的整体水平。

参考文献

[1] 霍珺，韩荣. 初探环境艺术设计专业毕业设计的实践教学模式 [J]. 美术大观，2009 (10).

[2] 彭军. 高等院校艺术设计专业本科生教学改革的探索——“四校四导师”环艺专业实验教学的创新模式 [J]. 天津美术学院学报，2014 (9).

[3] 郑翠仙. 高校艺术设计专业毕业设计实践教学模式的探索与运用 [J]. 大舞台，2013 (12).

[4] 黎勇. 关于环境艺术设计实训工作室建设 [J]. 中国教育技术装备，2014 (11).

制定与解读——环境设计专业毕业设计过程探讨

Formulation and Interpretation—Study of Environmental Design Major Graduation Design Proces

内蒙古科技大学艺术与设计学院　韩军副教授

Inner Mongolia University of Science and Technology，Prof.Han Jun

摘要：环境设计专业的毕业设计是中国高等学校设计教学过程的重要环节之一。毕业设计目的是对设计学科学生在大学阶段对环境设计专业知识掌握能力最终亮相与表达的考量，相当于一般高等学校的毕业论文。选题与设计任务书是毕业设计的关键。一个良好的课题配合一个有水准的设计任务书，能强化理论知识及实践技能，准确引导和规范学生对课题的认识与理解、设计与还原，使学生充分正确地发挥其想象力与创造力，而不是天马行空、跑题错题。设计任务书的制定与解读是鉴定毕业设计成绩的依据。毕业设计任务书是由指导教师来编制的，所以设计任务书从专业选题到内容要求的水准是对指导教师的综合专业能力和责任心的考量。它直接影响开题报告的质量、设计过程的构思的合理性与辅导的严谨性和成果呈现的价值性。

关键词：环境设计专业，毕业设计任务，制定与解读，标准与质量

Abstract：Environmental design major's graduation design is an important part of Chinese universities teaching design process. Graduate design's purpose is to ultimate measure the students' capacity of environmental design professional knowledge. It is equivalent to the thesis in other general universities. Topic Selection and design task book are the key of the graduation project. An excellent subject with a high level of design task book can strengthen theoretical knowledge and practical skills. It accurately guided and standardized the students' knowledge and understanding of the subject. To enable students to fully play their imagination and creativity rather than abstract. Interpretation of the design task book is the basis to identify to the students' graduate design project. Graduate design task book is formulated by the mentors. Therefore，the content and requirements of design task book is the test of the teacher's comprehensive professional competence and responsibility. It directly affects the quality of the opening report，rationality of design process and the value of final achievement.

Keywords：Environment Design Major，Graduation Design Task，Formulation and Interpretation，Standard and Quality

一、环境设计与环境设计专业的毕业设计

（一）环境设计的概念

新出版的《中国高等学校设计学学科教程》中，对环境设计作了较明确的定义：环境设计是一门强调社会性、实践性、整体性、系统性的研究及应用性学科。环境设计尊重自然环境、人文历史景观的完整性，既重视历史文化关系，又兼顾社会发展需求，具有理论研究与实践创造、环境体验与审美引导相结合的特征。环境设计以环境中的建筑为主体，在其内外空间综合运用艺术方法与工程技术，实施城乡景观、风景园林、建筑室内等微观环境的设计。

（二）环境设计研究的内容

由于环境设计是一个与多门学科发生关联与对接的特殊学科，它的外围非常广泛，所以在《中国高等学校

设计学学科教程》中指出：环境设计是研究自然、人工、社会三类环境关系的应用方向，以优化人类生活和居住环境为主要宗旨。其理论基础主要来自设计学、建筑学、艺术学等最为直接的学科成果，来自生态学、环境学、经济学、心理学、社会学等相关学科，同时也来自工程学、物理学、地质学、地理学、力学、热学等自然科学及工程技术领域；综合以上科学知识，构成环境设计中的环境规划与设计研究、微观环境设计研究、环境设计审美与表现语言研究、环境设计与施工协调研究等范畴的专门研究领域。

（三）环境设计专业的毕业设计

环境设计专业的毕业设计是高等院校设计教学过程的重要环节之一。毕业设计目的是对本学科学生在大学阶段对环境设计专业知识掌握能力最终的亮相与表达的考量，相当于一般高等学校的毕业论文。是评定毕业成绩的重要依据，是鉴定学生对环境设计专业知识的认识与理解、分析与运用的学习成果;同时，通过毕业设计，也使学生对环境设计专业某一课题作较深入系统的研究，培养综合运用知识解决问题的能力，巩固、扩大、加深已有知识。毕业设计也是学生走上未来实际工作岗位前的最后一次重要的演习。

选题与设计任务书是毕业设计的关键。一个良好的课题配合一个有水准的设计任务书，能强化理论知识及实践技能，准确引导和规范学生对课题的认识与理解、设计与还原，使学生充分正确地发挥其想象力与创造力，而不是天马行空、跑题错题。设计任务书的制定与解读是鉴定毕业设计成绩的依据。

二、环境设计专业毕业设计任务书

（一）环境设计专毕业设计任务书的定义

顾名思义，毕业设计任务书就是对环境设计专业即将毕业的学生所提出的达到毕业水平的任务要求，它贯穿整个毕业设计过程。它是毕业设计开题报告中的核心内容；是学生对设计对象能正确理解与认识并生成设计思维的航标灯；是毕业设计辅导过程中的规范与指标；是毕业设计答辩中的评审依据，也是考量学生对所学专业知识综合掌握能力和运用能力的辅助评判标准。

（二）毕业设计任务书的制定标准

毕业设计任务书是对环境设计专业应届毕业生来制定的，它直接影响着学生的设计思维与设计过程以及设计成果，所以它的制定标准十分重要。

环境设计要求综合考虑人工环境与自然环境及社会环境，依据对象环境调查与评估，对设计对象的功能与成本、形式与语言、形象与符号、材料与构造、设施与结构、地质与水体、绿化与植被、施工与管理等因数，强调系统与融通的设计理念、控制与协调的工作方法，合理制定目标与执行规范并实现价值构想。

参照设计学学科教程和本院及一些其他院校的教学大纲的定义与要求及结合本人教学体会提出对环境设计专业毕业设计任务书的认识，仅供参考：

1. 毕业设计题目名称

环境设计专业某学科的具体项目设计。

2. 毕业设计背景

具体项目属性的资料介绍（国内外现状），体现社会环境关系。

3. 概念设计要求

（1）项目基地的选址：具体项目的位置与条件（提出需解决的问题）。

（2）项目基地的背景资料提取与概念生成分析。

（3）设计规模：在符合相关规范的前提下，同时考虑学生的可控制能力制定设计任务书，设定基本条件和设计对象并确定具体规模及相应指标。

（4）设计范围：具体项目的功能分区、动线设计、指标设计及相关法规的执行设计。

（5）合理利用具体项目空间，充分考虑人与物与社会之间的环境关系的融合性。

（6）设计概念：在体现文化价值的前提下，尽可能考虑具体项目的可行性，如何能符合当下时代的需求，创造经济价值与社会价值。

（7）设计构思中可以考虑入驻对象的细部功能与合理布局。

（8）课题成果要求：设计概念方案策划文本，说明相关文化建筑的管理条件，文字表达部分要有详细的分析与图示说明、概念估算、相关运营分析资料。

（9）设计图纸：区域位置和课题用地总平面图，平面图、立面图、剖面图、分析图，设施细部大样图、效果图、动画及沙盘等。

4. 毕业设计指导原则

（1）注重城市文化，充分考虑地域差异化和使用者的心理，有针对性地进行精细化设计概念与引导。

（2）坚持“资源节约，环境友好”导向，倡导“低碳、环保”理念，强调利用自然、科学采光、降噪等，重点进行环保概念下的设计方案说明，打造健康“低碳生活示范区”。

5. 指导方式和工作进度要求（以周为单位，合理编排进度与节点内容）

（1）背景调研、收集资料，理解设计内容，解读设计任务书；毕业实习及实习报告书。

（2）设计策划，提出设计概念，空间规划，功能分析。

（3）完成初步方案，进行人流、车流路线分析，平面布置图等。

（4）完成CAD图（具体要求），主要空间效果草图（同时可以制作沙盘模型）。

（5）完成计算机效果图（具体要求）（可以辅助作建筑动画展示）和主要空间节点大样图。

（6）完成设计，写设计说明，制作设计版面和报告册（具体要求）、布展。

（7）准备答辩。

6. 与本设计题目相关的理论知识（包括新知识）提要

（1）环境设计的相关设计资料、规范及相关学科设计资料、规范。

（2）建筑内外部空间的重新划分以及设计形式与内容的相互融合。

（3）建筑内部空间的功能分区和流线设定。

（4）建筑内部空间的设施、材料、色彩、灯光、家具、陈设、景观的设置运用。

（5）公共空间室内无障碍设计知识。

（6）人体工程学相关设计资料、规范。

（7）风景园林相关设计资料、规范。

（8）建筑设计相关设计资料、规范。

（9）建筑内部空间装修设计防火规范。

7. 建议参考资料及使用方法

1）由指导教师推荐参考资料及使用方法。

2）由学生根据需要自行查找资料。

3）毕业设计任务书的目的与意义：

（1）有利于综合学生所学知识。

（2）明确设计目标、引导设计思维、规范设计行为。

（3）能结合学科特点做到艺术与科学的完美体现。

（4）合理做到理论联系实际。

（5）有一定的应用价值。

三、环境设计专业毕业设计任务书的作用

（一）对毕业设计指导教师水平的审核

毕业设计任务书是由指导教师来编制的，所以设计任务书从专业选题到内容要求的水准是对指导教师的综合专业能力和责任心的考量。它直接影响开题报告的质量、设计过程的构思的合理性与辅导的严谨性和成果呈现的价值性。

1. 专业能力

毕业设计是学生步入社会前的最后一场综合实战演习，所以毕业设计任书应具备相关知识点的全面性、专业知识的规范性、以人为本的原则性、设计思维的灵活性、空间营造的合理性与艺术性、材料与技术的可行性、设计产品的社会性、参考资料的明确性等。

它要求指导教师应该是研究型的设计师。即：既得是具备扎实而广博的专业理论知识，并不断探求和完善自身的理论体系，同时又得是紧跟时代潮流、认识社会、眼界宽广、有实践经验，能将理论与实践相结合的设计师。

2. 责任心

前面谈的是专业能力要求，另外一点是讲态度问题。如果指导教师只具备了专业能力，但他没有把主要精力用到教学中来，在编写毕业设计任务书时也没有认真对待，可想而知：任务书的合理性、严谨性、应用性、可行性等的含金量会大打折扣。

（二）对学生解读设计任务能力的判断

应届毕业生在调研（实习）前，就应对选题有了一定的了解，同时也解读了毕业设计任务书，设计任务书是学生对设计对象的直接认识。就像做问答题一样，有的学生马上明白了问题的所属，并正确找到了解决问题的途径，得出了最后的正确结果；但有些学生虽然明白问题的所属，但由于理解的差异而出现误入歧途，甚至有钻牛角尖的现象，如没有很好地纠正调整就不会产生欣喜的结果；另外，还有些学生基础知识掌握就非常薄弱、专业设计认识也不够清晰、眼界又不够宽广，在认识问题与解决的能力上肯定会产生差距；当然如果设计任务书本身就不够严谨，就更容易出现答非所问的结果；所以，学生解读设计任务的能力通常直接可以反映出毕业设计成果的完美与缺失。

（三）对毕业设计成果评判的依据

毕业设计成果是通过作品展示和毕业答辩来体现的，这两种形式的汇报都是通过解读设计任务书展开的。评审组的教师成员并没有参与过学生的设计过程，如何考证学生的设计构思：从提出问题到分析问题再到解决问题过程的合理性、规范性、技术性、创造性、艺术性等是否成立。只能通过设计任务书的内容及要

求来评判毕业设计成果的优劣：判断其中哪些是紧扣题目、思维清晰；哪些是概念生成与设计分析混乱；哪些是不按设计要求执行，不符合规范；哪些是由于设计任务书的不严谨造成随心所欲、任意表现的；哪些是专业基础欠缺、制图表现不佳的；哪些是审美能力欠缺的等，所以说毕业设计任务书对学生毕业成果的评判至关重要。

四、案例分析（环境设计专业毕业设计过程中存在的问题）

以下为2015“四校四导师”实验教学课题的设计任务书，在制定的内容与条理上都比较清晰。在这次中外名校联合毕业设计实验教学课题中涌现出了大量的优秀学生及优秀作品，这是与学生的聪颖才智、不懈努力和指导教师的悉心指导分不开，所有参加的师生在教与学的过程中都得到了一次升华。

（一）以“四校四导师”设计任务书为例

1. 项目名称

主题文化博物馆室内设计概念方案。

2. 课题背景

世界发达国家主要城市均有代表其地方城市特色的设计主题文化博物馆。而在我国，很多城市均没有代表性的设计主题文化博物馆。从此角度来讲，需要相关部门与设计师配合为我们的城市设计出具有代表性的主题文化博物馆，传播历史文化，提供给广大市民更多的业余文化活动场所。

3. 概念设计要求

（1）选址：参加本课题的学生必须在责任导师的引导下进行选址定题。课题选择已建成的相关功能的建筑或条件与空间适合的旧建筑进行改造、局部加建等做法，平面与空间必须达到公共建筑的相关法规。

（2）选址：建筑位置要结合有主题的城市公共活动场所街区、公园环境等，让博物馆能够起到丰富周边区域功能作用，目的是为公共活动环境增加更多文化的气息。

（3）设计概念：在责任导师的指导下制定设计任务书，设定基本条件和博物馆主题。设计方案面积应不超过5000 m^2，内部高度不小于6 m，表达明确的构造体结构。

（4）设计范围：功能分区、动线设计、室内设计、建筑局部改建、可以有部分相关的景观设计。

（5）合理利用建筑改造与空间，博物馆室内设计应融于选择的环境。

（6）在体现文化价值的前提下，尽可能考虑博物馆商业经营的可行性，如何能在商业与文化中生存下去。

（7）设计概念中可以考虑入驻对象：历史陈列展厅、文化交流中心、图书店、各种休闲吧，以及其他商务、设计工作室、创意设计机构、生活配套设施。

（8）课题成果要求：设计概念方案策划文本，说明相关文化建筑的管理条件，文字表达部分要有详细的分析与图示说明、概念估算、相关运营分析资料。

（9）设计图纸：区域位置和课题用地总平面图，平面图、剖面图、分析图，设施细部大样图、效果图等。

4. 课题指导原则

（1）注重城市文化，充分考虑地域差异化和使用者的心理，有针对性地进行精细化设计概念与引导。

（2）坚持“资源节约，环境友好”导向，倡导“低碳、环保”理念，强调利用自然、科学采光、降噪等，重点进行环保概念下的设计方案说明，打造健康“低碳生活文化博物馆示范区”。

（3）设计在责任导师的指导下，以“四校四导师”课题组要求完成四个阶段的课题要求。

（4）责任导师必须严格按课题模板规定进行指导，汇报文件PPT台头统一按课题模板格式制作。
（注：选择室内课题的学生，设计概念及设计条件均由责任导师安排。）

（二）问题所在（毕业设计任务书的制定与解读）

成绩是可喜的，但也存在着不足，在设计汇报中发现出现了许多问题，主要因为设计概念及设计条件由责任导师安排，缺少了背景资料的提取到概念的生成再到建筑空间形态构建的正确推导，缺少了规范要求和具体的细节要求，加上学生对任务书的解读能力和自身对专业知识的掌握能力、运用能力的不足。问题主要表现在如下方面。

1. 基地选址

有的学生把建筑基地设在了河边，既没有参考建筑规范要求，也没有基地勘测数据的依据，甚至缺少比例尺度的概念，忽略了项目实施的可能性，以至于从概念的提取到建筑形态的生成出现了错位，后来在各位导师的指正和引导下，大有改观。另有学生把基地设在旧建筑体围合的空地之中进行新旧结合改造，从概念生成到设计构思符合对历史建筑保护与再利用的主导思想，但在建筑属性与空间尺度及建造技术与材料使用上没有考虑相应规范要求、设计要求与实地感受，在效果呈现中虽然表现不错，但也留下许多的遗憾。

还有学生在概念生成时就突发奇想——打造“市井文化”，于是以“井”字形为设计元素，营造建筑空间，对建筑属性、建筑规范、建筑规模、建筑构造及建筑美感全然不考虑，设计任务书根本没起作用。室内空间更是随心所欲，功能分析、动线分析、展陈脚本分析等重要部分没有呈现思路，消防疏散等规范要求的设计更是没有体现，还有一些他不知道怎么处理的空间，他说：对外出租了——真是“可爱”、“可恨”。

2. 设计概念的提取与设计构思过程

在本次毕业设计中，很多学生对设计任务书的解读存在着概念不清和认识不够的现象。大家对设计对象的属性空间应是什么样的概念不清楚：盲目地从一些地域背景资料中提取出某个地域元素，就把它放大、拆散、变形、重组，有些已经完全背离了原有的形态，然后把它用在室内空间的平面布置上、空间分割上、界面处理上等，既与主题概念表达形成偏离、甚至格格不入，又对功能分区没起到预想的效果，更大一点是不清楚设计对象的功能属性，没有分清空间主次:展陈为主、装饰为辅的属性原则；概念的提取要推导合理、完整统一，这方面的问题是学生对题目的认识和对设计任务书的解读及相关空间的了解能力差的集中反映。

3. 专业基础知识与制图规范

在本次毕业设计中，大量的问题出在CAD制图的规范性上面。平面图、立面图、剖面图的尺寸标注、比例尺的标注；尤其剖面图的画法问题最多，还有建筑柱网的排布问题也不少，学生对建筑制图、基础制图及建筑规范与建筑指标的知识点，存在着很大的差异性与差距性，凸显出艺术类为主导的院校和综合类工科院校之间的差异性，还有院校本身之间的差距性，自然在设计任务书的解读与辅导中，就会出现上面的问题。

五、小结

毕业设计任务书的定制与解读，是反映指导教师与毕业学生毕业设计阶段的各自对位教与学的行为描述。但对教师而言，教学的过程其实不光是“教”的过程，也存在着“学”的过程，即在教的同时也得到相应的新收获。当然这是用心所致才有的体验，所以如果一个教师的责任心缺乏，其不会体会到这两个字的真正意义，更不会做到自我的不断完善。由于责任心的不到位，在平时的教学中自然不能唤起学生对所学专业的兴趣与热情，同时学生也学不到该学的专业知识，那么在毕业设计辅导中自然不会有合理、严谨的引导，学生的作品怎么可能出现精彩的表现!当下中国高等学校中存在着严重不良的“教”与“学”现象，我们常常听到、包括我们自己也常常在感叹：“学生的努力是我们教师的动力”，曾经的“教师的努力是学生学习的动力”已成过眼云烟、少之又少。 也许我们的教师已被学生消极的学习态度折磨得无可奈何、丧失了教学热情，所以在毕业设计任务书的编写上也缺少了一份认真，但我们还要坚信:不认真学习的学生不少但也不是全部，教师责任心差的有但也不是全部，而且是少数。但愿这种不良的教学现象早日消失，积极向上的教学氛围早日重现。

培养设计师的修养

The Accomplishment of Architectural Designers

青岛理工大学　王云童副教授

Qingdao Technological University, Prof. Wang Yuntong

摘要： 建筑设计是复杂而又统一的综合系统，它涵盖了自然科学、历史、文化以及社会学的诸多内容。设计的过程充满创意与探索，在这一过程中设计者起到重要的引导作用，这也要求设计者应当具备超强的专业知识和综合能力。设计者的作品能够在一定程度上影响到使用者的生活方式，这就要求设计者除了掌握建筑技术、美学知识等专业素养以外，还需了解不同人群的生活习俗与文化背景，以及不同地域的自然环境。而这个过程需要时间的积累、知识的沉淀，作为设计者这种意识也应该在进入设计专业学习的阶段就应建立起来。让设计者具备这样的意识，也成为高校教育的重要意义所在。那么，该怎样培养具备良好专业修养的设计师呢？"四校四导师"课题组联合境外院校，引入专业导师团队，在学生们完成毕业设计的过程中，为深入探讨和解决这一问题，建立了平台，创造了机会。

关键词： 建筑设计师，修养，专业教学

Abstract： Architectural design is a complex and unified integrated system. It covers a lot of the content of natural science，history，culture and sociology.The process of designing is full of creativity. Designers play an important guiding role in this process. It also requires that designers should have adequate professional knowledge and comprehensive ability. Designer’s work can affect the user’s lifestyle. This requires designers should not only to master construction techniques，aesthetics knowledge，but also need to understand the different populations living customs and cultural background and different geographical environment. And this need to accumulate the knowledge and experience，the awareness of knowing how is essential from the beginning of the careers. Important objectives of university education is to make the designer have such awareness. So，how to cultivate good professional accomplishment of designer? This "Four to Four" research team cooperate deeply with overseas academic institutions and proficients. During the process of students' graduation designing，the team in-depth discussed this topic. It established a platform for problem solving and created chances for future development.

Keywords： Architectural Designers，Accomplishment，Professional Thought

合格的建筑设计师，既要有理性的逻辑思维方式，也应具备良好的艺术创造力。这两者结合形成的特质，即是建筑设计师应有的修养。一个地区、一个国家建筑设计师整体的修养，决定了这个地区或国家在建筑设计专业的竞争力。接受专业培养的过程，是形成建筑设计师修养的重要阶段，目前国内教学的专业划分比较特殊，把技术与艺术分离，又将空间割裂，既丢弃了东方的思维模式，又没有与西方的逻辑体系完全对接，使设计师在学习阶段不能完整地接受系统的专业训练，导致进入实践工作后，很难成为优秀的人才。

一、混乱的现状对教学的负面影响

在中国，近几十年的快速城市化，为建筑设计提供了广阔的平台，而我们能看到的具有较高影响力的建筑，大多由境外设计师创作完成，而本土设计师的社会价值则很难直接得到体现。造成这种现状的原因有很

多，要改变这种状况，使中国的设计师与世界同步并成为有力的竞争者并非易事。如今中国的设计师也开始活跃于世界的设计舞台，但仅靠个别设计师在国际上的成就并不足以改变中国设计的现状。因此，应将眼光投入中国整体设计环境，通过完善设计教育体系，让未来的设计师通过学习具备良好的专业素养与自身修养，赢得为社会服务的机会，才能真正体现中国设计及教育的价值。

（一）设计专业存在的现象

根据国家统计局发布的《2012中国统计年鉴》提供的数据，截至2013年国内建筑行业从业者已达4499.3万人。另一项调查显示，国内设计专业的从业人员达1700多万，在数量上居于世界首位。这其中从事与建筑相关的建筑、景观、室内等设计的人员占到26%，也就是有440多万（此数据仅统计在相关部门注册的专职人员）。至2013年年末，建筑业年总产值为15.9万亿元，出现了大量具有代表性的、地标性的建筑。这中间鲜有本土设计师的作品，这些为我们所熟知的建筑多是出自境外设计师之手。仿佛中国设计师已失去了核心竞争力，只能成为跟随者，为作后期的服务配套大费周折。表面上看，国人急功近利的思想和对外来文化的盲目推崇造成了这种状况的出现，但通过进一步分析发现，国内设计师对本身定位的不准确及专业素养的缺失，也是其中重要的原因，而造成这一现象的最重要的因素，是设计师在高校期间受到的影响。

（二）错位的教学与专业环境

国内的设计专业分类明确，城市设计、建筑设计、室内设计和景观设计等分工明确、各守一方，在实践工作中各专业之间的配合度不高。专业细分的初衷，应该是通过协同工作促进整体的发展，而在实际工作中却背道而驰，专业间产成了分化，形成了专业壁垒。这种隔阂，不仅限于从业者，也深深地影响了高校的学科建设，直接致使学生在设计学习阶段其知识结构呈现出明显的缺陷，难以具有良好的设计修养，给自身的专业道路设置了巨大的障碍，这也使中国设计师很难建立起属于自己的设计体系。

（三）专业精神要在学习中培养

设计师在校期间除了基本技能的学习，最重要的是通过学习，建立起对专业观点的正确认识。与本土设计团队热衷于增长产值、扩大规模形成鲜明对比的是，境外设计机构更重视自身设计精神的定位。在严格的规范体系下，根据不同的特质建立起来的设计文化具有自己独特的风格和生命力。由此，它们不仅为设计机构带来设计项目，也在领域内扩大了影响，树立了形象，成了设计行业的引领者。而很多本土的团队，丢掉了扎实的建构、艺术基础，注重短期利益，不着眼于内在文化的建设，盲目跟从潮流，这是观念上的落后。这种落后，是我们过分重视学生单项技术上的能力，忽略专业精神的培养造成的；是我们在专业教育上需要认真思考，并寻找出合理的解决办法的。

二、通过教学建立正确的设计观点

中国的建筑文化历史悠久，中国的建筑技艺也曾灿烂辉煌。但现在，这些都成了过眼云烟，在建筑领域，我们成了追随者，连我们的邻国日本、韩国也成了我们追随的目标。是因为东方的艺术思想不及西方？还是我们的建造意识落后于欧、美？其实都不是，原因在于我们把点当成了面，忘记了空间的存在，放弃了修养，失去了精神。而这种情况在学习过程中得以传播的时候，我们可能会成为永远的追随者。

从目前体现出的问题看，艺术类院校的设计专业的学生，在校期间多以装饰设计、艺术理论、设计制图学习为主，对城市建设、建筑技术的了解较少，对设计规范、建筑使用功能要求等方面的知识缺乏足够的重视。如果只是简单地补充相应的课程，可能会解决暂时的问题，但对学生素质的提高起不到根本作用。只有让这些学生建立起对专业正确的认识，才会让他们自由、自主地去学习、完善自己，从而具备设计师基本的专业素养。

（一）专业技术

讲到建构技术和规范，好像我们一直在承袭西方的理论和成果。拿来主义固然是简便、快捷的方式，但它却存在严重的副作用。很多人认为欧美在建筑上的进步源于建筑构造飞跃式发展，同时也否定了中国设计师对建筑技术的追求和贡献，认为中国没有现代建筑意识，在中国难以学习先进的建筑技术知识。而事实上，建筑技术的日新月异，依赖的是现代技术所促成的材料学方面的进步。神奇的框架结构对西方的建筑设计师来说是一个质的飞跃，但对中国设计师而言，那是我们祖先留下的传统做法。当前流行的高层建筑核心筒技术、桁架结构，也不是西方人的发明，早在11世纪建造的山西应县木塔中，这些技术都有应用，他们只是结合现代材料学的成果，对这些技术进行了深化。进而通过现代科学的方式，将这些成果归纳整理形成体系。

可以看出，传统的中国设计师对建筑构造十分重视并为此而作了深入研究，那么今天，我们是一味让学生去追求特立独行的所谓先进建筑构造技术，还是从基础上了解建构的基础，遵循设计规范要求，形成建构意识，这是高校教育应该认真探讨的内容。

（二）审美情趣

东西方不同的文化艺术特色，都源自自身对所处环境的真实感受，因此在艺术成果上不应有高低之分，但对艺术的理解和应用上却会有很大的差别。从有利于学生成长的角度来说，高校应该传授的是艺术发展的内因，而不是过程，是对艺术的理解和态度，而不是简单的风格定义。

对于生活空间，当基本的使用功能得到满足后，人们会进而追求感受上的舒适。这就要求设计师在掌握建筑基本技术的前提下，要具备良好的艺术修养和人文素养。中国人是不缺乏审美能力的，从小巧的雕梁画栋到精致的苏州园林再到有序大气的老北京城市规划建设，无论是在建筑的构件美化、个体的景观建设、还是综合的城市布局上，都体现了当时设计者在功能之上强大的艺术创造力。而今天我们落后了，很大程度上是因为放弃了对美的内在探索，转而为表面的浮华所吸引。由此导致我们的很多设计形式上似模似样，符号化的元素处处可见，但失去潜在的文化内涵，感受上总让人觉得做作而缺少精神涵养。这一状况，在学生提交的作品成果中，表现得比较突出。也反映了我们教学过程中对设计核心价值的重视程度不够，把大量的精力投入到设计产生的表面影响上，是指导方向存在的问题。

（三）空间感受

把功能和审美有机地结合与统一，才能形成和谐的空间。西方的柱式、纹样与中国的雕梁画栋均具有很高的美学价值，这些元素的出现，无一例外是建立在功能基础之上。现在很多设计师把它们符号化加以使用，脱离了实用性，无序地拼凑，呈现给我们的是附庸风雅的粗俗。

漫步在苏堤，你会被西湖的美景陶醉，但我们知道，它的功能其实并不仅仅是一处景观构筑。首先，苏堤的建设使用的主要材料是疏浚西湖挖掘的淤泥和葑草，这种做法不但节省了建材，同时也解决了垃圾清运问题。另一方面，它的出现解决了当时西湖南北的交通问题，促进了经济文化发展。从这两个方面来看，当时它的存在其功能使用价值远大于文化景观价值。而由于建造者具备深厚的文化修养，在建造过程中融入了艺术精神，使得苏堤的建设成为以功能为基础的艺术设计作品，并以此改变了周边人的生活环境和习惯，让西湖从五代后的沉寂中重新焕发光彩，得以成为后来中国最具人文色彩的湖泊。对比当今的环境设计，看到草坪中人为踏出的小径和闲置的硬化铺装，我们在谴责大多数人的素质问题的时候，也应该考虑到设计者们是不是缺乏了人文关怀精神。所以，培养设计师良好的功能意识和美学观点至关重要。

三、设计教育的意义

高校培养的是在未来具有社会价值的人才，而不是掌握一定特长的技术人员。“四校四导师”团队打破壁垒，融合不同的教育思想与理念，为设计教育的理论探讨作出了积极的贡献。设计专业的学生除了可以运用基本的设计技能外，更应该在学习期间梳理出正确的观念，建立起良好的设计态度，形成具有整体大局观的设计思想，才会让自己成为具备高水平专业修养的优秀设计师。

（一）导向的错误

"四校四导师"教学的过程，不仅是为参加的学生完成毕业设计而努力，也为所有的导师和参与者对设计的认识，对设计环境的分析提供了机会。

建筑设计属于实用性艺术，它与建造技术相关、与文化环境相关、与艺术审美相关、也与生活习惯相关，它是设计者为使用者服务的过程，不应被作为炫技和彰显个性的手段。设计师的作品应该亲和与实用，在包容中体现特色，而不是以胁迫的气势喧宾夺主。

在国内有大量功利性过强的建设项目，为了提高关注度，不尊重建筑所在区域的文化氛围和生活习惯，不重视建筑对整体环境的影响，甚至以牺牲应有的使用功能为代价，一味追求建筑形式的独特性。其结果最终导致成就了建筑，却在社会生活、城市发展和文化导向等诸多方面造成混乱。加之媒体、网络缺乏专业精神的炒作，让很多旁观者也抛开了整体观念，孤立地对建筑作出评价，形成了很多错误的认识，影响着一些设计从业者和学生，形成了对设计的错误认识。导致的结果就是，很多从业者只盯着自己可控范围内部分，不知道作品与环境相互之间应该以何种方式和谐相处。

如对于CCTV的新总部，听到最多的批评是其形象的如何不堪，但客观来讲，把这个建筑作为独立的个体，从外观上看其实并不像大众所评论的那样，相反，却有它独特的价值。笔者认为它带来真正负面的影响，是在观念上的错误导向。从技术方面上评价，库哈斯先生值得钦佩，称得上了不起的工程师。但当很多专业人士，甚至是大学教授把他作为设计师的表率，大肆宣扬的时候，却变成一件非常难以令人接受的事情。首先，无论库哈斯先生在CCTV总部建筑上实现了多少技术突破，它在建筑领域的实际价值，都不会高过中国人早在1500年前建造的悬空寺，以及400多年前建成的真武阁悬柱大殿。因为它们具备同样的一些特点：结构原理类似，虽然创造了结构奇迹，但成本巨大，无推广意义，都仅仅证明了建造者的结构理论，形不成可借鉴的规范。而不同的是，悬空寺的建设出于使用者的需求，也符合建筑本身的文化特质，是为满足特殊功能需要的前提下建造的。而CCTV总部却是在完全没有任何功能需求的前提下，设计师为实现自己的设计梦而建成的。再一个不同是，悬空寺与真武阁与周边环境的融合、协调和CCTV总部在京城的张牙舞爪形成的显明对比。从这两个角度讲，库哈斯先生只关注如何实现理想的高端技术，而建筑对环境造成的影响和因为特殊的结构形式给使用者带来的不便，并不是他所关心的。

望京SOHO的设计师著名的扎哈·哈迪德，因近年来在国内完成的大量作品而广受关注。扎哈早期的作品如德国威城维特拉消防站、园艺博览会展览馆等充满设计灵动性，除了建筑自身的完整度，就其与周边环境高度的协调、内部空间的趣味性来讲，的确可以称得上是具备艺术家气质的设计大师的作品。但走进望京SOHO时，虽然还能感受到建筑用地内各种关系相对的协调，但就建筑物内部的凌乱，以及建筑与周边环境极低的配合度来说，设计师的控制范围似乎也只存在于建筑外观了。

前边提到的案例，就建筑本身而言，作品如果存在于空间广阔的区域，有足够的环境作衬托的话，都算得上是建筑艺术品。但真实的情况是，作品所处的位置是群楼林立、环境复杂的城市，那么作品的价值就值得商榷了。很多人将这种现状归咎于市场现状，归咎于开发商、管理部门，但一个合格的设计师，除了对自己的作品有所追求之外，更应该为自己的作品对环境和周边人群生活产生的影响负责。所以上述作品的设计者，可以算是了不起的技术专家或者艺术家，但并不能算优秀的设计师。现实当中，我们以这样的案例去引导处在学习阶段的年轻设计师，造成的影响是在我们的专业团队中，对于设计方向和核心价值的错误定位，这是设计教育中最应引起重视的。

（二）设计的价值

“四校四导师”课题团队，因不同经历、不同背景的教师和实践者的参与，在教学过程中对设计技能和意义的探讨比较深入，这些讨论和研究，对在校的学生，甚至是教师都具有非凡的意义。

建筑需要设计，需要一个计划的过程。影响这个过程最重要的因素，应该是建筑使用功能的需求，而不是设计师个性的张扬。

就个体而言建筑设计可以划分为两类，一类是私属空间、一类是公共空间。私属空间的设计中，可以在不影响公共环境的基础上体现个性化的内容，但要体现的并非设计师自己的个性，而是使用者的个性。而在公共空间的设计中，设计师更多考虑的应该是人的共性，是设计作品符合多数人使用要求的合理性。由此可见，设计师完成设计作品的过程，不应以个人的喜好为标准，而是在建筑规范允许的范围内，帮助使用者实现功能和个性上的需求。在此基础上，设计师运用自己掌握的专业技能和良好艺术修养，对作品加以优化、美化，这展现的才是设计师的才华。

建筑艺术属于公共艺术，需要广泛的接受度。一个建筑物，抛开了使用功能，一味追求造型上的特立独行或技术上的先进发达，虽然可以在短时间内形成巨大的影响，甚至成为万众追捧的对象，但这种个性化的产物无论是受制于高昂的造价、审美认识的分歧，还是使用功能上的缺陷，都注定不会成为主流，不会给行业带来真正的发展与进步。

人对生活空间的需求是有规律可循的，将这些规律加以整理、归纳形成的体系，可以很好地指导设计师对设计对象的发展作出判断。好的设计需要具有充分的前瞻性和顽强的生命力，这种生命力既要有完善的建筑技术作支撑，又需要让建筑在功能上具备良好的适应性，为未来的发展预留足够空间。满足这些条件，再加上对现有环境和条件的充分了解，通过专业技术合理地加以整合融入作品中，才能真正体现设计的价值。

四、结语

我们的教学目标是培养优秀的建筑设计和科研人才，因此，在学习阶段掌握设计的基本技能，了解设计的真实意义，建立正确的设计思想，是对学生最基本的要求，这其中，设计思想的形成至关重要。

在指导学生毕业设计过程中我发现，通过本科阶段的学习，学生们掌握的基础知识不够扎实，受环境导向的影响很大，过多地关注于设计本身的创意来源，而缺乏对设计规范、建筑基础等基本的认识，对环境、文化、空间、功能的意识相对薄弱，最终呈现的成果流于形式、技术支撑不足、实用度差也就不足为奇了。

要想改变这种情况，除了加强学生基础知识的培养外，更重要的是通过实践课程、真实项目分析等方式，让学生建立起对设计的正确认识，只有具备了正确的设计思想，了解了设计的价值，学生掌握的基础知识才有发挥的空间，才能为他们在未来成为优秀的设计师打下良好的基础。

环境设计教学的革新思考

——“四校四导师”毕业设计实验教学课题的启示

Thought About the Changing of Environmental Design Teaching

—The Enlightenment from the Experimental Project of the Graduation Design by“China University Union‘Four-Four’ Workshop”

四川美术学院　赵宇教授

Sichuan Fine Arts Institute，Prof.Zhao Yu

摘要：“四校四导师”环境设计本科毕业设计实验教学课题对环境设计专业的教学检验具有十分重要的作用，为中国的环境设计教育提供了足够的研究素材和样本。从参加活动的过程和对来自国内外各院校环境设计专业毕业设计观摩中得到的启示，产生了对环境设计核心知识的新认识，提出了对核心课程教学模式的批判性评价和革新的思路。

关键词：四校课题，环境设计，核心知识，教学启示，革新思考

Abstract：The experimental project of the graduation design by “China University Union ‘Four–Four’ Workshop” made a crucial influence on the examination on the major teaching of Environmental Design. Providing a sufficient study material and sample for the education of Environmental Design in China，it also gives the schools a great chance of visiting the design from schools in and outside of the China while making new discovery and a better recognition to the main ideas of Environmental Design. From the enlightenment of the other schools’ designs，we announced and claimed the new way of thought and critical comments for the “Main Course” way of teaching.

Keywords：Project of “Four–Four” Workshop，Environmental Design，The Core of the Knowledge，The Enlightenment of Teaching，Thought about Changing

一、“四校四导师”环境设计本科毕业设计实验教学的收获

2015年3月20日，“四校四导师”环境设计本科毕业设计实验教学课题的帷幕在清华大学美术学院拉开。参加课题的有清华大学美术学院、中央美术学院、天津美术学院、苏州大学、四川美术学院和匈牙佩奇大学等17所国内外高校环境设计和建筑设计专业的37名应届毕业生，以及相应院校的20多名指导教师。活动由清华大学美术学院站的开题报告、苏州大学站和山东师范大学站的中期汇报、中央美术学院站的结题答辩四个集中教学环境构成，历时88天。

按照课题教学要求，参加学生在课题组教师共同指导下独立完成选题设计。在掌握城市公共空间景观设计与建筑设计原理的基础上，深入理解课题任务书，对选题用地进行深入调研分析，对已掌握的专业理论与技能加以深化运用，提高对城市街区的设计概念认识，学习构思与分析方法，掌握城市景观与建筑设计综合基础原理和表现。成果应符合相关专业知识规范，能够按课题阶段计划进行课题拓展，达到实验教学课题的相关要求（掌握基础建构原理、功能分布、空间塑造、制图、识图、专业表现技法、文本写作）。

2015年6月13、14日的结题评审上，30多个生动设计案例在有限的陈述时间中异彩绽放，无论是规定选题的“天津市近代历史博物馆建筑概念设计及景观规划设计”，还是自主选题的“主题文化博物馆室内设计概念方案”，或是其他自主选题，都反映了本次毕业设计实验教学的成果和价值。对参加课题的主要来自艺术类环境设计专业的同学来说，面对这样复杂的课题任务，他们显示出很高的专业适应弹性和设计应对能力，各种理念相互碰撞，各种对策初试锋芒，校际间的交流，同学间的帮助，使这样一次极具挑战性的设计难题变成获

图1　让城市记忆升起——天津博物馆地块建筑概念及景观规划设计（作者：牛云）

图2　城市镜像——天津近现代历史博物馆及周边景观概念设计（作者：陈文珺）

得职业经验和学习总结的机遇，参加课题的学生和指导教师都收获了宝贵的经验和知识。

我校课题学生的选题是“天津市近代历史博物馆建筑概念设计及景观规划设计”，面对同一个选题，首要的问题是寻找独自的切入角度。在现场调研期间，场地环境对同学的启发显示出真实课题及其具有的实际环境要素的宝贵价值，他们认识到，无论历史建筑“西开教堂”具有何等重要的地位，但城市的环境意象和格局肌理已经不再是殖民时期的老西开，而是由原住民的生存生活演化形成的条件现状和都市化的城市面貌。由此，一个同学关注了历史形成的跳蚤市场，另一个同学看到了流动的城市风景，当这种视觉感知和城市印象形成之时，设计的切入点也就顺理成章地产生出来，以“城市记忆”和“城市镜像”为主题的设计目标引导同学完成了课题任务（图1、图2）。

在88天的设计过程中，经历的同学度过了既充满挑战又收获丰满的紧张时光。课题任务书的要求非常明确，设计过程中，中期检查对设计方案提出的意见也很中肯具体，但同学的知识构成在满足课题要求时则显得不敷应对。一方面，对建筑的认知和设计表述的能力不足，导致必要的构造知识缺乏，无法具体面对建筑的内外部空间设想，也常常无法用符合通用语言表达方式的基本图式去完成设计的构想。另一方面，艺术设计的审美特性在逐步退化，很多方案呈现出空洞化、粗陋化的趋势，缺乏对审美的推究和玩味，沦为或缺乏工程构造支撑，或无法表达审美目标的尴尬作业。这与其说是同学在设计上的稚嫩，不如说是环境设计教学在观念上缺乏对当下条件的应对，反映出我们教学环节的缺陷与不足。

二、毕业设计实验教学课题对环境设计专业教学的启示

艺术学门类下的环境设计是多种专业知识汇集的一个综合性学科，几乎涵盖了当代所有的艺术与设计门类，是一个艺术设计的综合系统，涉及自然生态环境与人文环境的各个领域，知识门类多，像是盛放五花八门的大箩筐，遇到什么课题，就要具备什么知识，历史、文化、艺术、规划、建筑、结构、高科技等，都必须涉猎掌握，劳累而效率不高。然而被忽略的是，这个专业的核心知识点在哪里，抑或说它有没有核心技术?

1. 环境设计的知识点

环境设计的知识点并不复杂，其核心应该是两个方面，一是艺术设计，二是构造常识。

艺术能力在环境（艺术）设计中的价值不言而喻，它是本专业赖以存在的前提和根本，去除这一重要因素，环境设计的焦点就完全变成了工程设计。因此，它要求本专业的同学具有艺术的思维和判断能力，以及可以从容支配的艺术表现技巧。这种核心知识的结果从目前成功设计师的事例中清晰可见，早期艺术院校的毕业生往往在艺术上具备了非常强大的实力，使其在面对具体设计时可以充分调动各种艺术手段，达成感人的艺术效果，从而顺利完成设计。

图 3　Brook In Artificianl Water Course
（作者：Petra Sebestyen）

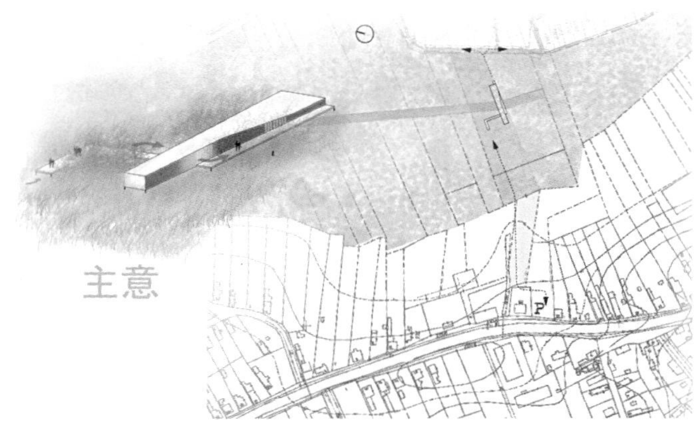

图 4　Site Plan with First Idea
（作者：Renáta Borbás）

构造常识是建造类型设计的技术支持，它使艺术设计区别于纯艺术行为，也是构成环境设计核心知识的基本方面。这里的常识，是指作为艺术设计门类的环境设计，并不要求具有结构工程师的计算能力和具体解决技能，而是需要了解或理解结构力学、材料力学和运动力学等常识性知识，善于利用而不为其所困，由此而成为具有创造姿态的艺术设计者。

这种边缘结合的状态，可以产生良性的多元设计视角，调动单一专业无法操控的手段切入设计，创造出好的作品，塑造出优秀的可持续设计人才。但也隐含着既与艺术游离，也无法走进技术的尴尬状态，这种状况，其实已经在教学中显露出了端倪。

2. 环境设计教学的现状背景

近年来艺术专业的招生门槛完全被艺考培训踢破，那些辅导精英们简直有化腐朽为神奇的功夫，基本达到点石成金的境界，不管是人是鬼，只要进去，被“三面五调”、“三庭五眼”等鬼招一模范，即刻登堂入室，走进美院，加入到艺术设计的行业。这样一来，环境设计所要求的艺术能力变成了只能应付入学考试的那一点点定式技法，充满想象力的艺术能力变得遥不可及。甚至有人四年读书，从不关心一个艺术事件，不看一次艺术展览。

另一方面，对需要潜心理解的构造常识，却由于生源知识结构偏重文科且成绩偏低这样的现实而流于表面，依然用形式感觉的简单方式去处理构造上需要一定条理、逻辑与空间想象的问题，从而导致矛盾设计的普遍存在。或是受限于结构的要求，简单适应而不能变通与突破，设计无法创新；或是模仿大师的作品而不能理解那些耀眼作品的内在品质与技术条件，空洞而粗糙。教学中我们会发现，有时候你与同学谈艺术，他与你谈技术，你与他研究技术，他又和你说创意，往往游离在设计的门槛之外。

3. 毕业设计实验教学对环境设计专业教学的启示

在本次“四校四导师”环境设计本科毕业设计实验教学的设计点评中，针对同学在设计中的困惑，王铁教授多次提到艺术遭遇技术时该如何面对的问题，虽然这个问题难以给出标准答案，但却敏感地切中了环境设计专业教学最为核心的知识点。

我们从匈牙利佩奇大学工程与信息学院各个课题学生的设计方案中，看到了由对课题的理性分析过渡到艺术表现的设计解决的过程与结果（图3、图4），呈现出一种醉心于对设计问题的研究和对艺术形态的玩味的自我境界，以我们的角度有些难以理解，这些工科系统的同学对一个环境场景传递的艺术感受有着如此敏感的触觉和如此熟练的掌控能力。

“四校四导师”环境设计本科毕业设计实验教学课题对环境设计专业教学的启示，在于意识到构成本专业艺术与构造两大核心知识点的意义，如果偏废了其中之一，势必对专业的发展和设计的进步带来极大的危害，更是对专业教学目标的重大偏离，很可能出现既脱离艺术轨迹，又无法完成技术适应的困难局面。

三、对环境设计专业核心知识点教学的革新思考

环境设计专业的核心知识点需要通过合理的系统设计加以充实。针对目前艺术设计学科的现状，需要对整个教学体系进行必要的梳理，建立起围绕专业核心知识展开的培养训练体系。

1. 生源的选拔保证

前文提到当前的生源状况，主管部门应该及时掌握相关信息，及时调整人才选拔手段、途径和内容，及时改革已经延续很多年、一成不变的招生考试方式，加大对生源艺术素质考核的内容。有学校已经考虑避开考前艺术补习的生源，以全新的思维对生源进行选拔，这是一个好的迹象。

2. 专业核心基础的认识与教学策略

环境设计专业的核心基础由艺术素质与专业技能两部分构成。

艺术素质较为抽象，训练手段和成果评估难以模式化，但基于艺术设计专业长期的经验积累，已经形成了一定的定式和经验，在保证生源质量的前提下，通过观念的转变和方法的革新，实现起来并不困难。当前设计专业的艺术基础教育过分强调与设计的接轨，在艺术观念、表现能力、对艺术环境的关注等方面有所失落，甚至为迎合艺术素质的不足而削减必要的训练环节，如写实性的素描和色彩作业被大多数教学部门弱化，代之以简化了的结构素描、主观性的超写实局部描绘、被动式的抄绘等，虽然从作业看不同于绘画的基础并画面新颖，但对学生实际的艺术训练却难以全面，缺少自身的核心技法，最终并不能转化成设计的艺术支持。环境设计专业的艺术训练体系应该彻底转变作为基础的观念，它不是基础，而是更高层次的设计素质，是高级设计人才必备的专业素养，因此，课程应该在低年级和高年级分别开设，鼓励各种表达训练方式，甚至鼓励向纯艺术方向的探索和发展，以此提高学生的艺术眼界和表现能力，为设计的艺术性提供有效的支撑。

专业技能的训练是环境设计区别于其他艺术设计门类的专门训练，是专业设计的基本保证，其核心课程是建筑制图和建筑设计基础。通常情况下，艺术院校的课程体系实行分段行课制，课程之间的衔接较为困难，容易出现学了后面、忘记前面的问题。因此，制图和建筑设计基础应该连贯安排，并将后续设计课程与前置课程并联成一个体系，所有设计课程以统一的基础标准进行作业要求，加强核心基础技能在整个训练体系中的重复出现频率，在不断的运用和强化中达到熟练掌握的程度。

3. 专业设计课程的组合推进

环境设计是综合性的庞大体系，设计教学的任务非常多，如果面面俱到地进行个案教学，不仅无法在有限的教学时数控制下完成任务，还会使学生产生依赖案例教学实践，无法举一反三的被动态度。专业设计应该推行类型化教学，将市场多变的个案设计归类，如景观专业分为居住环境设计教学、城市公共环境设计教学、自然环境景观设计等，以此为主导课程，插入配套的辅助课程，拉长行课周期，使课程训练达到一定的深度，并引导学生进行举一反三的主动思考和适应训练，使专业教学的主次分明，结构清晰，目标明确。

四、结语

从根本上说，大学的教育结果并不是简单的就业培训，而是为更高境界储备的初始动力。芝加哥大学的安德鲁·阿伯特教授在一次开学典礼上的致辞中说："接受教育的原因其实就是，接受教育比不接受教育好。"大学的任务是使学生获得"批判性的阅读能力——使你对工作中复杂的行动方案进行清晰的阐述；必

要的写作能力——使你清楚地向同僚阐明自己的观点；独立思考能力——使你避免人云亦云；以及终生学习的能力——使你轻松应对工作和娱乐中的不断变化。”这里，我们似乎看不到对专业的强调。是的，专业是一种技能，可以通过各种途径去获得，而思考的能力和学习的能力，才是大学教育的根本。“四校四导师”环境设计本科毕业设计实验教学靠课题汇集的多渠道力量，带给我们的正是这样的觉醒和意识，也产生出如此的想象与思考。

流逝的时间与连续的空间
——2015“四校四导师”环境设计专业毕业设计实践教学课题的理论思考

The Passing Time and Continuous Space
—Theoretical Thinking of the Educational Practices of Graduation Design on Environmental Design of China University Union “Four-Four” Workshop in 2015

吉林建筑大学艺术设计学院　齐伟民教授
Jilin Jianzhu University, Prof. Qi Weimin

摘要：本文通过对2015“四校四导师”环境设计专业毕业设计实践教学课题活动的分析，从建筑逻辑和空间审美等方面展开分析了新建筑及环境与历史建成环境之间的协调性与复杂性问题，阐述城市环境发展更多的可能性。探讨了如何正确处理新的建筑及景观与历史建成环境的关系，梳理了“四校四导师”活动对推动设计教育观念转变和加强设计实践教育的重要意义。

关键词：城市环境，空间，意义，实践教学

Abstract: This paper analyzes the educational practices of graduation design on environmental design of China University Union “Four–Four” Workshop in 2015. And discusses the coordination and complexity among new architectures, environment and historical environment from architectural logic and space aesthetic etc. More possibilities in urban environment development are elaborated. And we discuss how to properly deal with the relationship among new architectures, landscape design and historical environment. China University Union “Four–Four” Workshop has great importance on promoting the concept transformation of educational design and enhancing the design educational practices.

Keywords: Urban Environment, Space, Significance, Educational Practices

2015创基金中国建筑装饰卓越人才计划奖暨第七届“四校四导师”毕业设计实践教学活动于6月中旬在中央美术学院落下帷幕，十余所国内外高校的师生历经三个多月的紧张工作取得了令人满意的成果。今年的实践教学选题不论是建筑景观还是室内设计都围绕历史文化展开，那么本次活动目的就是在建筑景观领域探讨新建筑与历史建成环境之间的关系；在室内设计领域探讨博物馆空间的历史与文化主题的表现。这些都是立足于原有空间形态及环境的特点，寻求和探析空间设计的各种可能形态，使得设计与整体环境获得统一的功能、空间与视觉的表达。

一、从历史到现实：设计选题的提出

今年的建筑景观选题项目位于天津市西开教堂地块，为天津市区重点规划区块之一，西开天主教堂是天津著名的地标性建筑。多年来天津市有关部门非常重视西开教堂的周边环境问题，但因历史遗留问题较为复杂，始终未能改善。规划设计用地内现在有保留历史建筑西开教堂，建筑包括天主教总堂和大教堂。区域周边被公园风景区、商业步行街和学校等文化区包围，是现代建筑与历史文化区的交界点。

面对这样一个复杂程度较高的项目选题，对艺术类本科毕业生来说无疑是一项重大的挑战。在确立了城市历史环境及历史建筑的价值之后，如何正确处理好历史环境中的新建筑与景观问题，是城市高速发展过程中急待解决的问题。时间在流逝，新与旧就是一个永恒的课题，历史保护地区的新建筑究竟应以何种姿态出现，一直是人们关注的话题，新旧建筑及其与城市历史环境的共存共生是未来不可阻挡的趋势，城市历史环境的协调与发展也是当今国内外建筑界研究的重要方向，让新老建筑共存与共荣的研究也就成为我国建筑及环境设计理

论与创作过程中讨论的焦点。由此可见，天津市西开教堂建筑景观项目不论在教学实践方面还是在设计理论方面都具有深远的现实意义。

项目基地是由三条道路围合出的一个三角形地块。基地人口密度较大，交通异常拥挤，尤其是教堂附近交通混乱，道路等级普遍偏低。建筑与景观规划设计要求与博物馆及周边建筑环境和谐融洽，满足不同年龄段人群的使用要求；要求规划布局合理，景观绿化和建筑的空间关系和谐。同时，为旅游的游客提供游览的场所，还要作为城市的开敞空间。在保留现有的历史建筑的基础上，以近代历史博物馆为核心，重点研究该地区整体空间形象和天际线，形成具有特色的城市开放空间体系。而且最大限度地落实生态、低碳和绿色建筑等原则，以建筑古迹、民俗文化、近代历史为构成主体，并结合天津地域特色，充分满足市民及游客的休闲和旅游等多种需求。丰富市民生活体验，提高市民的历史认知感，传承天津历史文化。

面对这样一个高要求、高难度的设计任务，摆在各校学生和指导老师面前的是如何理解基地环境背景，以及如何形成一个有效的思路和设计策略。城市历史遗留下来的建筑和空间环境，是一种特殊的文化载体，是历史文化的长期积淀和综合表现，以其物质空间形态向人们表达其文化内涵，它是一个国家或民族的历史文化不可欠缺的内容。城市历史环境也是一种不可再生的资源，历史建筑保留着过去的痕迹，真实地记录着城市历史演变的轨迹，充分反映了人类在社会发展各个阶段的审美观和技术水平。只有意识到城市历史环境的重要性，才能让我们的设计思路和创作手法融合到历史环境当中，使新建筑环境在历史环境中共生。

与历史建成环境相对比，用怎样的方式取得新建筑与老建筑的共生，满足城市环境重塑的要求，并赋予城市文脉新内涵。这就是天津市西开教堂项目要传达给学生的信息和思考的方向，令人高兴的是“四校四导师”活动的导师们以他们深厚的设计学素养和丰富的实践经验默契地取得了这种共识，为这个项目的设计提供了强大的理论导向，为年轻的学子们提供了深厚的学术保障。

在城市历史环境中插入新的建筑与环境，建立新的设计形态，展现新的建筑及环境美学元素和空间关系，这是我们这次活动针对该项目无法回避的问题，是对新建筑与历史建成环境之间的协调性与复杂性问题的全面统筹，尽量给予城市发展更多的可能性。其中城市更新与历史建成环境之间的矛盾尤为突出，现代建筑与历史建筑断裂现象明显，因此，如何正确处理新的建筑及景观与历史建成环境的关系成为本次活动重要的教学思考和设计现实。

二、从形象到类象：设计逻辑的思考

通过“四校四导师”活动 ，也反映出当下我国环境设计专业学生存在一个不容忽视的现象，就是不论哪类高校或哪种层面的学生，每个人秉持什么样的设计理念、设计思路和设计方法，设计的形象结果却与当前国际流行手法呈现趋同的倾向，大多与当代国际名家名作设计的形式语汇和手法相似。这当然体现出青年学生对当前建筑与设计前卫流行语汇的关注和专业敏感，以及善于借鉴学习的精神，反映出他们良好的专业素养和学习能力。但是由于当今时代复制的迅速性，数码时代的地域观念发生了变化，世界变得越来越小，设计师不再需要记忆，不存在资料与素材的短缺，他们面临着巨大的信息资源以供选择。过去是殚精竭虑的构思、修改和完善，现在是利用海量的设计资料进行选择甚至是拷贝和复制。迅速复制的负面影响是使一些学生及设计师无须也无力对学术内容进行理解消化，而只需要把它们作为素材借鉴移植进来就可以了。

所以，我们的世界变成一个充满复制的时代，迅速的复制导致了当代人们设计手段和审美观念的变化，就是作为审美对象的“形象”已经逐渐被“类象”所取代。“类象”的特点是在复制中消灭掉了个人创作的痕迹，变成高度趋同的视觉形象，这当然是一个严峻现实。这不仅仅是学生特有的问题，在我国建筑及环境设计领域同样面临着这样的情况，究其根源就是学生也包括设计师没有真正掌握设计方法，因为东拼西凑的拷贝变得轻而易举、唾手可得，无须分析和推演。从某种意义上看，这种情况也抑制了设计师去追求设计的规律和设计方法。那么在这种现实的背景下，如何摆脱数字时代的简单复制，激活我们的设计思维和创意能力，就变得迫在眉睫。

我认为任何优秀的设计作品都具有一定内在的逻辑和秩序为基础，优秀的设计大师们的创作思想在发现问题、分析问题和解决问题的设计过程中呈现出清晰的系统性和逻辑性，说明设计并非像绘画一样的纯艺术，而是有着严谨的逻辑性思维过程。

逻辑思维与形象思维不同，逻辑思维是指在对事物的分析中运用概念、判断、推理和论证等理性的抽象思维模式，来揭示事物本质的思维方式；形象思维主要是右脑控制，通过事物的形象来把握世界，是通过对形象的分析、分解、组合来创造新的形象。逻辑思维通过概念的分析判断、理性推理获得线索，主要由人的左脑来控制。设计的过程是不断分析问题和解决问题的过程，也是对设计条件不断协调的过程。建筑及环境设计通常是在规定性中发现问题，解决问题。因此，设计与逻辑思维相吻合。设计的过程不仅是对设计师的专业素质和基本功的一种全面考核，更重要的是考验其认识问题和解决问题的逻辑性，很多专家研究建筑及环境设计逻辑体系的目标就希望能为设计者提供设计解题的方法论工具。

在设计中常见的逻辑方法有数理逻辑、功能逻辑和环境逻辑等。数理逻辑，在建筑及环境中经常运用，空间形态设计也是一个“由简至繁，由繁至简”的变化过程，在这个设计过程中经常运用到“加减法”的原理来推敲、深化设计方案，达到丰富形体巧妙化解矛盾的目的；功能逻辑，大家都知道建筑及环境的形式是由其功能决定的，功能是由人们的需求决定的，研究功能的内在逻辑关系，梳理建筑环境设计功能的不同作用就变得十分有意义；环境逻辑，建筑及环境设计项目与所在的环境、场地、气候会发生一定的关系，或者说环境的因素、场地的条件、气候的特点都会成为影响建筑生成形象的外在条件。

那么，面对天津西开教堂地块这样的历史环境命题，同样运用逻辑思维来思考和解读。城市中的建筑与环境创作首先是对城市母体的认知与解读，通过运用理性思维对城市环境空间进行深入而全面的解析，了解它们在其自然历史环境中的状况，充分了解环境的地域特征、文化内涵与历史文脉。城市文脉的构成要素包括显性和隐性的：显性构成要素包括自然环境、城市格局、轴线与天际线，及城市历史建筑，还包括结构形式、营造方式等建筑技术；隐性构成要素则包括伦理价值、宗教信仰、传统民俗、审美方式、行为心理及生活方式等社会意识形态。这些都是延续城市空间肌理，是建筑在城市空间深层结构上的逻辑依据，它给建筑及环境设计提供了场所暗示及场所空间的内在关系，是设计的线索，同时也可以看成激发设计师创作活力的源泉。主动寻找设计线索并依据逻辑去推演方案法，在“四校四导师”活动中，也不乏这样的学生。

三、从实体到意义：空间审美的探究

以实体形态存在的建筑之所以能够被称为艺术，是建筑这种物质形态承载了一定的文化意义，否则，建筑只能够是物质存在的表皮。因此，可以这样表达：建筑是由技术支撑下的思想观念表达。但在当前这个商业膨胀和技术至上的时代，一些建筑丧失了建筑该拥有的精神和意义，特别是我国城市建设中越来越多的建筑成为浮躁形象的游戏，甚至所拥有的先进科技，都被利用来追求奇特和标新立异。

作为“四校四导师”活动中关于历史建筑环境的扩建项目，对于这样一个特定的历史环境而言，其空间的形式及其组合方式更是传递建筑意义的重要载体。历史环境改扩建设计意义的生成也是经过解读既有意义、评估基础意义、介入要素赋予新的意义、最终意义整合这几个环节组成的。从历史建筑的材料、结构、构造等技术要素的解读中，人们能够发掘出历史建筑的时代特色、建造寿命、工艺水平等建筑本体的特征和价值。将历史建筑中特定的形式和技术要素放在特定的脉络和情境中就会呈现出历史的传承。在此基础上通过象征意义的方式来解读，人们就可能从中发现它的文化价值。

总体来看，新建筑及环境的意义包括历史意义的延续和现代意义的建立。首先，是历史意义的延续，历史建筑所构成的历史环境，其实就是文化记忆最重要的空间载体和心理坐标。历史建筑能够唤起记忆，尽管许多历史建筑已经随岁月老去，但它们仍然是历史文化记忆承载者，仍然可以延续其生命。让这些历史建筑所传递的精神继续延续在新的建构环境中，成为“活着的”历史。黑川纪章曾在《意义的生成》中阐明，意义的产生并不是通过一些既定的制度而实现的，它是建立联系的过程。那么在扩建设计过程中对历史建筑意义的再次解读中，发展和延伸历史建筑既有意义称为延续的意义。在历史建筑中要保留和强化特定价值的信息内容，方法既可以利用新扩建部分突出强化历史建筑本身，包括突出既有建筑构筑特色和场所氛围，还可以在新增建构中体现历史建筑相关信息与历史建筑相容共生。还有就是新增建构上通过象征隐喻的途径来解读历史建筑的意义，包括对历史建筑的比例尺度、风格符号、体量乃至场所精神等整体形象要素的理解和感受。令人高兴的是我们看到这些手法在“四校四导师”活动中，一些同学自觉或不自觉地运用。当新的元素介入历史建筑环境时，不同的方式都会导致改建设计后历史建筑传递给人们不同的信息，有的主要体现形式层面意义的延续，有的传递历史文化象征的意义。

其次，是现代意义的建立。在既有建筑环境的基地上创造出新的形态和场所，其传递的是与之前历史环境无关的内容和信息，但是却能让这个场所恢复活力，给原本衰退的区域环境带来新的契机。在这种情况下，出于低碳节能的考虑，要延续其寿命就有必要通过设计师加以较大的外界干预，建造新的空间环境，使场地获得最大的价值。

当既有建筑在一些意义层面上不再具有值得保留的相关意义时，扩建设计有可能切断既有建筑相关层面的可解读信息。如黑川纪章理解“建筑将是种种意义产生的舞台，不同文化间的冲突，作为杂音的异质文化的引入，创造了一种新文化。”原来历史建筑的意义不再延续，新的构筑部分给建筑带来了全新的内容，也就创造出了全新的意义。方法可以用新的要素完全掩盖历史信息，使得历史要素的意义消解；还有就是打破原来建筑的逻辑关系，加入新的形态，用全新的组织方式或逻辑关系来创造新的建筑环境。

建筑及其环境设计的过程始终伴随着空间塑造的过程，历史与现实环境是建筑及环境设计的出发点与回归点。我们思考建筑，更是要以环境的观点从整体角度来进行，建筑是环境空间构成中的有机组成部分，建筑的形态与空间脱离了与其所处环境的关联性和整合性，也就失去了意义。为此我们创造空间形态美的同时，要努力从整体环境出发，从自然条件及场地环境等方面综合考虑，依据地域环境、尊重传统文脉等诸多因素，选择环境建筑塑造的定位和走向，使建筑成为环境中不可分割的一部分。

四、从教学到实践：教育理念的跨越

“四校四导师”活动到今年已是第7个年头，最初是由国内四所著名院校环境设计专业导师联合举办的毕业设计交流活动，活动从每年3月开始至6月结束，基本贯穿整个毕业季，包括前期准备、现场调研、开题答辩、扩初设计、两次中期答辩、深化设计、毕业答辩和评奖颁奖及展览等完整的一系列环节。近几年一些普通高校陆续也融入进来，基本形成了“4+4+4”模式，即由4所核心院校、4所知名院校、4所基础院校，邀请4家中国建筑与装饰设计50强知名企业，共同打造中国建筑装饰设计优才培养计划。来自中央美术学院建筑学院的王铁教授、清华大学美术学院的张月教授和天津美术学院设计学院的彭军教授作为中国环境设计界倚重一方的三巨头，在这样一个经济发展、社会转型充满浮躁的环境中，他们不计个人得失，甘于奉献、锐意创新、勇于直面问题反思教育现状，打破院校间、校企间的壁垒，身体力行以实际行动探索和推动中国高等设计教育的改革路径及实验教学模式的创新，着实令我们学界业界同仁感动和钦佩。

当前，建筑与设计领域发展的外部环境正在发生剧烈的变化，这种变化对人才的素质和能力提出了新的要求，尤其对人才解决实际问题的能力、创新能力和协作能力有着迫切的需要。在这种形势下，加强实践教育的诉求日益突出，人们对实践教育的理解也逐步趋于成熟。实践教育并不等同于实践教学环节，而是指在大学人才培养的过程中贯穿实践教育的思想。实践教育作为一种教育理念，不仅是指实践教学活动，更指在人才培养工作中体现的具有一定方向性和系统性的实践育人思想。为此，从加强实践教育这个意义上来看“四校四导师”活动进行了可贵的尝试，从以下三个方面来探讨。

1. 推动设计教育观念转变

实践教育往往以工程设计实践和社会实践相结合的原则为指导，组织学生参与工程设计和社会实践，让学生“亲身体验、自主发现”，并从实践活动中生成情感态度、实践认知和设计价值观，使学生达成知行的统一，进而提高学生的社会责任、创新精神和实践能力的全面设计素质。然而，我国当前设计教育更多的是与社会隔离，与生活脱节，与工程疏离。重认知轻实践，重理论轻能力的设计教育观念在我国还是比较普遍存在的。社会的快速发展对人才的要求由偏重知识转向看重能力，教育的目标不仅仅是传授给学生确定的知识，而是培养学生的学习能力和解决实际问题的能力。因此，“四校四导师”活动其重要意义在于以此项活动推动环境设计教育观念的转变。在工程设计实践和社会实践相结合方面，特别是推动建筑及环境设计教育观念转变方面所具有的现实意义也就不言而喻。

“四校四导师”活动从实际工程课题到项目现场踏查调研、从企业一线设计名师到名校大师亲临点评、从多校师生参与到现场交流互动、从体验不同院校教学到参观考察名校名企等，所有这些都是贯穿在前期调研、场地解析、生成策略、功能布局、空间形态、材料建构等方面的一系列环节。无论是项目调研深化设计，还是参与互动交流碰撞，都不仅是从关注学生认知能力的发展，更是关注学生从事实践活动所需要的多种能力和全面素质的发展出发，为学生搭建一个实践的情境和真实的平台。

2. 拓展设计实践教学途径

设计实践是设计院校的基本教学途径，然而很多时候我们把教学活动却基本上局限于校内的课程教学，实践教育应使教学途径突破课堂形式，延伸到社会和业界，使校内外、课内外相结合，建立了一个开放的教学体系，社会与业界不仅成为学校教学的宽广舞台，更为教学提供丰富的资源，同时也为教学效果提供客观的评判和真实的检验，将教学活动拓展到课堂以外，对于培养学生适应社会工作挑战的能力具有重要意义。比如今年的四校活动中期检查在苏州大学金螳螂建筑与城市学院展开，其中一个重要环节就是参观我国百强龙头企业——苏州金螳螂建筑装饰股份有限公司，了解企业的发展、企业管理、工程管理、质量体系和企业文化等方面，学生与金螳螂相关负责人就关注和感兴趣的问题进行了交流互动，分享设计和管理的经验。同时，参观金螳螂新大楼运营中心，了解金螳螂作为中国最大的建筑装饰企业的设计实力和工程案例。通过这样一种教学活动改变了过去只是信息上进行交流学习，实现了校企间的直接交流，打破了校企间的壁垒，使参与活动的师生增长了见识、拓宽了视野。

3. 构建新型设计实践体系

2012年教育部印发《普通高等学校本科专业目录（2012年）》，使环境设计专业从1998年本科专业目录中的艺术设计专业得以回归。 自1987年高校本科专业目录设立环境艺术设计专业以来，经过“环境艺术设计—艺术设计—环境设计”25年的曲折发展历程。为此，环境设计专业复归、正名和提升获得专业人士预期的高度认可。然而学科专业人才培养体系的建立，并不是简单的名称变化，旧有的学科专业和教学内容不适用于环境设计专业的发展，新的教学内容和标准亟待建立。特别构建新型环境设计教学实践体系，在当今的时代背景下就显得尤为重要。

当前，我国建筑学和环境设计教育领域缺失实践教育的指向不外乎理论建构与实践教学。课程和毕业设计更多的是没有实际背景的虚拟任务，即使是真题真做也很难充分保证各个实践环节，不可能接受工程实践的检验，学生完成的设计作业大多是没有建筑材料和结构工艺的所谓成果，这样的实践教学环节存在明显的局限性。“四校四导师”活动是由中国建筑装饰协会这个国内权威行业协会牵头，核心实践教学团队则由国内顶尖设计大师中央美术学院建筑设计研究院院长王铁教授、苏州金螳螂建筑装饰研究院院长王琼教授这样一批具有丰富实战经验的老师挂帅。同时聘请了多位活跃在国内设计领域一线的名家担任“设计实践导师”。这些实践导师利用开题、中检和答辩对每一位学生进行课题点评辅导，充分保证设计过程同工程实践的直接对接，最大限度地接受工程的检验。在这些过程中，这些实践导师和各高校责任导师共同探讨、探索并基本形成了环境设计本科毕业设计实践教学课题新模式。这一模式是基于对实践性较强的环境设计专业的本质性理解，一方面让我们关注到设计教育与职业实践的衔接，另一方面，是相对于建筑及环境的功能、空间与形态的设计训练。这一实践体系更加关注设计的本质要求，包括关注内在的材料、建造和逻辑等因素和外在的场地、施工和策略等因素，这些恰恰是环境工程实践与理论的本质内容，绝非理解为装饰构造或施工工艺那样的局部内容。

每年的“四校四导师”活动结束，诸位责任导师认真思考并撰写关于建构新型环境设计实践教学的心得和论文，形成和完善实践体系的理论构建。最后由课题负责人王铁教授主编记录整个“四校四导师”教学活动的过程和成果，并由中国建筑工业出版社出版，成为宝贵的环境设计教育教学文献。

“四校四导师”的探索充分关注了建筑与环境设计专业实践体系的教学发展，7年来“四校四导师”活动的成功开展及其良好的运行模式，在学界、业界引起了广泛的社会反响和赞誉，受到越来越多高校的青睐，许多学校以极大的热情纷纷表示加入的愿望。所以，可以肯定地说“四校四导师”实践教学模式为我国环境设计教育的发展起到了无可替代的实践示范作用。 随着高等教育的发展与改革，产生了许多新的理念与思潮，这些理念、思潮为大学实践教育理念的兴起和发展提供了理论先导和背景。可以看出，“四校四导师”对设计实践模式的探索，正成为我国建筑学及环境设计专业教育内涵强化与独特定位的重要方向。“四校四导师”实践体系以它较系统的环境观和设计观为目标，以创新性的人才培养为归依，彰显出对设计建造性与职业化的关注，通过与现行教学环节的融合互补，有理由相信为学生的未来职业实践与创造性发展提供坚实的平台。

教育改革/时代的步伐

The Pace of the Educational Innovation

广西艺术学院建筑艺术学院　陈建国副教授

Guangxi Arts University，Prof.Chen Jianguo

摘要：面对近十年快速发展中的国情需求和社会进步，中国的高等教育已难以适应社会的发展，全国泛美术与艺术院校类的环境设计教育甚至脱离了行业发展的节奏，教育改革成为必然趋势。“四校四导师”环境设计本科毕业设计实验教学在这样的背景下创立、发展，并成功迎来第七届，在名校、名师、名企共同努力下，高校设计教育与企业尝试建立资源共享平台的双赢理念取得成功，成为中国高等教育设计教育中的创新模式，为地方同类院校提供借鉴。

关键词：教育改革，“四校四导师”，创新模式，地方院校

Abstract：The Chinese higher education has been difficult to adapt to social development which is the rapid development of China’s demand conditions and social progress in the last decade. Environmental design education in numerous national art and design universities even out of the rhythm of development of the industry，the education innovation has become an inevitable trend. In this background，the “4&4” environmental design major graduation design experiment teaching project was founded，develop and successfully ushered in the seventh. With the elite universities，famous professors and famous enterprises have worked together，the win-win concept that the universities and enterprise establish a resource sharing platform has gotten success. It have become Chinese Higher Education design Education innovation Model and provide reference for other Chinese institutions.

Keywords：Educational Innovation，“Four Universities and Four Mentors”，Innovation Model，State University

近些年，随着国内美术与文、理科艺术类院校“大扩招”、“大建设”等外延式发展的结束，除国内知名院校外，其他同类院校和地区的设计教育内涵建设不足等问题日益凸显，随着社会经济的转型升级和进一步发展，对高校的设计教育提出了新的高要求。提高设计教育内涵式发展质量、建设高校设计教育适应行业发展需求，使之更好地服务社会，已成为中国高校设计教育改革发展的必然趋势。

虽然，我国高等教育的设计教育无论是“大扩招”还是“大建设”，都是政府在特殊时期主导，当高等教育进入内涵式发展阶段，必须由以政府行政权力为主导的规模发展走向以学术权力为主体的内涵质量提升，这就需要美术与艺术类院校自身清醒地认识到改革的重要性，抓住时机，才能跟上时代的步伐。

一、地方同类院校的当前情况及毕业设计存在的问题

（一）审视自己

敢于审视自己才能找到教学存在的问题和不足，方能下药治病。

以广西艺术学院建筑艺术学院为例，建筑艺术学院于2012年从其母体设计学院脱离而出，生于“大扩招”、“大建设”的那几年，因遇到发展的好时机，学校采用外延式发展策略的成功得益于其母体养分和多年的积累。由创建于20世纪90年代的环境艺术系和年轻的展示系合并成立建筑艺术学院，分有5个系部，为环境

设计系、园林景观系、会展艺术系、室内设计系和建筑艺术系。

建筑艺术学院从诞生起就和其同时期出生的众多姐妹学院一样，成长太快而有点虚胖，好在还能运动，基本功能尚全，加之教学队伍相对年轻，充满活力和热情。虽然身胖腿细有点不成比例，好在生源充足，适当补充新鲜的血液还不算致命，加强运动后腿还可以鼓起来。

“大扩招”、“大建设”的后果是教师队伍内涵建设不足等问题凸显，各教学单位因忙于自身成长而无暇顾及内涵建设，陷入成长的烦恼自不必说。因此，教育改革刻不容缓，但以往的教育改革大都流于形式，改革模式了无新意，突破方向成巨大难题。

（二）毕业设计问题分析

广西艺术学院建筑艺术学院本科毕业设计课程安排在第七学期进行，目的是让学生能安心做毕业设计。每年的3月中旬展出，这样的安排有利于学生到企业实习和找工作。但不管怎样，毕业设计是本科四年人才培养方案最后一个重要的教学环节，其作品反映四年综合所学。同时，毕业设计的质量也是衡量教学水平和指导教师能力的重要依据，能综合反映学校办学的整体水平。从各系部参展的作品来看，良莠不齐对于生源众多的建筑艺术学院尚属正常，较好的作品是有，但不是很多，总体问题归纳总结如下：

（1）平时课程没有注意强调培养学生的建造意识，建造意识普遍偏低；

（2）建筑设计缺少平、立、剖图纸，因此无法评价其规范；

（3）过度强调美学意义上的概念设计而忽视了最为重要的功能，因而丧失了设计本来的目的；

（4）毕业设计过度强调效果图表现而忽略设计过程分析；

（5）无建造意识的奇怪建筑 =“艺术”；

（6）放弃自己四年专业里擅长的工作去做自己并不擅长的事；

（7）版式设计差；

（8）设计创新理念不强，存在过多的抄袭痕迹；

（9）建筑设计可以没有柱、梁而建构，且从不考虑容积率；

（10）学室内和环境设计的学生喜欢做设计建筑而不是建筑设计。

以上10点问题在以艺术为办学背景的高校里较为普遍地存在，算是个通病，在“四校四导师”答辩会上也有这样的现象存在，只是没那么明显罢了，毕竟能参与的学生都是各校遴选出来的拔尖人才，以上评价用语亦出于“四校四导师”王铁教授、张月教授、彭军教授、王琼教授等责任导师常挂在嘴边上的话，作为尺度衡量地方同类院校很管用，找出以上问题一量就准。上述问题放在“四校四导师”两个中期答辩环节里将会被克服，不会成为大问题。上述问题在建筑艺术学院本科毕业设计作品展展出中被忽视？这是学生的“问题”吗？回答这个“问题”是或不是都对指导教师不利。也许上述情况在我院各系部指导教师眼里从来就不算是问题，只是理解不同，各系部各唱各的调，尺度与标准宽泛。

作为培养未来设计师和建筑师的高等教育学校，设计与建设行业是有严格标准的，而且标准只有一个，培养人才的教学单位必须严格按标准来施教，方能合格育人。

教学上暴露问题并不可怕，关键在于发现问题，最终解决问题。

二、“四校四导师”实验教学成功模式的借鉴

（一）他山之石，可以攻玉

学习与借鉴是走向成功的必由之路：

“四校四导师”环境设计本科毕业设计实验教学课题扩展到地方同类院校，对有幸受邀参与其中的地方同类高校来说无疑是个巨大的鼓舞。去年学校派出经验丰富的学科带头人为责任导师，遴选导师和选拔4位优秀

应届毕业生组成团队，第一次参与2014年中国建筑装饰卓越人才奖暨第六届“四校四导师”环境设计本科毕业设计实验教学课题活动，目的明确，就是去学习和寻找差距，最后把经验带回学校。

经过去年四站的全程参与和其中一站引入到本校举行的中期答辩会，使建筑艺术学院的广大师生近距离地观摩学习，受益匪浅。最后一站终期答辩活动在中央美术学院结题，我院学子获得一个三等奖、三个优秀奖，获奖固然可喜，但还不是最大的收获，获奖只是一面镜子，最大的收获莫过于教学团队的进步，在“四校四导师”这个国内顶级实验教学平台里找准自己的差距，认识到不足，和可以带回去的经验进行消化总结，这才是最宝贵的财富。

（二）师资队伍建设优先

师资队伍内“优”外“引”，我院教师队伍以青年教师为主，拥有高学历、理论知识扎实，但多数是从学校走向学校，缺乏实践经验，讲课空洞乏味，常纠缠于概念和理论的框架，激发不了学生的学习热情。针对目前这种状况，我们对专业教师队伍配置上进行优化。一方面采取以老带新的组合模式，实践经验丰富的中年教师担当一线教学。鼓励青年教师参与社会实践，定期参与实践基地市场项目设计，提高自身的专业水平。另一方面引进高学历、具有一线工程实践经验的工程师加入我院教师队伍行列。

（三）毕业设计实行双师制

“四校四导师”实践教学最大的特色是名企加盟并参与教学。依托我院与区内三家著名省级设计院建立实践基地的资源优势，外聘基地教师参与本科毕业设计环节的三次课堂讲评，一次真实项目案例剖析。目的是让学生真实地了解行业的规范和要求。可以让企业出题，“真题假做”，学生选题和解读任务书，设计过程与企业直接沟通，拉近设计教学与行业所需之间的距离，成为学生在校学习与毕业后面向社会工作之间的过渡桥梁。

三、结语

通过参与“四校四导师”环境设计本科毕业设计实验教学课题平台的交流与学习，对比分析同类高校在各不相同背景下的办学条件和特色、课程设置、师资条件与生源状况等，取长补短，找出我院的办学优势与不足等问题进行相应的调整和改革，均取得良好的效果。

我院学生蔡国柱在参加2015创基金・四校四导师・实验教学课题活动中取得优异的成绩，并获得全额免除学费进入匈牙利佩奇大学波拉克米海伊工程与信息学院攻读硕士学位，可作为检验我院设计教学改革环节上取得的突破点，有一定的指标意义。

总之，设计教育必须改革，使之适应行业发展需求，但改革也不能操之过急，必须在平稳中求发展。

参考文献

王铁主编. 脚踏实地：2014中国建筑装饰协会卓越人才计划奖暨第六届“四校四导师”环境设计本科毕业设计实验教学课题［M］. 北京：中国建筑工业出版社，2014.

创新实践教学模式，引领设计教育发展

Innovative Practice Teaching Mode，to Lead Design Education Development

山东建筑大学　陈华新教授

Shandong Jianzhu University, Prof. Chen Huaxin

摘要：在我国建筑业蓬勃发展的今天，行业对高校环境设计人才培养提出了新的要求。如何培养适应当前社会经济发展所需要的优秀设计人才，是摆在中国设计教育面前的新课题。而对于我国高校而言，如何创新教学模式是培养卓越人才的有效途径。面对建筑行业市场对人才的渴求，“四校四导师”环境设计本科毕业设计实践教学项目开创了实践教学的新模式，搭建了校校联合、校企合作、名校引领、国内外高校师生与知名企业互动交流的优质育人平台。本项目在国内外知名教授和名企导师的指导下，历经多次交流、汇报及开题答辩，参与同学取长补短、以点带面共同提高；来自国内外14所高校的指导教师也在此项活动中深度交流，收获颇丰。这种新的实践教学模式开创了中国环境设计教育的先河，必将会带动高校设计教育的深入改革，对提高中国环境设计教育的发展起着积极的助推作用。

关键词：四校四导师，实践教学模式，创新，优质平台

Abstract：Chinese Architecture Industry puts forward new demands to personal training in university environment design especially accompanying with construction boom. How to cultivate outstanding design talents adapt to the current socio-economic construction and development requirement is new topic posed before Chinese design education. However，how to innovate teaching mode is an effective way to cultivate outstanding talents. “Four Universities Four Tutors” project creates a new model of Environmental Design Graduate Design Practice Teaching Project with intention to meet the desire of the market for talents. It also helps to set up a high-quality platform including university-university combination，university-enterprise cooperation，prestigious university leading mode and interactive communication among university teachers and students and well-known enterprises at home and abroad. The project，under the guidance of well-known professors and famous enterprises mentor，experience several exchanges，reports，open questions and thesis defense. Simultaneously，all involved students improve comprehensively by learning from each other and all tutors form 14 universities get a great harvest through full exchanges. This kind of new practical teaching mode creates a precedent for China Environmental Design Education and must promote further reform of university design education. Furthermore，this mode plays a positive role in boosting the development of Chinese environmental design education.

Keywords：“Four Universities Four Tutors” Project，Practical Teaching Mode，Innovation，High-quality Platform

一、国内外设计教育实践教学现状

近年来我国艺术设计教育发展迅速，全国已经有70%的高等院校设置艺术设计专业。目前，在校生已达150万，每年约有毕业生15万人，中国的艺术设计教育规模已占全球第一。但从全球艺术设计教育角度来看，我国的艺术设计尚属于新兴学科，还不够成熟完善，还存在课程体系与教学目标脱节，实践教学模式和内容雷

同，教学体系保守陈旧，课程整合联动性差，教学资源管理粗放等许多问题，因此建立科学合理的教学体系与教学模式是提升教学质量的重要前提。如何突破以往陈旧的教学模式，建立一种与当前快速发展的经济社会人才需求相适应的教学模式是培养质量提升的关键所在。

纵观国内外的艺术设计教育，文艺复兴运动是现代艺术教育的起点。自此之后，艺术教学分离为纯艺术和手工艺两大部分，从此艺术教学改革和艺术创作实践冲破学院派的禁锢，走向多元化的发展。各国针对艺术人才的培养模式出现了多种形式，如在德国占主导的职业艺术工作者的人才培养模式，美国综合性大学采取的通识型艺术教育人才培养模式。在当代知名的欧美艺术设计学院所采取的具体教学模式中，日本东京大学的项目型教学模式，德国柏林艺术大学的“双元制”形式，以及美国教育家特蕾莎·朗格内斯提出的“整合教育”模式等最具代表性。当前，我国的环境设计和建筑业蓬勃发展，行业对设计人才不断提出新的要求，如何创新教学和实践教学模式，培养适应当前社会经济发展需求的优秀设计人才，是摆在中国高校设计教育面前的新课题。同时，设计教育也面临着深化教学改革的重要节点，但从当前设计教育的现状来看，大部分高校的环境设计教学仍然从单向的课程思维方向出发进行程式化教学，导致学生的知识面狭窄，综合适应能力、创新能力差，缺乏文化修养，缺乏探索和创新精神，无法运用艺术设计理论解决实际问题。特别是作为地方院校来讲，它们所实施的传统意义上的实践教学，其教学效果并不尽如人意，原因是多方面的，如何进行改革和调整，也一直是受到关注的热点问题。

在中国设计教育存在诸多问题的当下，中央美术学院建筑设计研究院院长王铁教授、清华大学美术学院环境与艺术设计学院院长张月教授、天津美术学院环境与建筑艺术学院院长彭军教授，三位名校导师以如何实施教育部卓越人才培养计划，培养创新型复合人才为目标，谋划了具有开拓性的“四校四导师”环境设计本科毕业设计实践教学课题实施计划，以更为科学和更为符合学理的方式探索高等院校环境设计专业毕业设计项目实践教学模式，寻求崭新的艺术设计教育教学的培养途径，开启了中国环境设计实践教学的新篇章。

二、“四校四导师”实践教学项目，开启实践教学新模式

1. 优质平台，带动辐射成效显著

“四校四导师”课题项目采用“4+4+4”模式，提出4所核心院校、4所基础院校、4所知名支撑院校，邀请2~4家知名企业的高管和设计师，还有一所国外院校参加。由名校、名企和国内外知名教授组成，搭建了一个国际化的优质平台，整个活动历时三个月，由清华美院开题，中间分别在两所院校中期检查，最终在中央美院落下帷幕，举行答辩及颁奖仪式。整个活动得到业界高度评价，在中国设计教育界引起强烈反响，成为我国设计教育界最具影响力的品牌活动之一。所有活动都是安排在周末进行，这充分体现了课题组成员为新形势下的中国设计教育人才培养作出的努力及强烈的责任感。此项活动学生受益匪浅，指导教师收获颇丰。

经过三个月毕业设计实践，14所院校的37名学生终于完成了毕业设计开题到答辩的历程。在这个过程中，舞台的主要演员是学生，来自不同院校的学生呈现出各自学校的教学特点，特别是艺术院校与综合性院校以及工科院校的不同。虽然这个平台上各校的办学理念不同，地方院校还存在一定的差距，但通过四校四导师活动，不仅促进了名校间的交流，更提高了地方院校艺术设计教育的教学水平。

在第一次的开题汇报过程中，各校间学生的设计作品在设计理念及水平上差距明显，但在经过几次中期检查汇报交流，以及学生间自主交流之后，学生的整体水平迅速提升。各校同学们之间共同探讨，取长补短，相互融合，综合素质与能力显著提高，达到了任何教学模式所不能及的效果。特别是对我们这类院校的学生，能参加这项活动是学生们在大学四年中最自豪和荣耀的事情，也是他们的专业水平飞速提高的过程。这充分体现了“四校四导师”毕业设计实践教学项目以点带面的带动辐射作用。

2. 深度交流，校企对接协同育人

为推动高校人才培养和企业人才需求的紧密结合，改善中国高校设计教育与市场脱节的现状，打破高校实践教学形同虚设的状况，使校企联合落到实处，"四校四导师"环境设计本科毕业设计实践教学课题组与行业内优秀企业联合，并且还得到了创想公益基金会的大力支持。优秀企业如苏州金螳螂建筑装饰设计院、北京清尚建筑装饰设计研究院、北京港源建筑装饰设计研究院、深圳广田建筑装饰设计研究院等，吴晞、孟建国、石赟、斐文杰等著名企业高管也亲临现场指导，使课题组导师队伍阵容强大。创想公益基金会不仅为课题组提供了资金支持，姜峰、林学明、琚宾等著名设计师还亲自担任实践导师。

校企联合不仅完善了学生的专业知识结构，同时也为参与学生提供了与企业面对面交流的机会。企业导师还从不同角度对学生的方案给予了细心的指导，如：对方案如何执行国家行业规范；如何具备可实施条件、可操作性等提出了建议，也针对企业在用人方面对设计师的要求、优秀设计师所具备的素质及条件与学生进行了交流沟通。使学生的设计方向更加明确，听到了课堂以外的不同意见和建议，达到了多方面指导共同育人的良好效果。特别是在苏州大学金螳螂建筑与城市环境学院中期检查汇报期间，苏州金螳螂建筑装饰设计院院长王琼还带领师生去企业参观学习，使学生对从事设计工作概况、工作流程、工作性质及要求有了进一步的认识。更为可喜的是参加"四校四导师"教学实践项目的获奖学生，在毕业后有进入这些名企就业和出国攻读硕士研究生的机会，特别是获一、二等奖的同学，有免费留学的机会。

三、参加"四校四导师"实践教学项目的所感所悟

1. 镜子反观，客观认识自我

如果说毕业是一面镜子，它能反映出一个学生大学四年的学习和知识的掌握情况；那么"四校四导师"教学实践项目也是一面镜子，它能反映出各个学校人才培养方向的不同，也反映出了不同学校之间的差异。参加本项目的13所国内高校和1所国外高校，各有各自的教学特色。在此平台上，学生的表现反映了学校人才培养的缩影。来自不同地域、不同性质和层次的高校的学生，虽然在一个讲台上汇报、答辩，但展示出的却是不同的风采，不同的风格。这面镜子既照出了亮丽也照出了羞涩，既照出了多元的特质也照出了各自的欠缺与不足。通过这面镜子，把学校的教学情况和学生的学习状态看得清清楚楚，明明白白。这面镜子使我们清楚地认识了自己，也反观出自己的差距和不足。

2. 目标明确，深化教学改革

山东建筑大学作为一所省属高校，我清楚地看到了自身的弱点与不足，看到了学生身上反映出的知识结构的欠缺，看到了教学体系中存在的问题。学生身上反映出的是学校人才培养的理念、培养目标与定位以及执行过程中的种种情况，更反映了一个学校的育人氛围和方向。

通过这两年参加"四校四导师"项目，我反思了我校的人才培养方案等许多问题，并通过导师间的交流与探讨进一步明确了下一步努力的方向。面对当前飞速发展的行业需求和激烈竞争的市场，必须深化教学改革，及时调整培养方案、课程体系、教学模式等。具体应体现在以下几方面。

1）在设计教育思想方面

虽然我们的艺术教育教学对艺术与科学素养培育的整体性和设计程序的艺术思维的主导性有较好的重视与体现，但传统文化的传承在学习中的主体性，以及课程教学的实践性与开放性方面则体现不够，没有在课程里纵向贯穿，缺乏系统性。因此，在今后实践教学的开放性方面，我们应更加注重实效。

2）在人才培养的知识领域方面

在设计思维方法、设计工程与技术及设计表现等方面需要下更多的工夫，这类课程的比重较大，而设计历史与文化、艺术审美与素养以及设计经济与管理等方面的课程则比重较小，尤其是对学生人文素养的培育重视

程度不够，学生的审美观的培养还没有做到位。

3）在教学内容与方法方面

在教学内容方面，在大学四年有限的时间里，应弱化技能与技法训练的比重，强化针对问题的思考和方法的训练，由注重空间装饰向以改善环境空间的品质为导向，由注重技能向注重方法与过程改变。教学方法则应注重过程的训练，强调认知过程，由被动接受转变为教学互动自主成长的过程。

4）在课程体系与教学模式方面

将打破过去注重技能型的拼合式课程体系，避免单项课程的罗列，追求连贯性，建立起教授空间本质，对空间深层面多角度思维与认知的研究性课程体系，教学模式由被动接受向互动式、开放式转变。

四、结论

由此可见，“四校四导师”项目不但是一个创新毕业设计实践教学模式的典范，也是中国高等院校设计教育教学研究和深化教学改革的平台，将为中国的环境设计教育的发展发挥引领和助推作用。通过“四校四导师”毕业设计实践教学项目以点带面的带动辐射作用，创新实践教学模式，引领设计教育发展，实现校企对接协同育人，必将会带动高校设计教育的深入改革，对提高中国环境设计教育的发展起到积极的助推作用。

设计·教育·个性

Design·Education·Personality

吉林艺术学院　刘岩副教授

Jilin University of Arts, Prof. Liu Yan

摘要：通过“四校四导师”综合艺术院校的设计实践教学加强艺术设计与实践环节的教学改革，培养具有想象力、创造力及适应社会能力的创新人才。通过相关的设计课题或对实践环节的新认识，进行教学研究，并将研究成果最终转化为社会成果。通过教学研究，可使学院在产学研合作教育方面取得一定的成功经验 。“四校四导师”实践教学在观念认知上、组织形式上、教学模式上的前瞻性、创新性 、公益性得到了国内外广大设计机构、企业等各行业设计界的广泛认可和高度信任。为中国高等院校设计教育实践教学提供了有价值的科学案例，实现了各高等院校间无界限交叉实践教学。在环境艺术设计教育观念中加强实践教育认识，强调其重要作用，其实是一种环境艺术设计教育观念的变革。

关键词：实践教育，创新，人才培养

Abstract：To strengthening Teaching Reform and Practice of Art and Design and to cultivate innovative talents who have imagination，creativity ability to adapt to society by the “4&4” Practical Teaching project. Through the relevant design issues or to new understanding of practice，Through the relevant design issues or to practice new understanding. To carry out teaching and research，and make the research into social outcomes. Through teaching and research，make college havesome successful experience in education and research cooperation. “4&4” workshop practical teaching project in the concept of cognitive，organizational forms，teaching mode have prospective，innovative，nonprofit. It has been widely and highly recognized and has gotten trust by domestic and international design institutions，enterprises and the design industry. It provided a valuable scientific case for the Chinese universities’ design education practice teaching. It achieved practice teaching between the various universities without boundaries. In fact，this is an innovation of environmental art and design education idea. Becaues it has strengthened practice education awareness in environmental art design education and has emphasized its important role.

Keywords：Practical Education，Innovation，Talent Training

一、“四校四导师”环境设计本科毕业设计实践教学模式

“四校四导师”环境设计本科毕业设计实验教学课题是中国高等院校提倡实验教学、贯彻落实教育部培养卓越人才计划，改变过去单一知识型培养方针、向知识与实践并存型人才培养战略迈进的第一步，目的是为中国设计教育培养高质量合格人才。2009年中央美术学院王铁教授、清华大学美术学院张月教授、天津美术学院彭军教授创立3+1名校教授实验教学模式。七年来，“四校四导师”活动已经成为中国设计教育界最具影响力的品牌活动之一，受到业界越来越多的关注，每年出版的专集更被誉为“中国设计教育的白皮书”。课题由社会实践导师出题、学生在导师组共同指导下独立完成毕业设计作品，建立无界限交叉指导环境设计本科毕业生，完成设计教学实践项目。笔者参加了三次（2013、2014、2015年）实践教学，目睹了其教学规模的发展壮大，同时致使环境设计这一朝阳行业解决了高校毕业生毕业设计指导方向的问题，一并给在校学生解决了就业的问题。在这里笔者试图对本课题的环境艺术教育情况进行管中窥豹，作出一些调查研究反思，并提出一些个人的见解，错与对仅供参考。

二、高等艺术院校环境设计本科毕业设计教学现状

环境艺术设计是一个市场指向性很强的学科，它的实用性是非常明确的。随着中国国力的不断增强，国人对美的追求日益强烈，不仅仅是对自身的美，更有对自己所处环境的美的强烈追求。高档、时尚的建筑，美观大方的室内环境，气派而自然的公共环境，对不同空间的美的追求都呼唤着一个专业的迅速独立，这就是环境艺术设计专业。从环境艺术设计教学的现状来看，由于不同院校教学水平的不同，设置于不同的学科背景之下，其教学水平和教学方法也存在着很大的差异。基于“四校四导师”教学实践课题上反映出的教学问题总结以下几点。

1. 毕业设计形成表演化、模式化形式，缺少个性化

我们已经踏入了数字化时代，社会向设计界提出了个性的要求，我们必须在教学思想上和教学模式上作出反应。该课题对设计教育跨院校、跨地域、跨国界的指导交流，要在属于自己的文化语境中产生动力，要在跨文化的比较中给自己定位，世界一体化使得世界各国是越来越相似，我们学生的设计模式也是越来越趋向标准化模式，这是很可怕的事情。设计者要学会识别主导力量，同时要坚持对本土文化的动态研究，让中国的设计教育落到实处，坚持各种不同设计文化的不断冲撞、磨合和融合以实现中国设计教育的国际化和现代化，更要强调个性化。那么怎么体现个性化，这里总结两个重点。

1）设计中提出新的人物关系

设计师在设计中经常提及的话题就是在“以人为本”、“自然为本”的思想下进行环境艺术设计，就是对人类的这个生存空间进行的设计。人类在适应和改造自然的过程中，逐渐将自己的本质力量渗透到自然领域，创造出符合人类意志的人工环境。所以，环境艺术设计产生最初的主要目的就是代表人类的愿望，通过改善人类与环境的关系使人类有尊严地、优雅地活着，这就是设计提倡“以人为本”设计思想的体现。环境艺术设计无论是从造型、材料、制造工艺、可用性、环保和价格、质量等诸多方面都要把人的需要放在第一位来进行设计活动，这是设计界亘古不变的永恒话题。

2）设计中寻找新的设计概念，强调设计角度、设计方法多样性

设计师认识世界必须使用任何思想、任何手段、任何方法，实际上在设计发展的所有阶段都应该坚持和维护的一个原则——适者生存，这一点就是俗话所讲不管黑猫白猫能抓住耗子的就是好猫。设计主张视角多元性、多面性。设计对现实世界的阐述不应该是一元的、单角度的，而应该是多元性的、多向性的、多视角的表现。在艺术设计中同一题材可以用相反方向的方式处理，也可以用不同于这两个之间的一切中间方式来处理。设计师由于种族、民族，气质、教育、文化差异等不同在同一事务上感受到的印象也有差别。设计者根据自己独特的视角，从中找出一个鲜明的特征来使设计形成属于自己的独特方式 ，这种观念一旦在作品中表现出来，就是属于自己的特有创新原作。

2. 数字化信息时代对学生时期的设计者负面影响多

随着工业化进程的不断深入，设计师对自然改造的能力，已经“强大到能够改变主宰生态圈的自然过程的程度”，由此引发了一系列的环境问题，现代环境艺术设计的设计者也正对这一问题进行反思、研究和探讨。任何一门学科都要经历由萌芽到精进的过程，都会随着经济的发展，理论的不断深入探索而逐渐完善。环境艺术设计这门学科也不例外，也要经历同样的过程。学习阶段的设计者们在这个信息狂风乱灌的时代，模仿式的学习既有利也有弊，要摈弃存在主义思想，以有甄别性的、批判性的目光识别与接纳既有的设计思想和作品。始终专注于一个原则——设计要有创新原则，要创新设计首先要发现设计问题，发现问题是一个专业设计师的一种职业思维习惯，时时留心，处处注意设计产生的问题，才可能创造出新的设计创意。发现问题需要有明确的设计思想、设计目的、感知认知的能力，看似简单但却是设计的关键所在，实施很难。对感知熟知的事物我

们发现问题容易，对于全新的设计任务就要进行全面深入的了解，了解设计本质的关键问题从而发现设计，通过设计解决问题，解决问题才能最终完成设计——这个过程是线性思维过程。

设计必须创新，设计专业要求学生能够进行大量的创新，创造与创新就是设计师自我人格形态的行为映射，不断地创造或者构建自己的人生的学习型人格，可以以最宽容开放的胸怀海纳百川，最终形成自我完善。

3. 高等院校专业教育多于美学哲思教育

环境艺术设计是一个跨专业跨学科的边缘学科，因此其涉及面广。这就决定了我们必须在教学方式建设上，以多种方法进行立体研究，设置面要宽。专业知识面宽，看东西多，善于从大系统上去把握一些现象，创造性就会增强。绝对的模仿不会产生最美的设计，美学与哲学思维教育更是普遍缺乏的教育内容，“美”是设计者们执着追求的永恒话题。创新和创造就是设计师通过认知过程“个人知识”统合与所认知的对象，换句话说认知是建构，理解就是创新，设计就是经济创新、制度创新、教育创新、文化创新等创新浪潮共振的结果。根据环境艺术设计这种高等综合性跨学科的特点，相应的本专业学生在学习的过程中就要做到触类旁通，要求本专业所培养的人才也要具有广博的知识面和扎实的专业基础，这样才有利于扩大学生的就业面。

4. 高等院校设计教育师资力量的不等

自从20世纪80年代以来，环境艺术设计就在我国日益完善的市场经济的大背景下蓬勃发展起来。但是也正是因为这个专业、这个学科发展得如此迅速，导致此专业的发展状况在不同地区良莠不齐，好坏参半。由于缺少一定的时间来沉淀、总结办学和教育的发展优缺点和经验教训，目前我国的环境设计专业并不乐观，有一些院校并不具备开设此学科的条件，而另外一些院校则缺少必要的师资力量，最重要的是现在的环境艺术设计界缺少科学、合理、行之有效的教学方法和教学理念，缺少个性化的教学思想。这都是值得我们教育工作者深深思索的地方。

三、设计表现“图像语言”表达的重要性

人类的生存空间在不断拓展，环境艺术的设计表现方式更是多种多样，因人而异。由此可见，不同的设计者都会有不同的设计表现形式。设计表现形式的教育就变得至关重要，这就需要设计师树立正确的艺术设计表现观念并掌握科学的艺术设计表现方法。

艺术设计“图像语言”具全人类约定俗成的视觉通识特性。不同地域、不同民族、不同国家的人们，都可以从图像中得到相同的理解而可以完全没有文字的羁绊。例如公共厕所的男女标识，医疗机构的红十字等，这些简单的图案或者抽象符号所表达的意思是每一个地球人都知道的含义。再通俗一点来说，“图像语言”远远胜过了文字。“图像语言”具有叙述性、视觉识别的符号性、直观的形象性和形象的象征性等特征。而它之所以会成为最直接的视觉语言，是因为它还可以拆分为图像的综合材料语言、图像的空间语言、图像的色彩语言、图像的造型语言以及图像的肌理语言，这些都可以认为是图像语言的不同表现方式。同时，“图像语言”还包括散点透视图像、平面图像、连续图像、虚拟图像、立体图像、焦点透视图像和写实图像等不同的表现方式，而每种不同的表现方式都有着自己独特的表现语言，可以准确而独特地把设计者所要表达的意思很好地传达给广大受众。

“图像语言”超越文字成为全人类通识语言的最突出特点是它的直观性与形象性。还有什么比事物的形象本身更能表现这个事物的特点呢？而与这种形象性紧密相连的就是它的趣味性与灵活性，打破了文字枯燥的符号概念，更具体，更形象，也更鲜活，非常有利于艺术的视觉表达。图像的直观性是其他的语言、媒介、手段、方法所无法替代的。设计师进行设计表达的时候要深刻理解“图像语言”的现实意义，为自己的设计服务。

四、个体封闭思维妨碍设计创新思维

新的世界早已不是驾着牛车游说的时代了，这是个任何行为都不能摆脱的全球化语境的时代，经济、政治、文化领域的全球化的整合与分化影响着我们这一代的生存。环境艺术设计教育与研究也是全球化的形态的一员，从而努力使中国设计教育与实践成为与国际环境艺术教育紧密相连的一部分。

五、“四校四导师”——设计教育培养创新人才计划的航母

设计是要被大众需求且与生活文化密切相关的思维活动，为达到目的中国的设计师迫切需要研究现代设计的思维方法和技术问题。城市规划、建筑设计、室内设计、园林设计等各个领域的专家、设计师致力于艺术设计的发展，让当今社会发生了剧烈的变化，在人们享受便利的同时自身的生存环境也同样受到了威胁，私人庭院和高速公路等公共场所都在呼唤一种和谐一致的视觉感受。从中我们不难看出，设计师们早就已经发觉环境设计的概念绝对不会只局限在保护环境那么简单，而是意识到了美观的重要性。环境艺术设计和其他设计学科一样，“它的定位、方向、特点、优势、瓶颈、盲区、作为和理由是需要随着时代的发展不断界定、不断调整、不断梳理、不断寻求、不断思索的问题。”“四校四导师”正是为了寻求一个相对稳定的专业教学方法，将为不规范的专业教学提供参考示范，建立一个相对稳定的专业反馈方法，将从方法论的角度反馈市场和教学效果信息，这将为教学向市场提供合格的专业人才提供保证。这也是本文写作的起由和价值所在。

六、结束语

学校不能给学生提供面向未来的知识，专业教育中以激发能力为主，培养学生自主学习的能力是我们教育的最终目标，发展就是必须保持传统的连续性的开拓创新，当然，是试探也是与同行商榷。

“四校四导师”实验教学团队集群发展的态势及动力机制

Dynamic Mechanism and Collectivized Development Trend of the Experimental Teaching Team of China University Union “Four-Four” Workshop Group

山东师范大学　段邦毅教授

Shandong Normal University, Prof. Duan Bangyi

摘要：“四校四导师”实验教学活动在中国当下高等教育实验性教学模式中，是一个顶好的创举，其现实意义和先进教学理念与方法包含了当代环境设计专业实践教学及本专业卓越人才培养的全部内容。至2015 年已成功举办了七届，培养的近300 名本科生、研究生均成为本专业的优质人才。同时实现了高校设计教育与知名企业建立资源共享和共同培养卓越人才的成功尝试。本文旨在从理论层面论述“四校四导师”实验教学团队协同创新的先进性、当代性和国际性，进而以更崭新饱满的姿态再创实验性教学模式的新高度。

关键词：四校四导师，实验教学活动，协同创新，团队集群发展，动力机制

Abstract: Right now, in the experimental teaching pattern of higher education in China, the experimental teaching activity of China University Union “Four–Four” Workshop Group is perfect pioneering work. The practical teaching and the excellent talent training of Contemporary environmental design are included in the advanced teaching philosophy and methods. By 2015, it has been held successfully for seven times, and more than 300 cultivated undergraduate and postgraduate become super human resources in this major. Mean while, the attempt of resource sharing and training excellent talent come true, which the higher designing education and the well–known corporation establish jointly. The thesis discusses the advancement, the contemporary and the internationalism of collaborative innovation of China University Union “Four–Four” Workshop Group form theoretical level. And then the activity will create new record of the experimental teaching pattern through the full and new attitude.

Keywords: China University Union “Four–Four” Workshop Group, Experimental Teaching Activity, Collaborative Innovation, Cluster Development of Team, Dynamic Mechanism

引言

2008年年底时任中央美术学院建筑学院副院长、第五工作室主任王铁教授、清华大学美术学院环艺系主任张月教授、天津美术学院设计学院副院长彭军教授，三位教育专家在一起面对当下专业教学中存在的单一知识型教学及诸多亟待解决的卓越人才培养问题，深入讨论后一拍即合：协同创新，以教学团队方式，探索高校环境设计学科毕业设计实践教学新的理念与方法，改变过去单一知识型教学模式，迈向知识与实践并存型人才培养模式。第一步先尝试把毕业设计中选自己为指导教师的学生集合在一起，打破院校间的知识壁垒，实行教授治学的教学理念，当时还有北方工业大学作为基础院校共同创立了3+1 名校教授实验教学模式，即今天在教育界和行业内亲称的“四校四导师”实验教学模式。至2015 年课题组为深化教学活动，在参加院校组织上制定了由四所核心院校、四所基础院校、四所知名院校组成的“4+4+4”组织教学模式，同时为拓展国际化教学模式进程，又吸收了两所国际著名设计大学参加，搭建了更宽阔的国际无障碍教学平台，从根本上解决当下教学中知识单一性和人才培养中的诸多弊端。同时一支精悍的国际教学团队也构建起来，再加上参与的各高校本身教学团队，自然形成了一个团队的集群式实验教学发展态势。

一、关于“团队”、“集群”的内涵在“四校四导师”实验教学团队中的彰显

“四校四导师”实验教学团队的构建创始人王铁教授、张月教授、彭军教授是在国家亟待解决一系列问题的大背景下率先以教授团队模式进行实验性教学的，三位教授的宏伟大略和坚强执行力与古今、与中外也是必然和与时俱进的，更是追求真理的写照，与历代先民们更有异曲同工之妙；东汉末年有桃园三结义美德：当年刘备、关羽、张飞三位仁人志士举酒结义、对天盟誓要干一番大事业，三位英雄征战多年，终成魏、蜀、吴三国鼎立之势，同时也实现了有价值的美好人生。在中国经典神话故事里又有我们常传诵的唐僧团队，这个团队最大的长处就是互补性，他们有既定目标，有坚定的意志，这个团队应是非常成功的团队，虽历经九九八十一难，但依然前行不退，最后修成了正果。当代的阿里巴巴总裁马云就是引申了唐僧团队的含义，认为一个理想的团队应有四种品质：德者、能者、智者、劳者。德者领导团队，能者攻克难关，智者出谋划策，劳者执行有力。马云团队创造了一代神话。领导中国人民成立了共和国的中国共产党，在1921年7月，当时13 位来自全国各地的中青年，怀抱伟大的共产主义理想聚集一起，从组织形式上说，也是一个团队方式，94 年过去了，由起初全国党员40余人变成为今天的八千五百万人之多了。同样，我们“四校四导师”实验教学团队，在课题组长王铁教授、张月教授、彭军教授带领下，七年来克服困难勇往直前，一路走来，取得了今天的累累硕果和辉煌。

以上论述只是证明“四校四导师”实验教学团队不是即时产生的，而是在中国高等教育进行全面改革的具体情况和具体条件下创建的，是历史的必然。面对历史、面对今天、面向未来、面对中国、面对世界，更具无限的探索生命力和研究发展的巨大空间。

二、“四校四导师”实验教学团队集群发展的动力机制

（一）内部动力机制

1. 全面构建“实验性”教学的周到性，获得最佳教学效果

在组织教学上打破院校之间原有不同的知识壁垒，实行教授治学、责任导师全面负责、全国一线设计名师悉心执教、指导老师共同指导，名校、名企、名师融为一体的严谨踏实的教学机制。学生在这一多层面的学习平台里接受的知识清晰、丰富。学校的概念学习与社会实际项目设计结合密切，知识的立体性、多元性其受益、受量是最大化的。

在教学过程的设计方面，每一届毕业设计实验教学均分几个阶段，即毕业设计开题和终期汇报均在两所著名大学，清华美术学院和中央美术学院，两所名校每次均给师生一个浓郁的高层次学术氛围和深度感染，中间作业汇报分别在两至三个基础院校或支撑院校进行。几年来的实践或在深厚的江南文化重镇苏州大学，或在儒家文化的圣地和泉水之城济南山东师范大学，或在美丽的海滨城市青岛理工大学，或在恢宏辽阔的大草原包头内蒙古科技大学，或在美丽的“异国情调”南宁广西艺术学院……师生们每到一个新院校汇报都被这一地区特有的文化魅力和情怀所感染并熏陶着，更丰富滋养着学子们的文化素养，更令师生们学习和感动的是，每到一所课题组所在大学都要与这一地区名企对接，参观厂区、观摩学习室内外环境空间设计和施工工艺，观赏、学习、研究设计院的实践项目的设计深度。

在教学理念上，倡导甚至指令性要求空间创意设计严格与空间功能、工程建造技术融为一体，即重技术—艺术—审美的有机整体把握。改变了学校书本的单一知识型状态，迅速向生动的实践并存型迈进，最大化地调动了学生的原创力和作业完成的周密性、细致性。在毕业设计选题方面，严格按课题组设计规定的项目进行，这样缩小选题差异性，作业评价时有可比性、公平性，也容易促使每个学生“八仙过海、各显其能”地进行激情创意和高理性的建造技术把握。

2. 充分彰显了教学上的“差异性”和“互补性”特点

每个参加院校的团队都来自不同的大学，其各自大学办学特点的区域性文化差异，以及原学校导师的个人情况以及种种不同，充分显现了各校各自解决问题的方式、追求差异很大，从而也形成了艺术设计的不同风貌。如中央美院和清华大学的学生思维敏捷、创意新颖，对任务书解读准确、有深度，理性思维和创意灵感自然融合，形式美感强，平立面空间分析细致周密；天津美术学院的学生，设计思路清晰，一切围绕解决空间中的各种实际问题去思考构想，空间形态造型大气，环境的场所精神鲜明、集中；苏州大学的学生对江南特有的文化气息营造浓郁、构思巧妙，空间意境有深度；青岛理工大学的学生，思路开阔，富于激情和诗意畅想；佩奇大学的学生展示出高理性的务实观念，对功能富于创意，空间的构建性、尺度的准确性很强，中国学生表现在这一方面的差距甚大，深感不足，应尽快跟上；四川美术学院、广西艺术学院、吉林艺术学院的学生思维独特，给人留下了深刻的印象；理工科院校：内蒙古科技大学、山东建筑大学、吉林建筑大学、沈阳建筑大学等院校表现为思维缜密，条理清晰，理性思维与设计灵感自然融合，总之，各校在展示其教学理念与风采中更明确了各自教学的目标和特色定位，同时各院校也看清楚了自身因存在固有的不合理和落后的教学理念与方法带来的诸多问题和不足，师生们正是在这种交流碰撞、嬗变中而迅速调整、互补，因此在这个交流过程中，各校学生的创新能力和实践应用能力均迅速得到了最大化促进和提高。

3. 搭建了高校与知名企业之间的资源共享平台

“四校四导师”毕业设计实验教学中能够引进国内一线著名设计师担当实践导师，一流名企鼎力相助，这在当下本专业教学模式中其实践导师团规模之大、精英层面之高应是一个创举，这里有两个重要环节：环节一，实践导师在具体指导每一位学生的项目设计时，始终站在实际项目建造的角度，市场的角度，让他们从本质上明白怎样与以上实际对接，用实战经验教导每一位学生，有时实践导师的话语过于尖锐或“苛刻”，但他们一番苦心是在带领这些莘莘学子迈进社会之“门”，领进每一个项目最本质之核心之门。环节二，学生经过几个月、几年的一番学习总要毕业进入社会，实验教学课题组设计了每到一汇报城市都带领全体师生到本地名企交流参观，与企业人力资源部密切对接，如全国名企苏州金螳螂建筑装饰股份有限公司、北京清尚环艺建筑设计院、北京港源建筑装饰有限公司设计院、深圳广田建筑装饰有限公司、青岛德才装饰有限公司、山东福缘来装饰有限公司等名企人力资源部每次都与师生们盛情对接，谆谆教导。细致地给学生们讲解企业成功经营理念，年轻人的事业发展路径、方向，同时，最终名企也找到了“如意郎君”，招聘到了合适的人才。“四校四导师”培养的优秀人才分流到国内外名校名企继续学习、工作的一批接一批——这是一个多赢的舞台。正如中国当代建筑环境设计行业领军人、本课题组实践责任导师组组长吴晞教授在第五届“四校四导师”实验教学课题结项颁奖典礼上充分肯定的：“四校四导师”这个由名校教授主导、行业协会专家和名企一流设计师作实践指导、有相关媒体跟踪支持、相关企业大力资助的开放式办学模式，在全国设计类高校是个创举。它像一条纽带，把兄弟院校连接起来；它像一次检阅，把11所高校的教学成果集中展示；它像一个舞台，让导师和学生与企业同台演出；它像一个论坛，让志同道合的人聚在一起。

4. “四校四导师”实验教学导师团队的当代人文精神

作为导师组织结构，实验教学课题组对导师团队每一位教师的选择参与应是极其严格和睿智的，聚集起来的每位成员都是优秀的。首先，从3+1 院校核心旗手人说起：组长王铁教授，从当年知青到军人、建筑设计师、考入当年中国培养设计师摇篮的院校中央工艺美术学院，毕业留校任教；东渡扶桑留学，取得硕士学位后在日本国设计事务所担任设计主管，后接受国家聘用于中国最高艺术殿堂中央美术学院任教授，同时兼任中国行业最高机构中国建筑装饰协会设计委员会主任，近半个世纪以来，是一直在教育教学、学术、项目设计前沿滚爬擒拿的坚强践行者，对当代中国高等教育改革全身心投入，不惜一切培养卓越人才的雄心大略，更奠定了他“不到长城非好汉”的英雄本色和辉煌的人生追求。张月教授和王铁教授系同班，均是培养中国一代设计师、设计教育家的摇篮原中央工艺美术学院培养起来的，是培养国际一流人才的清华美院环艺设计专业领军人。彭军教授是身经百战于天津美术学院设计领域的一员老将，治学严谨、踏实、系统高端，其师德和学科研究成就均为八大美院之优秀。王琼教授肩负着双重大任，既是苏州大学金螳螂建筑与城市环境学院教授、硕导，又是在建筑装饰界业内创造传奇业绩的苏州金螳螂装饰股份有限公司设计总监，他思维缜密的项目设计要求和宽阔的理论研究视野使其成为四校四导师强有力的一尊台柱。作为实践责任导师的领军人吴晞教授从中央工艺美术学院教师到清华大学清尚公司董事长，吴老师是深掘校企优势在中国艺术设计大地上撑起产学研一片天的一面旗帜人，他带领的设计团队为当代中国树立了一个个工程项目经典，他又高瞻远瞩，是国家本行业的正确导航，有这位德高望重的老学者担当四校四导师实验教学课题责任导师组长，其高度是不言而喻的。其他各位团队成员均是在一个地区、一个大学、一个名企的拔尖人才和领队人物，更是多年在教学前沿、学术前沿、项目设计前沿身经百战甚至鼓动一个地区漩涡的人。这么一个团队的人员集成，要立志把“四校四导师”实验教学做到更高更深层面，不论从理论上说还是实践上论均应不在话下。

更重要的是这一群拓荒者在诸位旗手的率领下是“不到长城非好汉”、“不见黄河心不死”的勇士。作为师德，“一切为了学生”是团队导师组每天近于呐喊的最强音，课题组的七载行程，在每年3 个月的毕业设计历程中，全体教师都是牺牲自己的周天假日并放弃许多个人名利双收的项目设计不辞劳苦进行的，为学生筹集全部活动资金、策划每一个程序环节、从学校教育到给用人单位推荐学生就业都做得仔细周到。“四校四导师”实验教学团队在“一切为了学生”这一人文精神和师德方面作出了典范。

（二）外部动力机制

1. 得到了最高行业的支持

“四校四导师”实验教学活动进行七年来一直受到社会各界、相关高校、著名企业、新闻出版界等部门的关注、支持，特别得到了行业最高管理机构，中国建筑装饰协会的热切关注和鼎力支持。协会于2015 年下发中装协[2015]5 号文件给予课题立项。会长李秉仁先生百忙之中还去开题汇报会和颁奖典礼上致辞鼓励，协会还委任协会秘书长刘晓一先生和设计委秘书长刘原先生作为课题督导，并一一委任各位导师做课题学术委员会主任和委员，这是政府和国家行业对课题组的极大鼓舞和鞭策。课题组还得到了A963 卓越人才平台计划和本行业最大网站中华室内设计网的大力支持。

2. 获得了本行业基金会的鼎力资助

中国当代一批最优秀杰出的设计大师胸怀大略、高瞻远瞩成立了“深圳市创想公益基金”，“四校四导师”课题组获得了创基金第一批300 万元捐助经费，按照课题组组长王铁教授的精打细算，每年用60万元，可以保证5 年的课题费用，这也是实验教学研究进行下去的一个根本性保障。

3. 与校企的双赢平台

通过七年历程已经搭建起了高校与知名企业、用人单位之间的资源共享平台，其状态意义前边已经充分论证过，这一平台是良性循环、生生不息的。

4. 国际化交流拓展、共同培养人才空间巨大

课题组相继与世界名校匈牙利佩奇大学和美国丹佛尔大都会州立大学共同实验教学课题，这是学科深化的又一有力象征。课题组长王铁教授被聘任为佩奇大学教授担任授课，加上今年四校四导师课题组6 名同学免试免费进入佩奇大学攻读硕士学位，这是实质性的深层国际合作和国际化的实质性拓展。从对以上“四校四导

师”实验教学团队集群发展的态势及动力机制的粗略分析论证得出，“四校四导师”实验教学不断向更深层、更系统、高尖端发展，是实验课题组责无旁贷的历史使命。当然，事物总是具体的、复杂的，随着不断深入诸多限制和瓶颈也不断出现，如团队本身各位导师的研究理念及相关知识的更新也是要日新月异的，尤其理论层面的成果还要加大深度；各校的艺术、文、理科立校有别，知识背景不一，如何强化这种不同类型、特色；如何尽快提升到国际化实验教学的层面，等等相关问题，已成为“四校四导师”相关教学团队期待明确解决的问题和下一步的研究方向。

2015创基金·四校四导师·实验教学课题

2015 Chuang Foundation·4&4 Workshop·Experiment Project

新闻发布会

时间：2015年3月21日上午

地点：清华大学美术学院学术报告厅

主题：2015创基金“四校四导师”实验教学课题开题答辩

课题国家：中国、匈牙利、美国

责任导师：王铁、张月、彭军、潘召南、巴林特、王琼、段邦毅、韩军、陈华新、齐伟民、谭大珂、冼宁、陈建国

创想公益基金及业界知名学者实践导师：林学明、姜峰、琚宾、梁建国

导师名单：钟山风、李飒、高颖、赵宇、王云童、王洁、孙迟、李荣智、玉潘亮、汤恒亮、马辉、金鑫、黄悦、阿基·波斯（Dr Ágnes Borsos）、诺亚斯（Dr János Gyergyák）、阿高什·胡特（Dr Ákos Hutter）、曹莉梅、刘岩、吕勤智、赵坚、王怀宇。

知名企业高管：吴晞、孟建国、石赟、裴文杰

行业协会督导：刘原、米姝玮

主持人：张月教授

主持人张月教授：

各位老师、各位同学、各位导师好！今天非常高兴，这次一共有12所院校的老师和同学，还有参与我们这个活动的重要的一些行业机构以及企业，还有媒体的朋友汇聚一堂，来到清华大学美术学院，举行我们2015年的创基金四校四导师实验教学活动。

今天一天的时间活动内容分两部分。上午前面有一个新闻发布，在新闻发布以后会安排一部分同学开题答辩。时间比较紧张，争取用一天时间把工作完成。上午安排10名同学进行开题工作，大部分同学在下午。争取在下午6点钟以前把所有工作完成。

今天是非常辛苦的一个过程，同学可能都是第一次参加，比较新鲜，但是各位老师都是久经沙场，参加过6次，所以过程每个老师都非常清楚，是非常辛苦的过程。之所以每位老师非常热心，热诚地积极地来参与活动，坚持了6年，是因为确实这个活动给我们每一位参与者，无论是为师者，还是学生都从里面获得了自己的需要，过程付出，看到不一样的想法。实验教学课题做了6年以后得到了积极反响。

今天是2015年这次活动开始，未来半年相当于长跑，要有一个持续时间进行活动。2015创基金“四校四导师”实践教学课题新闻发布会现在开始。先介绍今天到场的各位导师和参与的嘉宾：

中国建筑装饰协会设计委员会秘书长刘原先生；

清华大学校产副董事长北京清尚集团吴晞先生；

北京筑邦建筑装饰设计院的院长孟建国先生；

青岛德才建筑装饰学院的裴文杰先生；

金螳螂建筑设计院人事经理包学正先生。

答辩现场

还有很多重要媒体参与本次活动：

《家饰》杂志主编米姝玮；

中国建筑工业出版社代表杨晓女士。

因为我们所有参与的企业都非常热心于教学活动，他们当然希望从参加我们活动的学生里发现优秀人才，他们都带着自己的人事部门负责人来到我们现场，我们每位同学在活动中的表现会经过他们检验，最后可能会有同学有机会到他们的企业工作。

下面请“四校四导师”学术委员会主任王铁教授回顾介绍一下“四校四导师”实践教学课题的发展，以及今年活动的一个特别的情况。我们争取到中国在设计创意领域里第一个非常重要的基金——创基金，他们非常关心我们这个活动。经过王老师努力，我们获得创基金的支持。下面请王老师作介绍。

王铁教授：

非常高兴刚才张老师把全天的内容讲完了，时间很紧张，任务比较重。我们能有这次机会，尤其是在座的各位同学，大家能进入到这个课题组，是与我们全体导师的努力分不开的，实际我们每一天的努力都是在为我们热爱的教育、为我们的职业而工作。同学们，你们的努力就是我们的加油站。下面通过一个短片大家可以看一下，我们7年努力的成果。实验教学课题如一个7岁的孩子马上要上小学了，这个课题将来要上中学、大学、硕士、博士，课题组导师还要走很漫长的路，就是“坚持”。我希望通过这个课题能给兄弟院校带来一些正面的能量。因为我们从单体的几个人逐渐发展到今天，感动很多人，感谢创基金会的加入。确实我们在教学探讨中达到了一个高度，完成了一段规划。特别是中国设计企业有一些志愿者愿意把资金捐助在教育事业上，更重要的是这些企业一直支持我们。无论从任何一个角度讲，我们大家都要记住他们。在学会领导下企业和院

答辩现场，左起：裴文杰，齐伟民，彭军，金鑫，黄悦，段邦毅，陈华新

校才成就了我们今天的成绩。

目前实验教学课题已经在国内外有一定的影响了，所以从今天颁奖典礼的主题墙上可以看到——中国、匈牙利、美国。这是走向国际化的标志，我希望今后大家更加珍惜“四校四导师”实验教学课题。接下来给我们一起回忆一下“四校四导师”（视频）。

大家从中可以看到，我们从最早的几个人开始到走向国际化，每一个镜头都能代表我们的心血，在座的导师更有感慨。尤其我们责任导师团队，我们之间确实像亲兄弟姐妹一样相处，在中国改革开放发展30年里，我们能有这么多有志老师为教育而贡献，有这么多社会名企、名人参与，他们把自己的精力、财力给了我们课题组，我现在代表课题组向行业协会和名企名人，给他们鞠一躬，表示衷心的感谢！

课题组成员我们一行7人去了匈牙利，在佩奇大学——在欧洲排第七名的大学进行实验课题交流，过一会儿请金鑫博士介绍佩奇大学，观赏相关视频。

同学们，我们这次在匈牙利与佩奇大学签订了一个合作协议，大家可以看到这个合作协议。我们院校之间在今后5年里将为中国送出45名硕士研究生留学，这是多么好的一件事情，解决了很多家庭的问题和负担。特别要说明的是有3名是全额免除学费的。希望大家认真对待，尤其是下面每个人的开题答辩，要展现每个学生你们的魅力。你有天大本事要讲出来，要面对所有的导师，不管是哪个角度人群，展现你个人魅力是未来事业成功的基础。我们知道学习是为了下一步所用才有价值。看到这个视频，看到这些回忆，里面有我们在座学校的一些老师，他们真是投入了相当的精力，从我们这些导师头发的颜色变化，大家能看到努力，过去我们也曾年轻过，7年了，共同努力的成果面前希望大家珍惜。

看，镜头中的吴晞老师，他本身也是我的老师，七年来确实给过我们很大的支持和鼓励。孟建国筑邦研究院的负责人，还有名人名企金螳螂、青岛德才等设计企业，他们在中国相当有实力，过一会他们会把企业简单介绍给大家。课题组能有这么多人力、物力投入进来，我反复强调所有学生要珍惜，我们的成绩来之不易。创想基金会对实验教学课题要求很严，课题组必须严格把关，希望在未来5年里基金会和佩奇大学对接一下，共同完善课题。不远的将来，我相信12所院校中，每一所院校的老师都可以到佩奇去做访学。我们的目的是为教育作贡献，为我们热爱的事业。

大家可以看到这是去年，在我们这个教室里，每一幕的回忆就在眼前，画面当中的人年龄在逐渐往上增加，学生是一届届地出去，他们成为社会上有用的人才，这是感动每所院校导师、感动企业、感动基金会的喜讯，社会给我们这个机会。我们要珍惜、珍惜、再珍惜，努力、努力、再努力。此时大家应该能理解我所说的话的意义。如果做到这一点的话，课题将来可能要走向世界，有更多国家的院校参与，更多学生进入我们这个课题，更多基金会看上我们课题，会给我们更多投入。那样来讲，就能在世界设计教育中更进一步打破壁垒。打破国与国之间的界限，目前第一步是和匈牙利佩奇大学和美国丹佛尔州立大学合作，至少在明年我们又多一所院校，今年美国丹佛尔州立大学先跟我们走一下，适应一下整个课题的节奏。我们相信实验教学课题组是一个高质量的导师团队，可以引领中国设计教育进行探索，我们有各个学校的学科带头人作为核心，同时拥有中国50强前5强的名企业支持，我们有这么强的实力，加上中国顶级的行业协会——中国建筑装饰协会的支持，我们没有理由做不好。希望大家认真、认真、再认真，辛苦一点取得成绩是没有问题，人生就这样，一咬牙过去了，同拔河比赛一样坚持。这个视频片子结束了，从中大家在思考什么？相信其价值是“鼓励”，我发言到此结束。谢谢大家！

张月教授：

谢谢王老师！王老师刚才是用生动、激情有煽动性的语言描述了一下我们四校四导师活动的过去、现在和未来。我觉得基本是做了全面精确的描述。我想各位参加活动的老师听到王老师介绍，会对我们未来发展更有信心，会更投入，更愿意投入更多时间、精力来参与。每一位来参与我们活动的同学可以看到，参与我们这个活动我们有很多的可能性，有很多机会。自己愿意付出努力，我们可以通过一个平台寻找自己未来的发展空间和发展途径，这是非常好的机会。像王老师说的，我们在中国教育界去做一个新的尝试，为未来教育模式做我们自己的努力。我们先谢谢王老师的精彩发言。

我们这个活动刚才王老师说了，今年匈牙利佩奇大学在活动里给我们很多特殊的支持，具体情况我们有请佩奇大学的金鑫博士，代表佩奇大学跟我们各位介绍一下整个佩奇大学的情况还有他们在活动里的一些安排。

金鑫博士：

各位老师、各位企业领导、同学们上午好！我是来自匈牙利佩奇大学的指导老师，我叫金鑫。首先在昨天回国前受佩奇市长佳诺齐先生，佩奇大学校长、建筑工程学院院长巴林特教授副院长，以及全体师生委托，对上周到佩奇大学参加学术访问的领导致以诚挚的谢意，你们的到访对佩奇大学意义非凡，感谢你们四校四导师开题会议演讲，以及开题汇报对学生的指导，我们期待再次相遇，也期待中国高校领导到佩奇大学访问。

现在你们不仅仅是佩奇市客人，更是佩奇大学一员，我们为拥有你们这样优秀的企业家、卓越教育家能够作为佩奇大学客座教授而自豪，特别在今年春季典礼上，我们授予了第一位华人荣誉博士王铁教授，这是佩奇大学今年春天最大的收获。

我公布为2015年“四校四导师”提供保研机会的具体细则。

第一，候选人必须是参加2015年四校课题的中国籍学生，并确保在硕士入学前取得教育部认证的学士学位。第二，候选人必须得到四校课题组的推荐信，我们今年提供3名全额奖学金、6名免试的名额。获得免试学生应具有一定英语沟通能力，今年6月份，佩奇大学将在中央美术学院举行一个简单的面试，学生有机会阐述自己的毕业设计。作为佩奇大学的毕业生，对我们今年能够参加这次课题的同学们，实在是太羡慕你们了，希望你们珍惜这样的机会。

去年王老师说四校课题经过6年时间摸着石头过河，作为师姐有义务为师弟师妹在前进道路上当一颗小石子，铺好路，我尽最大努力，你们有任何问题可以随时联系我，一会儿可以找我单独联系下微信。

因为开题我们在佩奇已经举行过了，所以这次他们的学生不能来了。我们用两天时间赶制了一个小片子，我们的学生还有老师在短片里跟大家见一面。

（视频）

这是佩奇大学的校园，佩奇大学有10个学院，这是建筑学院，建筑学院的教室是老师自己设计的。这是开题活动现场。这是城市规划系负责人，这是副院长。这是今年参加四校的学生，两个男生、两个女生。

我们佩奇大学本硕连读5年，他们年龄和我们差不多。这是荣誉博士颁奖典礼，今年一共三位荣誉博士。

张月教授：

刚才金老师用她的介绍还有她的影片非常生动形象地把佩奇大学，还有佩奇大学和我们的合作情况作了介绍。前一段时间王老师和我们几位老师、刘原秘书长、彭老师一起去佩奇大学现场，亲身体验了一下教学氛围和他们一些老师和学生的教学状况，印象非常深刻。包括对整个匈牙利国家文化，包括大学教学理念都印象比较深刻。刚才作了介绍，这里我补充一点，佩奇大学有600多年历史，是一个非常古老的大学，可能我们这边不太了解，介绍不多，但是在欧洲综合大学排名第七，是非常优秀的学校，在设计方面是非常强的。谢谢金鑫老师介绍。

我们这次活动还有另外一个学校也来参与四校四导师活动，美国丹佛尔都市大学，之前我们也跟他们大学做过很多了解和交流互动。未来我们可能会和丹佛尔大学有更多更深入交流。今天有请丹佛尔大学的对外交流负责人黄悦女士上来介绍。

黄悦女士：

各位领导、各位同学、各位媒体，大家好，我是黄悦，在美国科罗拉多州国际交流部做项目经理。首先我先代表我们学校向这个课题组各位老师先说声谢谢，谢谢你们邀请我今年来参加课题。我们大学是在美国的中西部科罗拉多的首府，一年四季太阳特别好，一年360天阳光普照，我说希望把丹佛尔阳光带来，把雾霾吹散，希望以后有机会，课题老师带同学到我们那边看一下。

黄悦女士致辞

刚刚我听到王院长一路说到好几个感动，我真的觉得我是因为感动，被感动到这边来的。刚刚说到课题组7年像一个小孩，大家知道一个小孩从出生到7岁多不容易，同时我也觉得这里好多企业在里面关注着，现在是大家同心协力在一起，希望把这个项目做好。本身我们大学也是希望面向国际化，他非常支持这方面的国际交流。本身我们大学目前也在和印度包括非洲的学校都有国际交流，刚才金鑫老师介绍匈牙利佩奇大学，其实我们和他们已经有3年多的合作，他们有定期把他们老师送到我们学校做培训。刚才看金鑫老师放短片，我真的感觉到教育无国界，我们大家在一起变成一个大家庭，因为他们到我们那边培训，我和那些老师非常熟。

今天我们虽然说是说着不同的语言，但我们有共同的理念和社会责任感，是这些把我们联系到一起，我们都有着培养国际化的综合性的有独立思考能力和创造性人才的历史使命。今天特别高兴能够看到这7年来这个小孩不断成长，今年是我们大学第一次参加，我们愿意向这边的高等院校同行学习，这种有企业参与，和高等院校互相连接的模式，在美国已经比较成形，他们有一定的经验。希望我们也能够尽快融入这个国际团队国际大家庭中，也能够把我们一些固有经验带到国际团队当中，真正地希望这个课题能够走向国际化，希望为我们的学生创造一个较高的国际平台，能够让他们在一起互相学习、共同合作，并且不断提升自己的综合素质。

在此感谢大家，希望这次课题能够顺利进行。明年是我们大学50年校庆，和佩奇大学比我们比较年轻，希望课题组王院长带队，带上导师到我们那边考察一下，将来把我们作为桥梁，让中国学生到美国去，共享一个更好的平台。谢谢大家！

张月教授：

谢谢黄女士，虽然和黄女士接触的时间比较短，但能看到她有一个特别明显的优点——非常善于和别人保持良好沟通，很短时间我们对丹佛尔大学就有了比较全面的了解。非常好，在我们这个平台可以看出，因为我们活动本身的高质量，所以吸引越来越多的学校和院校来参与活动。现在我们逐渐开始走向国际，吸引国外院校来参与，这是一个非常好的发展势头。我们希望未来和丹佛尔大学有更多实质性的合作，我们这些同学有更多的渠道、更多途径跟更广阔的教育机构参与交流，这是非常好的发展趋势，再次感谢黄悦女士。

今天来参与我们活动的不光是中外的院校机构、教育机构的老师，还有一直支持我们，一直给我们活动大力支持的从精神、从行业的指导，以及企业的实质性的支持，包括还有各个方面的媒体宣传。下面有请这些为我们活动作出非常出色贡献、支持我们活动的行业领导给我们大家作一个简单致辞。首先有请刘原先生致辞。大家欢迎！

刘原先生致辞

刘原秘书长：

谢谢大家来参与这个活动，由王铁教授、张月教授和彭军教授发起的四校四导师活动走过6年，为我们整个装饰行业培养很多优秀人才，我们非常感激。中国建筑装饰协会是一个社团组织，绝大部分的优秀企业只要是在市场上非常活跃的企业都是我们的会员单位，这样的话也为我们参与这个活动的学生提供了更广阔的就业机会。从历年活动情况看，基本我们参与这个活动的学生都是100%的就业。

我们希望通过国际交流提高我们的学生水平，今天金老师介绍了佩奇大学，是一个有悠久传统历史的院校，这个学校的校风非常好，很期待我们在座的学生取得好成绩，有机会到这种学校感受古老校风和学习的机会。

中国建筑装饰设计委员会对这个活动一直很关注支持，我们很希望这个活动做得越来越好，越来越长久，给我们这个行业提供更多的优秀人才，在此非常感谢各位参与活动的老师和我们的学生，还有我们的企业家和媒体朋友们，谢谢大家！

张月教授：

我们活动从一开始就得到了很多支持，因为中国装饰协会在我们中国建筑装饰设计，包括室内设计领域都是处于领导地位，对行业发展，包括人才培养都是非常具有指导性的机构，所以对我们活动的发展起了非常大的促进作用，我们非常感谢刘原秘书长。下面有请清华大学校长集团副董事长，清尚设计研究院的吴晞先生致辞。

吴晞先生：

尊敬的刘原秘书长、尊敬的王铁教授、张月教授、彭军教授，作为来自学校更是来自企业的人，能在这样的场合说几句话很高兴。今年是第七届我们共同注意到“四校四导师”这个活动，所谓“四校四导师”的活动是一个舞台，12所学校20余位教授，包括社会专家，共同指导我们毕业班的同学，这是件非常有意义的事。我们实践证明这个活动有巨大生命力，而且成为中国设计类高校这种办学模式的一个品牌教育活动，意义非常大。从弱小到具有影响力，走过了7年是一件非常不容易的事。我们这次的特点是更加具有国际性和开放性，欧洲和北美大学专家来参与活动，更有影响力和现实意义。祝贺本届四校四导师活动能够顺利举办。

吴晞先生致辞

作为企业来参加这个活动，当然是为了获取人才，我们从这个活动中获取的人才在我们设计院工作得非常出色。我们到这来和大家认识当然不仅是为了获取人才，更重要的是通过我们的努力促进产、学、研结合。刚才前面两位老师讲了，我们希望推动事业发展，我们还有社会公益心既来培养人才又推动发展。谢谢组委会，谢谢老师谢谢大家！

张月教授：

谢谢吴晞老师，吴老师其实是清华美院的教师，后来因为工作需要调到清尚。他是老师，也是接受我们人才的企业，可能看问题结合双方特点，看得更准确一些。这么多年，清尚研究院一直在推动大学人才培养，学院很多活动清尚集团都非常支持，这点他们企业作了非常突出的表率，感谢吴老师对我们的支持。下面有请在我们行业内非常好的合作伙伴，北京筑邦建筑装饰设计院的院长孟建国先生，他是我们活动一贯的支持者。

孟建国先生：

各位老师各位同学上午好，非常荣幸也非常高兴参加这个活动，实际也是非常感动，刚才听王铁教授的介绍，真的非常感动。其实创基金实际刚成立，是10位在中国非常著名的设计大师成立的创基金，这个活动得到第一次基金赞助，我觉得应该算是创基金的历史开篇，这个意义非常大。

孟建国先生致辞

我参加过好多活动，比如“大师选助手”、“大师工作营”，稍微有点类似，我觉得这个活动比他们的好得多，因为这个活动第一打通了中国和国外一种学习的通路，学生应该感到非常荣幸；第二打通了学生和我们企业之间的道路，今后职业之路也就打通了，这是一个非常好的事情。我以后会全心全意去支持这个活动，也祝愿这个活动越办越好，争取70年、170年，谢谢大家！

张月教授：

创基金是非常重要的，但他们的领导都是提前很早安排活动的，实在没有办法，来不了，本来应该他们重量级到场。一会王老师介绍我们基金会的基本情况，全是业内重量级人物，孟老师也是重量级人物，活动能得到你们这些重量级人物认可，是对我们的努力和我们过去的工作成绩的肯定。

下面有请我们这个活动，也是非常重要的一个支持方，我们的企业单位——青岛德才装饰设计院院长裴文杰先生作致辞。

裴文杰先生致辞

裴文杰院长：

尊敬的各位领导、各位老师、在座各位学生，大家好！很荣幸再次参加四校四导师教学活动，之前参加过两次，非常感动。请允许我在此向四校四导师实验教学活动的发起人王铁教授、张月教授、彭军教授致以崇高的敬意，同时向各位老师表示深深的谢意。在这里衷心的祝愿本次活动圆满成功。

这次来，我肩负使命，第一是要取经，向各位老师学习；另外还肩负为企业物色人才的使命。我们德才装饰在山东青岛，业务涵盖全国各地，我们在全国有17个分公司，同时在英国伦敦注册成立公司。我们的业务也走向国际化，也做国际化的一些设计。

另外今天见到吴晞老师，第一句话是：我们合作成功。参加之前我还在扬州，参与扬州科技馆的一个1.3亿的工程，我们很荣幸能和清尚一起合作。我希望各位老师、学生有机会到我们企业作客，有机会到我们企业交流指导，我们一起合作。谢谢大家！

包学政先生致辞

张月教授：

谢谢裴院长，刚才介绍他们最近在英国成立了公司，把他们的空间扩展到国外，我想中国企业和中国教育未来发展方向都是要走向国际，把我们中国人的努力、中国人的能量扩展出更多空间。我们教育者和企业齐头并进推动中国事业发展。我们还有一个企业参与机构——金螳螂，有请他们的人事经理作一个精彩致辞。

包学政先生代表金螳螂致辞：

其实我是做人力资源的，可能跟各位行业老师比，还是浅了一些，但也是这个行业的从业者，受益于这个行业。感谢刘原秘书长、王院长，还有张月教授。从前面几届活动来讲，我们也是从这次四校四导师活动里面吸收了很多人才，这些人才在我们企业里持续发光发热。我看到这次活动现在有了匈牙利学校的伙伴，还有美国学校的一个伙伴，作为一个人力资源从业者，我感觉很新奇，我们室内设计正在走向新高度。我也是希望这次活动能够取得圆满成功，也希望有更多同学愿意到我们企业去参观学习，包括进入我们企业，真正推动整个装饰行业往更高的方向发展。谢谢！

张月教授：

金螳螂企业是我们这个活动非常重要的支持赞助方，他们确实在业内是重量级企业，在行业内做出非常突出的成就，所以他们和我们今天来到现场的企业将来都可能成为我们这些同学未来的发展方向。

我们这个活动还有一个重要部分，就是参加活动的青年老师和同学。昨天有一个非常明显的感受：过去这个活动都是我们各个学校一些带头老师，虽然我们不能算老，但是在教师团队里属于比较老的一代人，很高兴看到我们今天来的老师里面有一大半的人都是年轻老师，这是非常高兴的一件事情。他们参与我们这个活动，带来新的生机，今天我们请年轻老师代表李飒老师作一个简短致辞。

李飒副教授：

首先非常欢迎大家来到清华大学美术学院，我希望大家今天在这里能够度过难忘而有意义的一天。

我想说的第一个词是“感谢”，这个词必须说，虽然前面各位老师都提到了，其实真正要感谢的真是王铁老师、张月老师和彭军老师为我们搭建这么好的一个平台。我们在学校里的开题，基本只和自己的导师交流，最多答辩的时候和答辩老师交流，怎么可能像现在这样能和我们来自14所院校的老师进行自己课题的交流呢？所以说这应该是我们所有学生最应该感谢的。

当然我们也感谢后来所有来自美国、匈牙利以及未来更多来自国际院校和国内院校到这个平台的各位老师，为我们创造了一个老师和同学之间交流。我去年是第一次参加这个活动，参加完之后今年强烈要求继续参加。因为我发现在这个平台上，不仅仅是我们跟学生有了交流，我们会发现咱们祖国各地，包括我们国外学生的不同思想，更特别的是，我们发现了每一个学校的教学方式、教学思想不一样，侧重点也不一样，这里是我们教与学之间的互动学习交流，所以特别要“感谢”，这是我想说的第一个词。

第二个词是“幸福”，这个词我从两方面说，一方面就是我们的同学，在座的同学今天应该感到特别幸福，上周各位老师去匈牙利访问的时候给大家带回来这样好的福利，我们可以免试入学，你们能够在这样的欧洲传统学校里学习真的非常幸福。而且这里有三个不仅可以免试，还可以得到全额奖学金。在座所有学生真的要尽全力展现每一个人的魅力风采，让这种幸福感一直延续下去。

另一方面，对于我们的老师，刚才说了还有我们的“福利”，我们可以作访问学者。其实应该说我们老师和大家交流，事实上是把我们自己若干年来所学习和经历的一些知识、经验跟我们同学有一个沟通。在我们的输出过程中,我们也需要输入。在这个平台上，我们跟国内院校老师交流是同根同祖的文化交流，我们和国外院校交流是国际交流，是东西方跨界，跨出国门的交流。我觉得对于我们来说，付出有了回报，可以得到一些学习，是很幸福的。“感谢”和“幸福”是我这次想说的主题。

最后我预祝四校四导师的开题答辩会顺利圆满举办成功。谢谢！

张月教授：

李飒老师的致辞使我们看出了青年老师的势头，可谓青出于蓝而胜于蓝。这个课题做了这么多年，我们当然希望能够持续下去。这样必然需要有后续老师接替工作，我们希望年轻老师积极投入，希望将四校的精神传承下去，这是我们前面一些老师同样的心情。

我们这个活动还有非常重要的媒体的朋友来参与，他们其实对我们这个活动的社会影响，以及我们产生的思想、知识和我们的观点的传播起了非常重要的作用，这里有两位非常重量级的合作伙伴，一位是米姝玮女士，请米姝玮女士致辞。

米姝玮女士：

各位“大咖”和未来“大咖”上午好。我为成为四校一分子而感到非常荣幸。我是学传媒的，传媒界一个黄金法则就是人和人之间联系不能超过小于等于6，称为6度空间。上次参加一个活动，和一个设计师对视5秒，都觉得面熟，他问我是不是参加四校，我说对。四校打破这个法则，四校是传奇。非常荣幸在以后的日子里我能为四校做更多事情。谢谢大家！

米姝玮女士致辞

张月教授：

非常感谢。其实不光是我们活动媒体，实际活动本身很多环节她也积极参与，做了很多重要的支持和工作。教育观念光靠老师和学生的努力不足以影响整个社会，必须有各种各样的专业媒体和公众媒体共同参与。这其中还有另外重要媒体——专业媒体，在中国应该说这是最重要的出版社，从一开始就和我们紧密结合，中国建筑工业出版社从老一代领导到新的工作人员一直在持续支持我们的工作，今天到现场是杨晓女士，她代表出版社来支持。有请！

杨晓女士：

各位领导、老师、同学，大家上午好！就我个人而言，其实我和四校活动渊源颇深，我就是从四校走出来的。我作为王铁老师的一名学生，从第三届四校活动开始，参加了本科的毕业课题，然后继续参加了第四届研究生的毕业课题。因为第四届毕业课题成果的出版，我结缘于中国建筑出版社，从此开启人生新方向，成了中国建筑工业出版社的一名编辑。我可以说是咱们这个活动很大的受益者，在进入出版社工作以来，我又继续参与了四校活动第四和第五届的出版活动。今天我作为中国建筑出版社代表，作为一个正能量信息的传播者，我觉得我应该把我们四校活动全体师生的这么一个无敌的风采展示给更多人知道。把咱们越来越国际化的平台传播出去，让更多人受益。

最后我作为在座学生的前辈，希望你们能够在这个平台上勇敢地展示自己，抓住这么好的一个机遇，最后能够满载而归，谢谢！

杨晓女士致辞

张月教授：

我们活动每年积累很多学生的作品，还有老师对于教学的思考，这些东西最后都汇集成书，最终变成正式出版物。我们每位同学在做毕业设计的时候，包括老师参与活动的时候，希望各位都认真用心，既然我们花半年时间努力，当然希望最终呈现出来的成果真正代表自己的思考，代表自己的这半年努力最精彩的部分。在此感谢中国建筑工业出版社一直以来对我们的支持。

刚才前面一直都是我们各位老师对我们这个活动的寄语。这个活动最重要受益人应该是我们参与活动的同学，我们听听他们对活动是什么样的感想。有请学生发言。

学生代表邓斐斐：

尊敬的老师，亲爱的同学们，我是来自清华美院的邓菲菲，很荣幸在此发言。首先代表清华美院环艺系学生欢迎各位的到来。四五年的学习和交流使我们有着相同的回忆，养兵千日用兵一时，感谢四校四导师这个课题，现在的我们就如同大鹏，前方未来有着不可预知的艰难。预祝2015创基金“四校四导师”开题顺利，也祝愿这样的平台和理念长长久久传递下去。谢谢！

邓斐斐同学发言

张月教授：

不知道清华美院学生的这个话是不是能代表每位同学的心声，没关系，我们还有半年时间。我想现在各位感受不是很深，老师虽然参加过很多次，但我们每位同学今天是第一次参加我们的活动，是非常新鲜的过程。当我们最终这个活动结束，我想每一位同学都会有非常深刻的非常多的感触。

下面有一个内容需要补充，介绍今年创基金的基本情况，因为整个创基金是王铁老师具体操作的，有请王老师。

王铁教授：

今天由于创基金会的所有成员在台湾开理事会，委托我简单说一下创基金的由来，是由国内10名著名设计师创立的，包括台湾的、香港的以及大陆的，其共同理想是鼓励正在努力的人、需要帮助的人，所以他们成立了基金会。基金会现在大概有几千万基金，今年预计投入800万，在讨论今年给谁资助的时候，首先考虑到我们。在创基金会里有参加过“四校四导师”课题的4位导师，所以基金会非常了解我们。

基金会对我们课题有严格要求，希望我们做榜样，中国未来有这种项目申请基金的，我们能打下一个样板以供借鉴。谢谢大家。

张月教授：

今天我们前面的环节就到此结束，下面有一个重要的环节。我们参与这个活动的各位老师，还有各位的校外指导老师，我们活动本身要给各位颁发非常正式的证书，今年王老师把这个证书做成什么样子我还没见过，一会儿就知道了。下面分三个环节，第一个环节为各个学校的带队老师，我们叫责任导师颁发证书，有请行业领导、企业嘉宾刘原秘书长、吴晞老师、孟建国先生为我们活动的各位带队老师颁发证书。

下面我念到名字的老师上台来接受责任导师证书。王铁老师、彭军老师、段邦毅老师、韩军老师、冼宁老师、齐伟民老师、李琼音老师，还有我。

（颁发证书）

颁发课题督导及实践导师聘书

颁发课题督导及实践导师聘书

张月教授：

下面下一个环节，为参与活动的各位导师颁发证书。我叫到名字的各位导师请来到台上，金鑫老师、黄悦老师、李飒老师、高颖老师、赵宇老师、王云童老师、王洁老师、李荣智老师、曹丽梅老师、汤恒亮老师、马辉老师。

（颁发证书）

张月教授：

这个活动除了我们学校老师作为指导老师，我们还请了企业和媒体作为校外老师，从他们的角度做出指导，刘原老师、吴晞老师、孟建国老师、裴文杰老师，还有米姝玮女士和杨晓女士。我们有请王铁教授、彭军教授为这些实践导师颁发证书。

（颁发证书）

张月教授：

谢谢校外辅导老师，他们对活动做出了非常重要的努力。激动的心情难以平复，我们一早上一方面是我们各位老师、各位嘉宾对我们的活动，王老师说是对我们的过去、现在、未来，把整个活动从各自不同的角度谈了

全体师生于清华大学美术学院门厅内合影

感受，也寄语未来发展，把今年新加入进来的院校作了精彩介绍。我们通过一早上可以看到这个活动的合作面非常宽广，合作机构横跨中国和国外的一些机构，未来发展空间非常巨大。通过我们各位的努力，现在我们跨出国门，一步步提升，希望未来四校四导师日益发展，风风火火。这些活动发展肯定离不开我们各位老师、各位业内同仁，还有各位同学的努力。当然就活动来讲，我们希望未来是一直发展下去，能够有一个更加美好的未来。

今天早上活动开幕仪式环节到此结束。我先介绍一下一会儿的两个环节，开幕式结束以后有一个师生合影，合影由摄影师和老师带着我们到门厅照一个合影。我们给大家预备了一些小茶点，一会儿照相回来稍微休息，后面还有一个环节，是企业对企业情况进行介绍。希望未来我们这些优秀的学生能进入这些优秀的企业就职。

（合影）

张月教授：

上午还有一个非常重要的环节，这次活动有四家重量级企业参与我们的活动。他们都非常希望从我们参加的院校里面发现出色的人才，引进他们的企业。所以他们企业的人事部门领导来为我们作一个他们企业情况的介绍。

首先第一个有请清尚建筑设计院的郭总。

郭建新先生：

各位领导、各位老师、各位同学上午好！非常荣幸，也再次感

郭建新先生介绍清尚集团

谢四校四导师活动能够给我们清尚公司这样一个机会，让我们又一次加入到这个活动中，认识更多老师同学，也通过这次活动给我们带来新机遇。每年四校四导师活动给我们四家企业带来更多新鲜血液，带来核心竞争力。首先预祝四校四导师活动圆满完成，希望更多同学关注我们清尚公司，关注我们企业成长。清尚公司吴晞老师已经作了介绍，一会宣传片大家会了解更多。这个企业与其他的企业不太一致，更多关注学科的建设和学校之间的紧密联系，所以希望大家今天看了我们的宣传片之后对这个企业更加关注，如果以后想加入到这个企业当中，我们会非常欢迎。

（视频）

张月教授：

刚才是清尚集团郭总播放的片子，对清尚集团作了介绍。清尚的历史是美术学院环艺所发展到现在的，校企和学校结合紧密，清尚集团中清华美院学生的数量非常巨大，清尚是综合企业，还是文化产业，是非常综合性的。谢谢郭总的介绍。

下面有请苏州金螳螂建筑装饰设计总院的包先生作介绍。金螳螂是我们业内非常重量级的企业，说如雷贯耳一点不夸张，他们在这个领域里业绩非常卓越。在教育领域金螳螂和苏大有结合，所以其实和清尚很像，做企业同时也非常关注教育领域的企业，我们来看下。

包学政先生：

感谢大家也感谢我们主办方，给了我这样一次机会。简单介绍一下，今天恰巧是一个很好的日子，正好苏州此刻正在进行我们的22周年庆，和今天活动在同一天。大家下午答辩时间紧张，我这边简单介绍一下，大概对我们公司状况进行一个简介。

我们公司可能和在座同学的年龄相仿，是93年成立的。金螳螂成立至今，专注于建筑装饰行业，主要是工装方向。近期作了业务的扩张，现在从建筑室内装饰到景观设计到展览设计，包括一些智能化的施工设计，我们都有涉猎。我这边不再赘述了，我把自己的联系方式留给大家，大家看过我们的短片，如果感兴趣，或者有所耳闻，通过我个人联系方式可以联系到我，我们再进一步沟通，谢谢大家！我放一下我们的短片，也是对我们公司整个发展历程的简介。

（视频）

张月教授：

谢谢金螳螂的包总。刚才我们看到了金螳螂的成长历程，20年，其实想一下这个事情也挺震惊的。因为20年其实一晃就过，20年前可能在座的，像我们很多同学还非常小，我回想我20年前是什么样子，变化非常大，20年成就了在中国这个行业内一个非常成功的企业。某种程度上来讲，我觉得金螳螂印证了一件事情，只要你努力，只要你奋斗，其实很短的时间可以成就很大的事业，无论个人还是企业。我们各位同学可以从他们的发展历程上看到自己未来的成长空间。

下面有请北京筑邦建筑装饰设计院孟建国孟总，这位是企业“大咖”，他们企业相比金螳螂起步更早。我上学的时候就想去他们建筑院，可能是中国最早做室内设计的，所以他们应该说是历史悠久。

孟建国先生：

我介绍一下。我们公司前身是北京建筑设计院室内设计研究所，我是所长。我们在中国搞室内设计可能是最早的、最专业的，包括这个行业里的规范基本都是我那个年代带着做的。当时是在1996年我成立这个公司，到2000年成立了环艺院。其实我一直当所长、当院长带着这个公司，现在慢慢自然规模扩大了。这个企业下面有5个单位，有设计院、有装饰公司、有人才培训，还有幕墙设计研究所。我们集团是属于国家重点113家之一的一个国企企业。希望同学们毕业跟我联系，上我那儿去工作。

（视频）

张月教授：

谢谢孟总！片子前面出现一些历史镜头，其实是很典型、很有代表性的，比如我们北京的十大建筑。我们其实是从那个时期走过来的，如果说从1949年新中国成立后，真正意义上做大规模建设应该是在国庆10周年的时候，从1959年开始算，到现在70~80年的时间，确实很不容易。看到后面很多做的项目，包括2008年奥运会项目，我们看出非常大的社会转变和行业的转变。看着很激动人心，我们未来有很多机会，做更好、更高的事情。

从企业发展看到我们行业发展，也看到未来各位同学你们的成长空间。现在对各位同学来讲是特别好的机会，你们可以借助中国的这种社会化趋势去把自己的能量和你的个人智慧拓展到更大的空间，这是特别好的一件事情。还有最后一个企业——青岛德才，先放片子。

（视频）

裴文杰院长：

今天我们人力资源总监来不了，他下次要参与我们这个活动。德才是非常年轻的企业，是在建筑装饰行业成长非常快的企业，从2005年起步到现在是发展最快的企业。四校四导师之前有学生在我们企业工作的，现在已初步显露他们的才华，我们企业提供非常大的空间，邀请同学和老师到我们企业去了解一下，互动一下，德才大门永远对优秀学生敞开。欢迎我们的学生有机会到我们企业去，为我们企业的发展共同加力，共同享受成功的快乐。谢谢大家！

师生合影

张月教授：

我刚才看了，德才企业命名来自老总的名字，这两个字很有寓意，今天这个活动本身是和人才教育有关的，这两个字是人才教育最核心的部分，作为专业教育，需要在专业知识技能上获得知识、获得才能，最成功的人才往往在德方面同样具有非常重要的潜质。参与我们活动的很多老师都是这样的，不光是在传播他们自己的专业知识，同时通过整个活动过程，通过他们自己身体力行，把做人和为人的方式传授给我们的同学。所以

学生合影 1，清华大学美术学院门厅

学生合影 2，清华大学美术学院门厅

我觉得整个过程就是一个德和才的学习和培养的过程。非常感谢，感谢德才公司参与我们活动。

今天上午环节到此结束，整整一上午非常紧张，参与活动的院校还有各个企业给我们带来了非常丰富的大量信息。

我个人觉得非常重要的是我们对这个平台增加了很多新鲜的想象力，有新的空间。我们佩奇大学提供有全额奖学金的学位，还有其他的一些企业提供的机会，包括刚才孟总提供的也是一个非常重量级的机遇，算是给同学立了一个目标。所以希望各位参与活动的同学能够真正充分运用这半年时间，施展你个人的才华，施展你个人的魅力，能够利用这半年为人生奠定更高的起点。感谢各位今天上午到达的老师和各位行业嘉宾，同时感谢各位积极参与，上午活动到此结束。

因为时间非常紧，今天中间环节尽量紧凑一点，争取下午6点前把所有事情做完。

2015创基金·四校四导师·实验教学课题

2015 Chuang Foundation·4&4 Workshop·Experiment Project

开题答辩

时间：2015年3月21日下午

地点：清华大学美术学院学术报告厅

主题：2015创基金“四校四导师”实验教学课题开题答辩

课题国家：中国、匈牙利、美国

责任导师：王铁、张月、彭军、潘召南、巴林特、王琼、段邦毅、韩军、陈华新、齐伟民、谭大珂、冼宁、陈建国

创想公益基金及业界知名学者实践导师：林学明、姜峰、琚宾、梁建国

导师：钟山风、李飒、高颖、赵宇、王云童、王洁、孙迟、李荣智、玉潘亮、汤恒亮、马辉、金鑫、黄悦、阿基·波斯（Dr Ágnes Borsos）、诺亚斯（Dr János Gyergyák）、阿高什·胡特（Dr Ákos Hutter）、曹莉梅、刘岩、吕勤智、赵坚、王怀宇

知名企业高管：吴晞、孟建国、石赟、裴文杰

行业协会督导：刘原、米姝玮

答辩学生（每人5分钟）：金鑫博士（佩奇大学学生代表）、杨嘉惠、常少鹏、王刚、姚绍强、薄润嫣、牛云（四川美术学院代表）、柴悦迪、赵磊、邓斐斐、明杨、马文豪、乔凯伦、角志硕、亓文瑜、张思琦、李逢春、张文鹏、虞菲、张婷婷、陈文珺、王明俐、张和悦、李思楠、胡旸、肖何柳、姚国佩、李桓企、刘方舟、杨坤、王广睿、郑宁馨、蔡国柱、曾浩恒

主持人：李飒副教授

主持人李飒副教授:

2015创基金四校四导师实践教学开题答辩会现在开始。

我们先用掌声让大家清醒一下，很多同学昨天连夜赶来难免困乏，请大家打起精神。今天上午事实上我们看到都是各位“大咖级”的领导、老师的风采，以及真的应该说是业界最牛的这些企业向大家做的一个自我介绍，其实是在向我们在座的所有同学伸出自己的橄榄枝，他们有了精彩表现，下午看我们的。我们也期待在座的37位同学展现自己的风采。

程序稍微有一点改变，本来计划和手里的流程计划一样，严格按名单顺序执行。名单里面有斜体字，代表本人不来，会有老师代讲，我们先安排佩奇大学的老师讲，然后是四川美院牛云同学代表三位同学在一起的开题，讲完依然按照名单上的顺序来讲。所以每一位同学当你看到你前面的同学已经宣讲完毕的时候，你要站起来在旁边候场，大家要严格执行。

我们每一个同学自我陈述只有5分钟，所以自己要会控制时间，什么是重点要重点陈述，有一些则可以快速略过，这里面要清晰哪些观点是一定让老师了解的，哪些是你在这个课题里面很有想法的内容，每位同学控制好自己的时间。我们会有专门计时的同学敲铃铛，你开始讲的时候给一个铃铛声音计时，5分钟结束会再次敲响，我们人数众多，因此更要严格按照时间执行，当她敲响这个铃声，答辩学生陈述完毕，不能再陈述。然

后是老师提问环节，只有3分钟，老师示意我，会有话筒传给老师，所有老师结束提问，答辩学生回到座位。下一位同学开始答辩。在提问环节，下一位同学可以坐到前面把自己的PPT打开候讲。

接下来有请金鑫老师首先来介绍我们佩奇大学四位同学的毕业开题。

金鑫博士：

我们学生上一周在佩奇大学已经经过一次开题报告，这些老师也都参加了，但是更重要的是要给其他院校同学交流分享我们学生目前的开题状况。

这四位学生刚才已经通过短片跟大家见过面了，今年我们有两位男生、两位女生，其中三位学生毕业设计的主题是和水有关系的，因为今年米兰世博会，匈牙利国家主题是水，所以我们有三位同学做了这个主题。第一位学生主要做了防洪的主题，他认为目前地球的气候正在急剧变化，迫使人们的生活方式、生活态度做出相应的改变，每一个人都有责任为缓解气候剧烈变化做出努力，关注自然，缓解气候变化变得更加恶劣，是这位同学设计的最初目的。他也做了大量调研，目前世界上众多的地区正遭受着洪水带来的巨大灾难与影响，人们不断在寻找解决这个问题的方法。很明显我们没有办法一下子改变洪灾带来的影响。 作为一个建筑专业的学生，他相信缓解洪灾并不能依赖建造储水的堤坝，应该从更多角度重新去思考人与水的协调关系，尝试着利用水资源，并逐步找到缓解气候恶化的解决方法。在匈牙利喀尔巴千（音）中心地区，洪水防护成为越来越热的研究课题，在匈牙利的两大河流，如果其中任何一条发生洪水，都会给整个国家造成巨大破坏。他的设计的基地是选在这样一个地方：从地理位置上看，这个区域遭到洪水袭击的概率非常大，借助这个特殊地理位置，他将在毕业设计中利用自己在学校所学的建筑设计的一些常识，从设计角度来探讨水与城市的协调问题。他的毕业课题主要是分了两个环节，第一个主要是调研，通过调研了解这个地区当前的气候和洪水风险的技术，其次也是为居住在此地区的人们找到一个防洪的途径，期待设计能够激发人们从设计角度重新思考水、自然、人三者之间的协调关系。刚才我们看到的草图是他对河岸建筑的设想，利用浮力等方式设计有防洪作用的建筑，在后续的深化设计当中，他会更加深入研究这些设想在实际建筑中实践的可能性和实验性，并做出相应的深化。后面是目前这个同学做的草模，为开题做的草模。这是我们在佩奇大学开题的现场照片。

第二位同学是我们唯一没有用水做主题的，他选的课题是在他家乡的一个高中体育区的扩建和改造。因为这次我们大学没有对每一位同学的课题做特别限制的要求，他们可以自由选择主题和基地的位置，所以这位同学选了他家乡的一个实际的基地作为他项目的选址。在经过调研之后，这位同学就选择在项目中体现体育项目与基地的关系，因为这位同学认为体育运动对一个国家来说非常重要，匈牙利虽然是一个很小的国家，但是有很多擅长的体育项目，并且在这些体育项目中取得过很好的成绩。在设计中首先他关注游泳运动和城镇居民关系，目前由于某一些原因，城镇管理部门停止对各种设施维护，包括游泳池，后来这位同学完成了一个关于新的健身房和游泳训练馆的设计方案，这个基地位置适合他的项目。这是一个能满足学生运动需要的项目，同时由于这个位置隶属于学校，所以可以使学生更加专注于体育运动。通过他的深化设计，本来有一个原址，这个同学希望通过改建原有设计项目的延展性，使其更具有细节、更加充实，体育馆会拥有更多功能，比如一些观众的看台、一个23 m的游泳训练池、50 m标准游泳馆，完成设计，这个场馆将对学生、专业运动员、运动俱乐部对外开放，同时可以独立承办一些体育赛事。在这个设计项目的基地，他主要是选在了学校隶属的范围内，当然包括小部分的城镇土地面积和临近的区域。由于这个项目和这个基地的特点，这个同学没有直接在设计中把建筑和学校直接相连，只在公共售票区连接，使各个部分功能相对独立，设计设想中将建筑与基地斜坡结合，这样能使功能与建筑外形相对应，同时尽量弱化建筑平面布局，不会使学校现有的建筑总平面看起来更加混乱。同时在设计方案中预留的建筑屋顶空间为后续深入设计提供更多设计可能性。经过后续深入设计，预留空间也许会成为户外体育场。这是草模，后面是答辩现场照片。

这位同学的选题是将装瓶工厂改造为水主题的博物馆，因为她关注水与建筑的关系，所以她选择与水有关

答辩现场，左：段邦毅，右：陈华新

的主题作为她的毕业设计课题。她在PPT里在建筑内部展示装瓶水的过程，以选定的装瓶水工厂作为博物馆的基地。这是她的博物馆的概念和各个空间功能的连接。在这张中我们可以看到目前装瓶工厂，这个工厂位于达那隔亚尼（音）国家公园边界，这一区域是她选择设计的基地。这张展示了水装瓶的流水线，首先是把自然水源制作成装瓶标准的水，对水瓶的消毒工作必须同时完成，其次是对瓶装水的装填封盖甚至打包完成。她的毕业设计选择的水泵是从匈牙利的一个城市发现的一个失修的物品，在市中心大修道院附近有一个植物园，设计基地非常靠近这个植物园，所以水博物馆设计完以后会成为自然湖与瓶装厂之间的一个纽带。我们看到的图片是她对博物馆的一些构想和预想，利用空间来达到现场的气氛。我们看到这张彩色的圆点标识着城市中重要的功能区域和地点，比如交通流量、消防站、医院等。这个同学设想在植物园和装瓶工厂之间创建一个过渡区域，植物园将成为她的规划区域的自然边界。所设计的这个博物馆就会成为一个重要的区域连接要素，把各部分功能连接起来，将是环保的绿色设计。这是她调研的时候拍的修道院和植物园实地照片，第二张展示基地目前的自然景观，第三张是她发现的旧水泵现状。在她的设计当中博物馆的整体会呈现为春、夏、秋、冬四个部分，利用四个季节主题划分区域，可以在不同季节呈现不同形态，每一个部分会把水作为创意元素呈现给观众。最后，这位同学对她的毕业设计设想一种可能性，建筑可以临近自然水源，利用自然水源连接各个区域，参观者从基地北侧和植物园南侧进入博物馆，在设计方案深入过程中会利用自然水源使设计方案各区域得到相互的联系，把自然景观装瓶水制作流水线同博物馆贯穿在一起，最终完成设计方案。这位同学后面也是有做模型，她把整个这一个大的区域全都做出来了，我们看着有点像规划模型。

这是最后一位学生。她的毕业设计关键词也是设定为水与建筑，水的主题可以激发更多关于建筑的有趣创意。通过参加四校，学到一些中文，但是由于字体原因，刚才我们看到有一些乱码。她的基地位于匈牙利中部的一个小镇，这是一个很小城镇，有2000居民和美丽的自然环境。这个小镇有一条平行于64号主干道（我们说的国道）的一条小河，这条小河从镇子穿过酒窖区。她毕业设计选题是设计一个新的桥屋建设方案，连接两边区域，使村庄和酒窖得到连接。

我们在这个幻灯片看到的老照片显示当地居民在之前有一个很好的生活氛围，通过调研所拍摄的基地照片我们可以看到，小河从这里流过，通过当地的一些部门调研得到了一些官方信息，游客、当地居民期待从河的一侧能够更便捷地穿越到对岸去。除此之外，这个区域又有良好的自然环境，遍布很高的芦苇，这些芦苇使河岸具有非常特别的景观氛围，吸引游客和徒步旅行者，这位同学的毕业设计中，加建桥梁建筑和周边自然环境保护，最终使桥梁与自然环境和谐是非常重要的环节。这张地图是取自匈牙利官方旅游地图，我们可以看到是一条小河把基地和另外一个区域给隔开了，这个点和这个点，她画了禁止号，表示这个区域是游客目前不能到的一个位置，目前的国道到这和到这，中间是断的，她想将中间连接起来。根据官方数据显示，目前这个小镇子有三座桥梁，两座可以通过车辆，但是位于中间的第三座桥梁只能步行通过，这座桥是当地居民使用的，在她看来非常有必要重建能通过车辆的新桥梁。在这张基地图纸上我们可以看到，她想展示的是桥梁中周围小镇的一个平面布局，同时也可以看到主干路和想设计的区域之间的联系，作为匈牙利最主要的公路之一的64号国道，实际上是非常繁忙而嘈杂的。仅仅几米之外的村落是另外一个安静平和的区域。这张就基本展示了她毕业设计的桥的位置以及桥屋的概念，还有它们相连接的方式。这个同学想设计一座具有桥梁连接功能的建筑，可以兼顾建筑和桥梁的双功能。这是她对毕业设计课题桥梁建筑的设想，她希望她的建筑能够与周边的自然景观相融合，所以这个同学的毕业选题首先是解决对当地居民的桥梁功能的需求，其次这个建筑又能兼具对游客展示和介绍当地的地域特征和自然景观的展览功能。这是她目前做的一个模型状况。这是她现场答辩的一个照片。

主持人李飒副教授：

因为匈牙利同学的设计思路和表达方式可能和我们有所不同，而且设计理念提出来的方式也不一样，就像我们在开题时候可能没有做模型这个阶段，虽然老师可能要求了，但很多同学没完成，所以状态不一样。我发现他们做了大量深入研究，这是特别好的方法。

我们看到文件上除了外国同学的名字，还有三个名字是斜体，因为他们知道的时间太晚了。

牛云同学：

我们来自四川美术学院，这个项目所属的城市位于天津，一个拥有古老历史的年轻城市，天子经过的渡口，是现在的港口重镇，有着重头戏的地方。项目所属的地块位于这个城市的一个核心商业中心，这也使这个地块有着独特的意义。它是现代生活和历史文化的交界点，这样的特殊性体现在周边一些建筑形式上，比如场地中间存在着这样的一个特殊的罗马式历史文物建筑，使这个场地有着一个独特的意义。

场地有特殊性，人口结构复杂，场地需要包容更多文化活动，这些活动大部分来自于周边社区居民以及这个教堂的基督教信徒和少部分来参观游览的游客。这些人的活动为我们后面的设计提供了一些思考方向。

就像刚才老师所说的那样，我们希望的是三个同学以建筑、室内、景观三个不同方向来进行不同的思考与设计，但是我们想要达到是同一个目标，建成一个城市低碳展示空间及周边公共空间的配套。

基于以上说的，我们展开一些思考与假设，在这样的充满记忆的地方，历史和传播成为我们关注的重要部分，整个场地空间可能会将我们带回过去，感受到历史的沉淀，使我们回到现实生活中，才能创造出新的城市记忆。

当然也因为充满了这么多丰富的历史与传说，整个场地充满各种矛盾，比如场地中罗马教堂与周边繁华的现代商业建筑的矛盾，传统社区生活方式和现代商业模式的矛盾，甚至不同宗教信仰间的矛盾，我们面对这些矛盾的时候，应该继续让这些矛盾对抗，还是在潜移默化中让它们相互交融？

在这样一个空间里面，我们又应该以怎样的姿态展现和存在于这个城市当中？是存在着原来的光荣与梦想的这样一个高调姿态，还是以一个低调形式回归现实生活的平淡当中？这是我们后面的设计计划。

答辩现场，左：赵宇，右：韩军

王铁教授：

不用提问了，我们这次课题组的两道题，一个偏重室内，一个偏重景观。只能在这两个框架内，佩奇是另外一个，因为我们给晚了。你这个选题没有意义，不参加评选标准。我的文件写得特别清楚。

主持人李飒副教授：

下面杨嘉惠同学，我们从你开始计时，按照这次答辩要求开始。

杨嘉惠同学

杨嘉惠同学：

各位老师、同学大家好，我是来自清华大学美术学院的杨嘉惠，我的选题是校医院改造项目。首先是社区医院改造背景：经过房屋建设调查情况分析，21世纪最初的20年将迎来医院改造高峰。将美国和中国社区医院现状对比，美国社区医院占美国医院80%，是我国的将近10倍，建设流程与美国比，中国医院设计缺少前期评估和建成后评估，许多医院设计问题是由于这两个环节缺失导致的。

下面对清华大学校医院改造项目概述，首先是区位分析，清华大学校医院位于老建筑区，建成于20世纪70年代，承担着6万师生家属医疗保健工作。下面是功能分析，四张图列出医院包括ABCD体块分区，这种建筑模式是20世纪70年代的结构，根据我国居住区规划设计规范，卫生服务中心所占比例符合规范，但是建筑规模远大于其服务人口对应规模，大的建筑规模是否对应良好的功能体验？答案是否定的。医院功能区域划分、建筑空间布局服务医院程序，非以人为本，病人因为程序在医院来回奔走。下面列出一个案例，他经过多次折返、上下楼、等待，如果这是老年人是很辛苦的。

右边是我校校医院功能分区图，优秀的医院设计功能合理，流线简洁十分人性化。如图我校就医人群大部分是老年人，我校服务6万患者有70%享受医疗费用保障。下列一卡通就医流程和传统对比，后者大大简化，十分节省时间。经过分析，总结出这个项目校医院问题：就医流程复杂，医院建筑空间布局不是以病人为主。我的建议优化流程建筑公共空间设计需改变三方面。第一是尺度变化，大厅不再需要以前的大而空的挂号大厅，第二是候诊空间，第三是公共空间人性化设计。

为了更加了解社区医院空间布局，我对已有平面进行调研。社区医院平面建筑布置形式多样，下面对建筑形式进行分析，首先是单外廊建筑，然后是比较普及的内外廊布局，最后是四合院布局。通过以上调研分析，一方面发现实际中需要解决的问题，另一方面加深对建筑设计的理解。好的建筑设计不应该只是功能至上，应该舒适和人性化，营造社区归属感。

下面是我主要的设计内容，第一是优化就医流程的建筑空间布局。第二是公共空间改造，包括室内环境和有关建筑，以下是论文框架。通过资料调研、实地调研、分析和设计实践完成。

以下是预期成果、时间进度安排，请老师过目。我的开题报告到此结束，谢谢大家！

主持人李飒副教授：

时间掌握不错，我们以她为榜样。下面请老师提问。

彭军教授：

这位同学做的是医院的室内空间的研究，前期调研非常系统，对中国医院现状进行了详细分析和了解，我建议后面不但对中国医院现状进行深入的调研，对国外同样的类似医院行走路线、动线设计进行一个深入的分析，说实话中国医院极不合理，深有体会。我觉得你的设计重点应该放在动线和患者动线设计，进行空间再分配，这是重点。

王铁教授：

我认为做任何一个东西首先要有一个完整的任务书，有了任务书以后方可答题。对这部分要严格规定：第一，容积率允不允许加建，如果这个容积率在清华大学这个位置允许加建就加建，东西装不进去没有意义，一定在数据上、在法规上重新归纳。第二，调研要对现有建筑结构体进行评估：它能不能加建？不能加建就拆掉。

解读任务书调研，要针对特殊性，始终强调是大学社区，要向所有的信息体收集这个信息，不是这个社区或那个社区，就是在大学这里，出了这个区就没有意义，因为没有可比性。还有相同规模院校校园之间对比，它们缺少什么？我们哪些不如人家？有哪些优越性？然后再说改造，否则就是异想天开。设计我不评价，你没到那个阶段，要在数据上、理念上，更重要的几种方式能对现有条件改造，我不增建，现在没有提到建筑建不建，容积率问题、高度遮挡，都没有，首先从竖向遮挡允不允许等，校医院就是校医院，要做里面的环境，调整里面各种科目，简单的可以，这么多做不成。你一定要和导师商量做容积率可见性，这个非常重要。任务书非常重要。为什么我们给的任务书这么详细？就是怕学生跑题。

主持人李飒副教授：

我们按照这个时间计算，每次只有两个老师提问。

常少鹏同学：

各位老师同学大家好，我来自内蒙古科技大学，我关注工业。下面我为大家分6部分讲解我的设计任务。第一部分是选题区域分析，基地位于我的家乡包头，是内蒙古的主要制造业和工业中心最大城市。周边环境：该基地项目位于城市商业学校区域，人流动线强，经济效益可观。第二大部分是任务书解读，项目是火红年代工业博物馆式酒店空间设计，我的选题力求打造具有历史地域烙印的工业革命文化特色主题。其中融入酒店元素，以人为本的方针将更好地营造互动性交叉性历史性博物馆。它的功能分区：展馆区有多功能展厅、休闲吧等，酒店商业区有客房区、餐饮区等等。第三大方面是现场调研，基本情况：项目基地为9层单体建筑，1~3层高为6 m，其余层高3 m，这是一些基地外围情况，它的一个优点是人流密集量大，该基地项目有较高的传播力。缺点是基地周边建筑单一，需要考虑改善周边环境。这是我选题的大背景：第一，具有代表性工业，有包头钢铁，资料为周恩来同志亲自剪彩，是连接华北和西北的重要枢纽；第二个具有代表历史性工业的是稀土；第三是制造业，主要是军工制造业。

第四部分是概念生成，其中一个因素具有较好的区位发展。

项目缺陷为缺少此类建筑，对该地区人文历史淡忘，工业科技得不到传播，建筑体得不到改善，活动单一。项目意义为提高对包头工业历史发展的认知，追忆对包头的历史情感，提高知名度。这是概念生成，工业为概念核心，以地域工业背景为线索，以人为本为原则，打造代表工业历史性的博物馆。这是概念意向。最后一部分是课题计划安排。

彭军教授：

我看见题目叫做工业博物馆酒店设计，我认为是酒店设计，博物馆是特色酒店或者个性化酒店设计的一个题材，后来看你介绍是历史，搞酒店设计，重点在酒店，然后再有个性化的文化的或者工业的这样的东西。

王铁教授：

这个选题韩军和我沟通过，他们学校已经发现选题有这个问题，我说这样，就酒店，现在大型综合体里也有酒店博物馆，有很多东西，这样一来如何穿插进去。刚开题显得有矛盾，下面部分如何对接，介绍完应抓一个主体，要涵盖综合体内到底是酒店还是博物馆，互相结合关系，能把这个题放进我们的题目里，算是能搭上，现在想办法搭进去。

齐伟民教授：

我简单补充，刚才两位老师讲的我非常同意，作为一个酒店设计。首先是博物馆设计，我感觉里面所承载的作为酒店设计承载的功能，特别是精神表达不足，包括历史人文情感，这还是一个问题。

潘召南教授

主持人李飒副教授：

我们老师真的在同学的开题状态下给予各方面的建议，这点我有点感受，因为我们每一位老师都有自己的专业特长，我们同学选题中不一定选到老师的长项，这样的话我们这么多老师是特别好的机会。我们时间比较短，所以有同学如果在自己课题里还有一些疑问，或者希望和我们导师讨论，晚饭时间或者其他时间可以找在座老师进行一些课题交流。

王刚同学：

大家好，我是来自中央美术学院的王刚，下面我来给大家作开题报告。首先是任务书解读，我们这个选题跟着老师给的大部分选题，是天津的博物馆设计，前期任务书有一些详细要求，我们会围绕这个任务书做一些具体的设计。首先是基地现状，我们这几个人一起去天津做了一个调研，在和平区有一块基地，这两块有两个教堂，一个天主教教堂，还有原始教堂，大概是这样的现状。

这是一些基地的照片，教堂是我见过比较大的教堂，这个教堂是商业街的终点，这个商业街非常长，能看到教堂立面。基地周边会有一些复杂的业态，有小摊的状态。这是我拍的现场照片，那个基地围和起来，里面现状是这样的一块空地。关于天津的历史脉络，我只是提取一些重要节点，首先在清末会有很多复杂的，比如说开放港口进入很多东西，包括洋务运动，包括很多租界很复杂的情况。

我提取整个近代史，因为我们的选题是近代历史博物馆，近代史主要提取它现在的状态，近代史主要的归纳，中西合并和古今兼容。以这个概念逐渐形成自己的想法，根据这个关键字提出概念可能是一种杂糅状态，这只是一个抽象概念，需要用空间的方式或者说我们现在设计的博物馆方式来表现。我做了一些前期的研究，可能体现杂糅状态有很多方式，它会很外向，做得很张扬，这是表现“杂”的状态，第二种是空间组织复杂，第三是由内向外，由外向内的过程。

迈耶说过：做建筑师，其实主要是塑造空间。他的这句话，结合我感兴趣的方向，我比较倾向于做偏内向的空间。根据这个方向我做了一些案例的研究和意向，这是一个案例，这是詹姆斯的，这是阿迪西斯的，剖面比较复杂，但是从外面看是相对简单的状态。这也是一个案例。

我有一个想法，把建筑落在基地上，包括和周边的关系。因为刚才说到有两个教堂，而且因为整个现场复杂，做一个新建筑在这上面首先要考虑的是和老建筑的关系，我的解决方式是把这块基地抬高，从教堂这面过来的人感受这个建筑的时候，这个建筑体量是相对比较弱的，然后这是现状的一个路网状态，这面是主干道，这边是非常次要的小路，这是主要节点位置，这是最后的草图，基地状态的草图，我的建筑研究的方向，以及最后一张图，我现在剖面上的想法。谢谢！

段邦毅教授：

听了王刚同学阐述，思路把握清晰，应该进一步梳理现有几个板块。我们要分析博物馆历史，要非常有创造性地把板块弄得鲜明。

陈华新教授：

我觉得这位同学讲得非常好，一个是把天津近代人文背景分析得比较透彻，这个方案分析也比较好。但是我想问一下，你这个方案，现在时间比较短，重点放在什么地方？景观环境，将来是不是室内也要考虑？这个工作量应该是非常大的。这个课题是比较庞大的课题，你将来重点在什么地方？

王刚同学：

因为我选的案例有很多曲面，本身有很大工作量。目前按现在想法都想做，但是工作量非常大。而且现在时间很紧，只能尽全力做。我现在是想都做，但是到后来可能没有时间推进。

主持人李飒副教授：

这点王老师提到我们之前有任务书，你们应该按照我们现有时间，在设定的任务书里任务应该非常清晰，在正常时间你要知道自己可以完成多少任务。不能说后来没时间只做建筑，对我们课题训练是不应该的。

王刚同学：

我最少保证深入做建筑这部分，剩下我都会做，看时间深度不一样。

陈华新教授：

有主有辅。

张月教授：

这位同学前面对项目基本的概念，我觉得很清楚，我有一个问题，因为我觉得建筑设计其实是基于几个方面，一个是场地，还有一个是技术，结构体系和建造方法，未来建筑形成什么样，这个有非常重要的关系。当然还有一个是形态生成应该有一个方法，我提个建议，刚才看后面，前面讲得很清楚，但是后面你生成的东西可能因为时间短没时间讲，或者自己没想好，我觉得你的建筑形态生成缺少一个方法，你可能看到一些大师的东西非常喜欢，照着那个风格感觉做出来，很难做，能不能做出来不一定，因为没有方法。最成功的建筑设计师他自己有套体系方法，或者是技术方法，或者是形态生成方法，其实你仔细研究，每个人有自己的特色，因为他们的设计方法一定有主线，都按这套方法做。你如果最终做完了，发现自己有一套体系，不管形态生成方法还是技术透彻，或者环境分析清楚，如果掌握其中之一，就没白做，给你一个建议，关注一下。现在这个东西比较杂乱，不太清楚。

姚绍强同学：

大家好，我是来自苏州大学的姚绍强，今天我带来苏州工业园区展览馆设计。思考几个问题，第一，什么做？首先借物传情，然后思考我选择的基地苏州工业园区，第二个问题是为什么在这里做？我想了几点。第一是苏州规划，苏州新区和园区并重，要加强中心轴线关系。第二个原因是与古城区文化呼应，古城区是苏州传统文化，而这个地方是新区文化，与旁边一期相互补充，它是SOM做的一个建筑，我做的是三期的部分，与一期国际博览中心是相互补充的关系。

第三个问题，在这里要建什么样的观馆？苏州这个地方是一个很有历史渊源地方，春秋时期吴越争霸，琼姬因不满被父皇许配给勾践而投湖自尽，今天的金鸡湖人们淡忘了。短短20年间，园区发展从1994年批准建立和新加坡合作建立苏州工业园区到现在，园区实现了很大成就。

邻里中心制度引入形成冲突，以前这个地方是一个农村郊区，现在变成城市，无论是交通方式还是生产生活方式，都是一种冲突和演变。走在新区大道上，很难感受到古城区小桥流水感觉，里面包含一种矛盾。时至今日，人们往往通过一些老物件来传达感情，我希望建馆延续这文化。这个展览馆展览什么主题？做成什么样的馆？它是新的东西，我想应该延续一种精神，一种时代精神。

这是周围的环境分析，位于博览中心三期，南面是金鸡湖，西面是城市绿地，很漂亮，北面是高层建筑，东面是一个商业中心。立面上通过苏州中心与古城区呼应，南北沿着金鸡湖向上。这是前期做的一些调研，这个地方植根于苏州文化，我从苏州古城元素中提取宋代平江图，做了一个建筑。现在做三期的，希望延续建筑概念，还要考虑苏州科文中心，以及与周围建筑的关系和湖面的关系。

利用从古城到新区这种肌理变化进行空间多样重组，引入苏扇概念，扇骨进行一个网状变化。从科文中心立面上形成一种附加关系，这是后面一些进度安排。

李荣智讲师：

苏州大学的同学一直很愿意在文化上阐述一些东西，也是你们教学的传统，有的同学做得比较好，有的比较牵强，你的有一些不确定。你们这个时代的孩子阅读要阅读一些经典，我觉得如果你要是想表述，尤其课题里的表述要确切出处，要不做的东西让人不舒服。

韩军副教授：

问了很多问题，全是问我们的问题，我没听明白要给我们交代一个什么，说了你想展示的东西，又提了外面的东西，下面做的始终没有听清楚，开题让我们感觉到有点一头雾水。

王云童副教授：

开题是要做什么？做的内容是什么？你做的内容关系是什么？其实这是重点的东西，你把重点东西放弃了。

高颖副教授：

我觉得前面一些调研分析还是做了一定工作的，但是这里稍微有一些欠缺，前面更多的是做一些可行性汇报。具体地点什么的，这是可行性东西，离开题标准有一些欠缺。基地是什么状况？尺寸是什么？有没有高差变化？以及具体做博物馆有哪些标准？每个空间多大面积要求？这些方面是原始基本资料，但却欠缺了。

王铁教授：

这个孩子实际讲得非常好，也许他可能非常高智商，诱导老师提，他收获最大。

主持人李飒副教授：

我们老师真的是在各方面都比较关爱我们的同学。接下来有请柴悦迪汇报。

柴悦迪同学：

我从5方面介绍，第一项目介绍，基地位置是在内蒙古自治区包头市，包头是内蒙古自治区第一大城市，是典型的移民城市，昆都仑是包头的中心城区，包钢集团所在地，是新型工业城区，20世纪50年代国家选钢厂在这里。第一个图是项目基地建筑体，单层建筑面积约1000 m^2，其他是基地周边状况。

这是基地的基本平面图，我主要针对基地周边功能进行分析，可以总结为以下几点：第一，周围学校居民区多，受众一般是学校学生、当地居民和商业用户。周边酒店多为经济连锁酒店，也有传统酒店，缺乏主题设计，不具备综合功能。这里商业区很丰富，能保证人们的生活需求，但是精神文化需求缺乏。

第二解读任务书，主要是针对项目背景，在世界发达国家城市有代表其地方特点的主题文化博物馆，我国较少，我要为我们城市设计出具有代表性的主题文化博物馆。博物馆大多是当地政府投资建设，此次选的基地是酒店运营，此次博物馆是当地政府和酒店运营商共同投资，其中地下1层~4层是博物馆空间，和酒店互相促进运营。

柴悦迪同学

第三是概念提取，项目目的和意义：在酒店基础上建博物馆，从城市文化和工业角度，与博物馆酒店配合有很多相通之处，在昆都仑建博物馆能更好建设、展望包头文化、钢铁文化，与酒店相互交叉体验促进，更展现钢城印象。包头缺少这样的酒店，因此有很强的竞争力。基地现状在包头只有3个博物馆，问题就是数量少，都是以单向包头风格为情景展览，对昆都仑文化包钢文化介绍很少，现在的博物馆都是综合运营，有展览空间、互动体验、学生交流、商业购物和餐饮等。

通过上述分析，以下是项目概念，在功能上分6个区域。陈列区是展示钢铁、冶金、稀土等相关的，而展陈区是临时的各类展览，还有图书馆，餐饮区有咖啡厅、水吧，商业区可以卖纪念品和钢铁艺术品。这是我收集的以工业为元素的博物馆展览，作为设计前期的收集资料，下一步将针对地块对博物馆功能进行更详细的分析。以下是时间安排，我的汇报完毕。

答辩现场，彭军教授

彭军教授：

这位同学做的也是博物馆，我觉得相对清晰，说到家还是做博物馆。你最后介绍博物馆展览期，我建议你搞清楚博物馆展览和会展中心展览的区别。一般意义上博物馆，比如你说包钢历史博物馆展示，应该是相对一段历史固定的展览，应该有展览策划，将来为后面深入室内设计提供基础。如果是一个会展，就可能是卖房子卖地，这个要搞清楚。后面可能要深入考虑博物馆的设计。

段邦毅教授：

我感觉因为博物馆和酒店是两个空间，你的工作应主要从博物馆和酒店两个空间之间怎么协调的问题方面入手，形成一种很密切的关系，住店的人参观展览有什么优势？既要满足外面学校的参观，又要满足住店客人，要下功夫。还有博物馆不是会展中心，空间要求应该是严格的。

主持人李飒副教授：

下面有请赵磊同学进行汇报。

赵磊同学：

大家好，我是中央美术学院的赵磊，这个课题分7个部分。建筑概念是把建筑做成和天津近代史有关的、和天津民俗有关的博物馆。基地在天津，区位关系：黄色是道路，距基地一公里左右。这个是地块周边的建筑体量关系，以人流为主，营口道和宝鸡东路以车流为主，这块交通比较混乱，因为每逢上下班高峰期人流比较多，右下角是人流分布，这是基地周边构成。基地周边以小区还有商业为主，黄色是小区，红色是商业，绿色是校区，这块基地营口道的方向是一个城市的开放绿地。这是建筑的用地，和周边建筑体量关系，容积1.3公顷。

这部分是基地周边现状的多个视角，是向外看的。这是基地内教堂现状。这一块是整个基地周边路和路的关系。这两个绿色的地方是缓冲空间，在设计时候需要考虑的地方，因为是主要人流进入的方向，需要有两个缓冲空间。这个蓝色是主要建筑，是博物馆在的位置，前面需要一个空间。青色的地方旁边是小区，有开放绿地，路窄需要一块地缓解交通。这是连接节点，以后设计围绕这个景观构成，这个是空间构成。天津近代史中每个国家在天津有不同的建筑，形成了天津的混搭风格。这是概念形成，我做这个博物馆根据每个国家不同形式、不同国家文化，交汇形成天津近代史，跟七巧板比较像，不同形式混合在一起。谢谢！

彭军教授：

这个选题在天津市市中心，而且周围的建筑有教堂和旁边冲突强的近几年盖的高层建筑，所以设计起来难度不小，咱们的选题是博物馆景观建筑设计，通过前期调研我觉得相对详细，后面没有感觉到将来。现有这块地研究，咱们课题研究，我想了解将来是和周围哪一部分建筑相融合，还是孤立就做自己的建筑，以我为主，这牵扯到设计思路和思想问题。

韩军副教授：

我看这位同学分析得很清晰，对周边整个不同建筑提到了一个关键词“混搭”，他可能下一步有一定的想法，他最后的这个建筑也是混合性的，可能是你将来设计方法的一个表达方式。我理解是这样子，期待你后面的精彩表现。

邓斐斐同学：

大家好，我是清华美院的邓斐斐，这是我做的工作和思考流程。今天报告将按照流程阐述。 这是我做的文件调研，经过这些文件调研做总结，对于图书馆发展是这样的：图书馆分类有公共、大学、学会图书馆。资讯时代发展引发社会发展，网络普及，教学模式变化，这些反映到图书馆，要求图书馆数字化，在功能上要求大学图书馆辅助教学。从图书馆职能方面总结，需要图书馆与人类需求结合，引发兴趣为新要求，图书馆导向变成读者导向，这是我思考问题的回答。

邓斐斐同学

我认为我们不了解图书馆，不清楚自己的需求，于是调查了一下，这是调查结果。在图书馆使用以查阅资料为主，满意度最高的是馆藏数量。希望增加多媒体设备是大多数人的要求。人们对现有流程没有太大要求，对休闲空间接受度非常高，对于提高利用率空间，他们希望增加小组讨论空间。我将题目细化到美院图书馆，我认为这是问题中最尖锐的。上面是清华大学图书馆官方介绍，以上是8个美术学院，这是我用清华美院馆藏数量和其他的比，设备上有很大差距，设备齐全的只有16台电脑，座位方面官方介绍有200多座位，事实上只有145个座位，数据库方面是我们的最大优势，因为清华美院可以和清华大学共用数据库。这个调研基础上进行实地调研，这是二层阅览区，对应问卷中反应环境不够安全的部分以及座椅不多的部分。这是使用频率的问题，事实上美院图书馆学生利用率远低于这个频率，学生倾向于使用老馆，说明美院存在非常大的问题。这是比较明显问题，漏水很严重，影响美观和使用。

这是中央美院图书馆，馆藏非常多，央美图书馆照明值得探究。四川美术学院图书馆是我知道的美院图书馆中最完善的，文献非常多。这是我经过对比，对美院图书馆结论三方面的总结。根据这些问题提出改造方向预期，预期图书馆应该分7个新功能分区：图书馆典藏区、团体讨论区以及教学区等，特殊典藏区根据美院学生情况，针对环艺系等相关专业设置相应的材料图书馆。

这是一个具体化的设计概念，美院AB区只有三层和四层相通，图书馆只有三层和B区通，流线不方便，应该开放三层入口，增加独立讨论室。AB两区联系非常少，所以想建立之间的逻辑关系。这是我的意向图。从图书馆看，它们空间通透，我预计在图书馆设置一个色彩系统，不同功能区用不同颜色表示，使同学辨认功能区。

主持人李飒副教授：

邓斐斐通过调研发现了目前美院图书馆的弊端，这个弊端我们老师和同学已经困扰很久了，这也是我们合并到清华大学之后很大的问题，所以我们期待她有一个很好的方案，让院里解决现有困难。

王铁教授：

刚才这位同学在调研方面确实不错，但是做任何事都要有基本原则，我听了以后，感觉你好像是中国图书馆管理学会的，9大美院当中图书馆如何使用，这个应该是后勤做的。你要做什么东西我看不出来，你做导视还是做设计？图书馆有馆藏量，有长期陈列，有动线，现在已经规定不能随便改建筑，你做什么？刷颜色还是做什么？我不太清楚。如果清楚这点就知道你想做什么，馆藏量不够加建，还是怎样，这个特别混沌。不需要你回答，给你一个思考。下一步就更清晰了。这里最重要的是没有任务书，没有设定要做的条件，都改什么东西，哪些东西，只是一个调研。可能需要倒回来再写任务书。要有任务书，出了题按要求答题，不能说有一个意愿做这个，要人大委员提议案可以，做设计不行。馆藏量设计有任务书，不是说想设计这个不可能，要有规范，要查建筑资料里关于图书馆设计的规范要求，非常之详细。给你一个建议，对你下面思考非常有好处。你要找切入点是干什么，前面非常好，希望你捕捉一个亮点。

马文豪同学：

大家好，我是来自天津美术学院环境建筑学院的学生，题目是天津市近代历史博物馆建筑及景观设计。我从以下四方面阐述本次汇报内容，任务书解读：这是西开教堂现状图，1916年修建，历经百年今天仍在使用。由于项目3~5公里范围，节假日限流，所以我们后期重点研究项目半公里之内的范围。这是主次干道分析、基地周边公共交通分析，得出通行量大、人流密度大。通过这张图我们可以看到天津城市道路分布的不规则形状。这是项目用地性质分析，项目周边的一个绿色分析，项目周边建筑密度大，绿化范围小，现有绿化难以满足项目周边的整个绿化需求，加高密度的人群后期设计时，项目内部应重点对项目绿化进行补充。构思过程和分析：这是高密度城市人们的生活现状，我打破这个现状，营造城市绿岛，我们可以尽情呼吸。回到项目，28500 m^2，有以下三个主要范围。这是项目现状平面图，能够大致了解项目现状情况。这是项目现状3D图，可以看到周边建筑对项目内部呈压迫之势，因此，结合周边高密度情况，不适合做体量大的建筑，适合做可观赏的城市绿地景观。

这是我对传统建筑的解读，传统建筑更多考虑人在建筑中的感受和在建筑外的感受，忽略人在建筑间的感受，应该打破建筑和景观之间的明确界限，弱化边缘，使建筑和景观融合，考虑人在建筑和景观间穿行的不同感受。天津在历史上划为多租界，这些图片是当时租界区的地标建筑，在今天的天津是一个旅游景点。天津路网复杂，是由于各租界划分以及海河形状共同构成的，天津可以说是拼贴城市。天津近代由于层层叠叠的不断拼贴给天津留下深刻的烙印，外来和传统文化碰撞、东西方交流融合，形成天津广阔、包容的城市现状。也正是因为这种关系，形成了天津，为天津近代发展奠定坚实基础。

我们带着这种理念研究项目用地，最吸引人的是西开教堂和附属建筑，如何构成新的契合状态，我想使原有和现加建筑形成完美衬托，尽可能解决一些周边的实际问题，为了保证新加建筑体量不影响原有建筑体量，建筑和景观做下沉式处理，减少建筑的相对高度，达到新契合状态。以下是工作流程和日程安排，汇报完毕，请各位老师批评指导。

段邦毅教授：

这位同学所有问题说得很清楚，真的值得学习，说句鼓励的话。

马文豪同学：

谢谢老师，我会更加努力。

张月教授：

这位同学的汇报非常完整，包括天津的历史脉络，还有呈现的空间特点，我觉得光前面对建筑空间类型提出的建筑和人的关系那三个图片就挺好，自己有清晰的思路。现在唯一的问题是，你这些想法都挺好，但是它们串一条线怎么样串，拼贴的想法，怎么在一条路串起来很重要。你做这个课题的时候可能冒出很多不同的火花，有的可能有价值，但是做同一件事情一定要沿着一个思路，你可以做很多，但要抓住最重要的，其他的以后再研究。当你有很多好想法时候，要抓住重点，不要什么东西都塞进去。我觉得伟大设计基本都非常单纯，你这个也是。你的设计要抓住一个点做。

韩军副教授：

首先一点，所有后面的同学都应该向这个同学学习，这个同学让我们精神起来，很兴奋。我觉得彭老师有这样的学生很自豪。你前面分析都非常好，后面你在视点分析上觉得建筑形态更适合凹形态，这个是一家之谈，我另外一个想法是凸式也可以，这个再思考一下。我对这个持我个人看法。

主持人李飒副教授：

接下来有请乔凯伦同学汇报。

乔凯伦同学：

大家好，我汇报的是山东抗日战争博物馆，分四个部分。首先是区位分析，根据课题任务书要求，设计总面积5000 m^2，一层主要用于抗日战争主题，二层用于用地展示。整个项目交通分析：南部和东部有两条线路，交通便利。项目选址周边有公共建筑，具有良好的地理条件优势。本次设计要求：结合现有纪念馆形象，结合当地特色文化进行设计，主要目标人群以旅游为主，另外包括文化交流，还有高校学习。概念分析：选址周边有很多历史纪念馆，这些纪念馆都过于分散，交通不便，不便于交流。在现有展馆图片上看出整体风格过于雷同，缺乏设计感。在下一步的设计中，我将对以上问题进行改进和再设计。整个展馆室内空间分三部分：序厅、革命根据地发展展厅和纪念厅，用全媒体形式展现英雄事迹，通过报告厅用于公益讲座以及会议需求。这是整个展厅大体的空间划分，整个空间主要展示抗日战争历史时期，以空间序列进行排序。建筑元素提取：对沂蒙山进行元素提取并加入具有本地特色的建筑元素，通过体块交叉、剪切形成建筑外观。设计意向：这种战争博物馆用简单的设计语言才能表达庄重空间。

乔凯伦同学

最后是工作安排，课题进度。汇报完毕，谢谢！

彭军教授：

这位同学做了一个博物馆设计，首先我觉得做得非常精致，尤其前面展示脚本为你将来后面的设计奠定了重要的基础。意向图对你自己的设计应该有启发，但现在看空间稍显呆板，难以达到意向图的要求。我建议再丰富一点。

答辩现场，冼宁教授为学生做现场指导

陈华新教授：

我觉得这个同学挺不错的，博物馆实际有两方面，一个是展示内容，另外就是展馆的部分。展示内容以战争为主题，比较清晰，特别是有区域化的范围。另外我觉得战争可能还要再细化，比如你指的这部分，刚刚看你说的主要是抗日和解放战争。下面应该再明确一下，因为时代不一样，战争很多内容，要展示区别，这一点再清晰一下就好了。另外展示空间的设计，我觉得流线特别重要，现在每一个空间使用似乎功能方面考虑得挺细了，但是流线也非常重要，建议在流线方面多下功夫，考虑细致一些。谢谢！

冼宁教授：

我看了你的开题，做得很深入，我觉得你在前面专门提到周边几个博物馆，说它们比较分散，这作为开题不好，应该接下来说你做这个博物馆的目的是什么，怎么做？你做的目的应该说清楚。

赵宇副教授：

一个博物馆规模不小，你的任务是做建筑还是做室内的？刚才前面一个老师说到整个形态有点呆板，可能出在建筑上，你要把压力减小。

主持人李飒副教授：

刚好三点钟，我们已经完成16位同学，后面还有21位同学，我们只休息10分钟。

（休息）

主持人李飒副教授：

下午开题汇报时间比较紧，我们没有给大家留这么多休息时间，今天其实比较辛苦，需要大量脑细胞加速运转。下面有请角志硕同学。

答辩现场，石赟先生

角志硕同学：

我的开题报告“高出一头，深处一静”——天津历史博物馆景观设计，分四大部分，第一部分讲5个分析简述。天津是中西合璧古今交融的城市，项目处在CBD和RBD中心。这是交通分析，项目周边交通网络复杂，主要干道包括南京路、营口道和滨江道。这是我做的数据统计，四川美院的学生要去项目地考察可以坐城际快车。这是我对周边资源分析的图，黄色代表商业，红色是学校，蓝色是医疗系统。我们可以看出项目周边商业十分发达，人群是聚集的。这是我对项目的日照分析，项目大部分处在6小时以上的日照，几乎整个项目都处在6小时日照。我的建筑和景观可以根据我的分析做景观廊道。这是我在周边照的一些照片，包括高档小区、天津酒店、四季酒店等高档商业区。

我用一张照片简述我的概念。这张是1917年一个社会学家在天津照的，给我最大感受是“静”。在1917年这个照片周围没有现在的建筑，有一种很庄严的神秘感。到现在，周围有了商业街区，有了高楼大厦，近两年又有了雾霾。整个气氛不如以前照片那样有一个神秘感或者庄严、严肃的感觉。通过这张照片给我的灵感，将西开教堂周边区域定义为“静”，将天津环球金融中心定义为“闹”，以滨江道把它们串起来，闹中取静。西开教堂本身是地标建筑，是有可识别性的，是历史多元化产物。可达性是我要做的景观，区域的休息场所是人群的目的地。体验性是我做的博物馆，通过博物馆展览使心灵得到体验和升华。

我用天际线来阐述建筑景观的概念。这是从南到北的天际线，天津现代城是天津区最高的建筑，整体呈M形，项目处在最低点，因此不易建太高的建筑，以免破坏整个教堂的氛围，我们将建筑作下沉处理。这里有三个数据，28500 m^2是项目课题总面积，15950 m^2是景观及其他用地面积，即做流线形更多的绿地面积。什么样的？就是根据这个照片的灵感，涟漪水波浪。什么是“涟漪”效应？我会控制几个点，这是其中的一个意向造型，可能作蓄水池，办公室和展览区在地下，有一个停车场解决周围交通。

陈建国副教授：

同学分析得很详细，前面对体量、西开教堂高度做了不错的分析，但后面挺失望的，好多建筑好像做成地下的，从建筑节能角度景观不是很好，现在提倡绿色建筑，应考虑采光和交通便利。

答辩现场，陈建国副教授

赵宇副教授：

这位同学设计任务应该再明确一下，设计景观还是建筑应该明确，不然从最后设计建筑的时候大家有点反感。

马辉副教授：

天津美院同学的讲解，我觉得从分析可以看出来做得非常好，这个值得学习。提点小建议，最后结论"涟漪"部分，你有个推导，单纯从推导上是不是可以综合考虑其他的分析结果。

李荣智讲师：

我不是非常喜欢你这个表达，一些分析做了大量工作，分析工作挺到位的，但我始终感觉像鞋里有沙子，欠缺到位的东西。尤其是“高出一头，深处一静”，一个语言文字表达不流畅，再一个总感觉不知所云，这是个人感受。观点非常好，如果能够把语言总结得更有说服力、更流畅、更有道理更好。

亓文瑜同学

亓文瑜同学：

在项目用地周围有重点城镇分布以及水域资源，交通较为便利，章丘是有史以来最大的文化单体项目，利用地势在北、西、南方向分别设置了图书馆、规划馆以及群艺中心，博物馆位置在此。这是现场调研的一些照片，通过现场调研我得到以下结论：项目周围有图书馆、艺术馆等公共建筑，且较成熟，引来大量人群，项目周围的文化色彩浓郁。该项目是政府支持的社会公益项目，目的是大力发展弘扬当地文化，通过调研周围一些居民和大学生，他们知道章丘文化薄弱，建立该项目可以宣传本土文化。

下面概念阐述，产生了很多名人，李清照等人物，还有民俗文化。对于选题的文化意义，城市文化体现城市底蕴，发展好本民族文化才能走向世界，所以民族的才是世界的。我们从自身民族发展选题的社会意义，把巨大文化资源作为产业优势的竞争力量，把特色变为品牌。根据课题任务书，对于项目的定位，做了以下分析：有公共服务设施以及文化传承性，还有展区的合理规划。在现存的博物馆当中，由于对于文化建筑过分重视，大家对建筑的外观过于攀比，导致建设之后内部空间不足，建筑空间大量浪费。根据这些现存问题，我提出创新点，首先确立“山城相依”的概念。

下面是展示空间，最大限度地保留本土地域特色，利用自然使室内建筑和周边环境高度一致。通过设计脚本分五个空间层次，首先是星星之火，还有济南故地等等。下面是人流动线参观路线图，伴随空间动态，使人们情绪跟着历史演变产生对历史的共鸣与反思。下面是建筑的空间序列，入口门厅、展厅展示的主要人流路线，以及后面工作人员动线和展品流线。接下来说设计理念。首先建筑外观“山”的造型，从两点进行分析，一是“一成山色半成湖，山有形意无形”，山很雄伟，而且我认为山的雄伟是取决于山的“根”，在地表以下，它的“根”无边无际，博物馆的功能就是将这种文化展现在观众面前，这是我选择“山”这个概念作为设计元素的原因。通过设计元素提取我做了初步的设计，建筑单体通过挤压、切割构成山体，形成一个不规则的状况，打造一种打破方正的属性，形成抽象的“山”字。汇报完毕，谢谢老师。

答辩现场，齐伟民教授

齐伟民教授：

介绍透彻，体现对项目的理解认知，我觉得刚才你讲的对整个项目背景场地的分析归纳，包括历史人文这种文脉的调研非常充分。也就是说想表达的元素比较庞杂，容易干扰你最终确定一个主线，大多数同学或多或少有这个毛病，各种因素提取太多。我想起李嘉诚在有关房地产开发的话，“第一地段，第二地段，第三还是地段”，但我觉得搞建筑第一是场地，第二是场地，第三还是场地，你这个项目的建筑形态生成什么样的？以什么样的面貌和形象出现？首先还是要仔细研读分析场地，不同场地最终决定不同的建筑面貌，只有研究这个，以这个为主线再考察其他的项目，形成一个不同于其他场地地段的独特的形象。

韩军副教授：

我不太一样，因为刚才这个题目实际上是针对室内的命题，齐老师说得很重要。但我想说针对室内题，对于外围建筑，对于周边的关系可以少考虑一些。可能更多是强调室内这一块，室内这块在前面表述当中我发现了一些问题，现在展馆存在很多空间使用和展馆功能性有很多现存的问题，我觉得你这点很好，意识到这个问题。但是你后面陈述当中，恰恰有很多东西和它矛盾，比如“山”，山只是对建筑形态有一个概念。你里面的空间又怎么避免那些问题出现？这是你要考虑的。我觉得在下一步进展当中，你要注意自己的概念生成和之前自己考虑到的这些问题，不要互相矛盾。

马辉副教授：

这个内容非常好，但是我有一点担心，通过大量分析得出来最后的结论是山形建筑外形，这种深层次分析最后得到一个表层次的结论，这个是不是考虑得欠全面。

汤恒亮副教授：

5秒把PPT快速过一下。我讲里面的问题，两个关键词，一个形而上，一个形而下的东西，要处理好这两个关系。听完你的开题，有一度我感觉你是在接待一个旅游团，但我们是设计师，不是导游，历史知识背景需要了解，但不是我们需要掌握的东西。我们开题报告的目的在于哪里？不是让你把工作做得很充分、很远，我们开题报告的目的很简单：发现问题，分析问题。解决问题是下一步的事情。比如平面图是以后的事情，不需要这步做出来。大家通过天美的同学，调研做得非常充分、非常好，但是大家有一个共性问题是调子起得非常高，落地时候却非常小，甚至和调子毫无关系。形而上东西如何落地变成形而下，这个需要考虑。

张思琦同学：

本次课题理念是把教堂作为景观的一部分，成为一方净土，以下5个部分向大家介绍我的设计方案。我对于项目进行了非常详细的分析，但是基于我的设计理念，我仅向大家介绍和我设计理念相关部分的内容。首先是第一部分的区位分析。基地内的保留建筑西开教堂是天津最大的罗马建筑，营造非常浓厚的氛围，有着非常高的历史价值，是研究天津近代历史的现实教材。如今西开教堂不仅仅具有宗教意义，也是中西方文化相互交融的见证，作为近代历史的载体，受人们尊重和喜爱。我的设计以延续教堂给人祥和的感受作为前提，不破坏西开教堂原有的宗教文化氛围。天津民俗和风格体现天津市民生活的丰富性，人与人在交流中寻找快乐。为了还市民一方净土，新建筑应该做到承载市民活动，并且丰富城市公共空间，不阻碍人流动线。基于上述分析，以下阐述低碳理念。华北地区雾霾严重反应生态问题的迫切，我们希望我们的近代历史建筑可以增加绿化率，减少碳排放。对于上述分析我提出四条设计概念，第一点，隐藏性建筑博物馆，可以营造文化氛围；第二点，公共空间，可以承载市民活动。第三点，建一个广阔地形，保持人流动线畅通。为了减少碳排放，建设覆土建筑。 这是初期方案，形式应该是广阔地形。这是一期方案平面图，地上地下各一层。朝北方向主路口是半地下形式，两侧是一方净水，人与水视觉有变化，缓坡不仅是博物馆入口，也可以连接中庭，中庭设计是室外空间融入室内空间。教堂建筑平面图承载了人们内心的平静，融合宗教博物馆和周围环境，下面是立面图，站在博物馆处给人焕然一新的视觉体验。介绍完毕，谢谢大家！

玉潘亮副教授：

我谈一下自己的看法，这是一个有详细任务书的课题，2.85公顷，有4万多m^2的建筑面积，任务书里明确陈列大厅1万m^2。我觉得设计可能跟之前天津美院的乔凯伦有相似之处，都想弱化建筑体量感，你用覆土，他用覆水。你是在建筑上覆土，我不知道你们是否考虑过建筑体量4万m^2在覆土之下能不能解决建筑面积，包括你提了一个“生态低碳”，覆土有其优点，有隔热效应，但大量覆土，会不会造成另外一种节能的不利条件？大部分展厅都在地下、半地下的空间内，如何解决这些问题？可能做这个项目时要认真研究一下任务书对面积功能的一些要求。

答辩现场，陈华新教授

陈华新教授：

我简单说一点，覆土这个想法挺好，是生态建筑的一种形式。但是在老城区里，地下管网非常复杂、非常多，做覆土建筑是不是可行，而且体量比较大，这个希望同学考虑一下。

李逢春同学：

各位老师、同学，下午好，我来自内蒙古科技大学。我今天汇报的内容分6大块。首先是选题区域概况分析，本次选题位于内蒙古包头市一块商业比较繁华的地段，这是我对项目基地的位置分析。第二部分是任务书解读，项目名称我起了个名字“智趣”——科普体验博物馆酒店空间室内设计。本次方案设计基地是包头地方政府和地产开发商共同开发，要打造一个具有商业及工业价值的特色酒店。因为要满足四校课题提出的博物馆命题方案，所以本次思路是在体验馆命题之上增加酒店商业元素，营造酒店与博物馆相结合的空间，最终达到设计要求。

下面是功能分区定位，首先是展馆区，包括陈列区、休息区、多媒体科普教育区等等。 第二块是酒店商业区，包括酒店客房区、餐饮区、电影院、休息区、主题商业区。以下是现场调研，这是我在现场拍的照片，以及建筑方面的一些基本数据，还有平面图。接下来是我对它的人文环境分析，基地周边有大片学区房居民区，还有学校以及大块商业区。这是我对基地周边酒店情况的一些分析，项目基地附近酒店多数为商务快捷酒店，酒店形式传统，缺乏主题性。这是我对这次调研的总结：首先包头目前缺乏体验式展览馆，基地靠近商业区，商业价值待挖掘。周边学校比较多，学校传统的教育形式单一，缺乏趣味性，是咱们国家目前教育体系存在的一个问题。 基地周边有大片学区，有很大需求缺口。基地周边酒店形式太单一，缺乏趣味性。下面是选题目的和意义分析，分两大块进行分析，一是社会工艺方面，为周边学校提供实验教学基地，补充学区房需求，便于学生和家长补习知识，健全社会文化发展和人文教育体系。二是商业价值，打破传统展览馆建筑和运营模式，融入商业性，商业模式下与体育馆融合，二者互动，然后提出全新的组合模式，带动商业业态向多元化发展，丰富区域内商业类别。

接下来概念讲述和意向图。意向图提取于我调研的北京的一个艺术品主题酒店。我本次设计的主题可以借鉴它的一些设计理念，所以提取它一些比较有代表性的照片。首先是大堂，充满艺术性，艺术品长廊，然后商业区，产生商业效益。这是主题概念。这是设计思路，设计思路是人为地打破传统意义博物馆的参观形式。最后是设计思路，后面是一些进展。这是意向图。这是课题时间安排表。谢谢！

张月教授：

这个题目把我吓倒了，你这里想解决的问题太多了，又想做酒店，又想做博物馆，还要搞实验教学基地，努力方向差异性很大，而且包括了这么多功能。我不知道是不是原本任务书这么明确要求的，但至少我觉得这里需要解决的问题太多，我建议还不如只做其中某一个东西。因为其实最后题目本身不在于大小，关键是自己学会解决问题的方法，最后完成设计，要把有限的时间和精力集中在某一个地方。

赵宇副教授：

我倒是觉得，一个博物馆式的酒店可以尝试，现在几个开题都把这两块分开了，功能上分两个板块，一个博物馆，一个酒店，这两个这样分开没法做，可不可以考虑让博物馆分私密和开放两部分？哪些东西是博物馆性质？哪些在开放的部分？私密部分怎么样处理？我们以前有有关方式。

张文鹏同学：

各位导师，大家下午好，我来自山东师范大学，导师是段邦毅和李荣智老师。根据课题任务书的要求，这次选题为滕州博物馆新馆设计，分四部分说一下课题报告。项目具体位置在滕州市文化中心，这是新馆选的位置，这是它的道路分析以及周围客流概况，新馆位于广场中心，新馆在这是为了达到一种文化气氛。这是项目周边的一些馆，这里有滕州市美术馆、鲁班纪念馆。通过调研我发现这里交通便利，适合建立新馆。滕州历史悠久，有很多名人。滕州自然环境优越，有许多旅游名胜。概念阐述：接到课题收集了许多资料，发现一些问题。不包括小博物馆，国内总共2200多家博物馆，大多数出现门前冷落的状态，去博物馆的人很少，除了学校组织、社会人员、老年爱好者去，其他人很少去。

长久以来中国博物馆不能走进社会民众，在社会和大众关注的边缘地带。博物馆没有真正理解自己的位置，没有理解工作的重心目标和方向。博物馆的生命价值不在于拥有多少房顶，而在于如何发挥其巨大资源。我认为博物馆要从发展的自身脉络、世界博物馆发展新趋势、政府要求等方面出发，对博物馆公众服务，以社会教育作用为定位，认识以教育为核心的工作服务，从后台走到前台。根据课题任务书要求，设计目的是以声光电等手段，营造多种参观氛围，让参观者可以更好地融入博物馆室内空间中去。要注重文化传承，滕州文化优秀，拥有自己的文化底蕴，发展建设滕州文化博物馆对提升自身文化竞争力非常有好处，要合理规划，室内空间以历史为主线，使人们在参观中留下深刻印象。注重人性化和无障碍设计。以博物馆历史发展为主线，真正达到教育和传承。

下面是我对整个方案的一些想法，这是陈列方案、建筑空间序列，包括群众路线、专业人员路线等等。这是建筑设计意向，“宫”这个字蕴含深厚的中国文化在里面，提取这样的符号，将符号转变扭曲得到一个建筑外形。这是通过草模做的功能空间和分析。这是工作安排。谢谢！

张月教授：

你这个比较典型，现在有一种现象，形成一个套路。你在做你的分析时候，前面有很多东西积累，但其实看下来，前面说的东西和后面做的东西没有关系，把其实与设计毫无关系的地理文化都搬出来，看起来是很学术的方法，但其实跟你的设计有什么关系？你前面讲地区，最后到文字概念，这个概念和你前面东西没有关系。从一个角度，你有一个参照体系分析问题所在，这是分析。你只是列出来不是分析。你的调研是有目标的，你要针对这个问题去调研，需要检索，我拿一个照片不叫调研。很多学生有同样的问题，分析是分析什么，分析要有

答辩现场，张月教授

结论。比如大了小了高了低了，色彩不够丰富，总要有结论，没有结论的分析不叫分析。

齐伟民教授：

做一个简单补充，重复的不说了。这些年来全国各地博物馆随着文化发展有很多，我觉得有通病。不管设计师也好，还是学生，考虑的因素承载的内容太多。博物馆也好，美术馆也好，最终是呈现展示的主题，也就是展品，比如美术馆是艺术品，博物馆是历史文物展品，这些东西是主体。作为博物馆设计，不管建筑设计还是内装设计，只要解决好基本空间、形态动线就足够了，没必要让建筑承载这么多非常庞杂的横的纵的内容。

薄润嫣同学：

各位老师各位同学大家好！我今天介绍一下苏州博物馆设计，今天从以下几方面分析。首先是基地分析，基地在江苏省苏州市，是工业园区，具有良好的景观朝向，环境优雅别致。图中框取的区域是设计基地，包括图书馆、一个酒店，还有一个小教堂。博物馆是一个纪念性空间，需要承载一定历史文化，基地处于苏州，我决定以苏州元素为博物馆主题。提到苏州首先想起来小桥流水人家、园林、昆曲以及美食。通过查阅资料了解到苏州有丰富的民间文化，其中我比较感兴趣的是苏绣，我选择苏绣作为博物馆主题。下面谈苏绣的历史，宋朝有人说“宋人之绣，针线细密”，说明苏绣在宋朝有很大发展，苏绣有自己的特点。苏绣兴盛于清代，一乡水土养一乡人，苏州自古以来是锦绣之乡。

我认为苏绣不仅影响了苏州城市，也影响苏州一代一代的人文情怀。苏绣最开始是用于衣服上的装饰，之后经过发展被送往宫廷作为贡品，后来这种文化作为表达人与人之间的情感最基础的像戒指一样的东西，文化是可以归为情感的，通过这样清新雅致的气质影响苏州一代人。下一阶段，我会通过材质、灯光以及功能和空间形态，营造我博物馆的气质。会更加注意色彩运用。我认为苏州河道横平竖直，因此考虑空间中加入曲线柔性空间，使两个空间融合。

冼宁教授：

在这里介绍的东西很多是设计当中应该融入进去的，我想问一下，你现在设计建筑还是室内？前面大量时间安排在历史细节介绍，但是没有在后面反映出来，前面的题后面没有好的结尾。

张婷婷同学

张月教授：

这个同学我给你个肯定，其实你中间有一些亮点，但可能自己没意识到。中间讲的细节，苏绣那些细微的美，从你个人角度来讲，没有讲外在宏观叙事，而是从材质、文样细节着手，这是很好的想法。你可以从这些细微的细节美入手，思考空间怎么表现它，这是很好的想法。尤其女孩子特别适合做这个事。我期待能不能把这些发展出来。

张婷婷同学：

各位指导老师好，我是苏州大学的张婷婷，这次毕业设计题目是一个室内设计，选址在黑茶的水源地——光明村。2010年光明村建立中华黑茶文化博览园，这个博物馆是博览园的核心部分。通过这张图可以看到，这个基地最大特点是保留了这个村子最原始状态，少有人为破坏，青山碧水奇石，用原始状态达到返璞归真的目的。这是光明村的一些景观，上面是制茶的过程，黑茶文化融入村子的生活当中。下面没有选比较大的景观，是从小细节看这个村子的人文景观，比如说这个小品是自然的石材，用的是最原始的材料。我选择这么一个地点，就是希望在原本的位置还原黑茶的本质特征。

博物馆功能规划，首先要宣传黑茶文化，进行进一步推广。我要做的事情是要从这么一个黑茶文化体系当中去寻找出最特别的、最能够区别于其他茶系的最独有的特征，来进行一个元素提取，从而演变到室内设计当中来。这是黑茶的历史，我选取的是一些画家的画，展示当时历史的形象，这是一条艰辛的道路——万里茶路。我查了黑茶的营销路线，是分四个线路运往北江，甚至到俄罗斯，全长5千公里。

一路上，当黑茶从单纯商品发展到能够代表中国特色或者当地特色时候，便形成了一定的文化。这一路上所带来一些人文景观是一个文化脉络。黑茶的文化，它的孕育背景是眉山文化，古时候叫“眉山教”，这带来很“神鬼”的一个氛围；“茶马古道”是带着汗水的。我总结的黑茶特性是“厚重本真”以及“力量感”，这两个词语是我接下来设计的思路。谢谢各位老师。

高颖副教授：

同学对茶文化有深入的研究，但是你这个报告几乎99%是茶文化的解读和展现，但是专业的东西感觉很少。任何一个分析和资料收集整理都应该是为了设计服务，但你几乎没有提到设计。你做的这个是室内展示的东西，建筑几层、面积多少必须得有。下一步应该更深入地把对茶文化的理解转换到专业里——空间划分、展示效果体现等等。

王明俐同学：

各位老师，大家好，我是来自青岛理工大学的学生，下面是开题汇报。本次汇报共分用地概况、提出问题、概念阐述三部分。这是1946年国民政府颁布的天津地图，可以看到本次项目用地曾属于天津法租界。该用地位于西宁道营口道交界处，东部、西部以居民用地为主，还分布有科技用地和城市绿地，被地铁三号线穿过，这样的环境人流复杂。用地现有建筑是西开教堂，建于1916年，教堂侧面为同时建造的法汉学院，后面为教会医院，共同形成一大片教会建筑群。

王明俐同学

现在西开教堂区域保护规划列入天津重点项目范围，拆迁工作正在进行，预计2015年6月完工。未来它会变成什么样子？是这样修旧如旧，成为另外一个巷子？还是去旧建新，变成完全不同的形态？是不是可以变成这样子：因势利导，充当文化交流空间的同时，越来越成为一种认知符号，成为一个活态博物馆？活态博物馆更多是作为载体，不限于艺术作品展示，更强调空间元素、集体记忆、社区居民要素，空间元素为载体，集体记忆为线索，社区居民为表达者。活态博物馆具备以下特点：协调街区传统和现在的关系，强调各方面均衡。我希望呈现出的是一个无界限活态博物馆，更重要的是充当一个载体，它所展现是人文、历史、记忆，所有进入到这个区域人都将变成这个博物馆展品的一部分，保护的不仅是一个文物建筑，更是一个区域、一段历史、一种文化。像冯骥才先生说的，我们这样做主要是对今人发出呼唤，留住历史。这是我的时间安排，汇报结束。

齐伟民教授：

首先这位同学下了很多功夫，听口音不像天津人，就读于青岛理工大学。是天津以外的学生，从调研结果看，成果很大，分析也很透彻，特别提出一些思路和想法，包括修建拆除、因势利导，这些思路很正确。通过刚才几个同样题目其他几个同学的介绍，我也初步对这个项目有所了解。这个项目确实太复杂，尤其是周边地块环境，新建筑、老建筑，不同时代、不同层次、不同格调的都混杂在一起。你面对这个题，作为学生难度非常大。

刚才一个同学拿贝聿铭老先生的作品作为参考和借鉴，很有意义，但是贝老先生设计的华盛顿美术馆所处的地块干净，是处在华盛顿接近国会大厦的梯形地块上，直接发生关系的是老馆。正好这个城市规划分布单纯，最后出来那个形象形态就跟地块有直接关系，很单纯。周围环境很单纯，线索思路很好理，咱们这个，我看了半天很难形成非常鲜明的一个思路。现在这个教堂应该是核心建筑形式，新建建筑是作为附属烘托，还是凌驾于教堂之上，作为一个比较有标志性的建筑？具体怎么做，咱们每个同学有不同的解读。

彭军教授：

我觉得这个同学的开题报告是有主动性的报告，对现有和周边的一些原有的旧建筑进行了非常深入的了解，不是泛泛的。调研元素都是为你主观上未来的设计选取的，不是资料的陈述。这点能让我感觉到你在宣扬什么，在发表自己的见解。期待你后面怎么做得更好，尽量不要做成一般意义上非常孤立、非常“炫”的建筑。

王铁教授：

开题你可以异想天开，现在没有把功能融入建筑里面，无法想象下一步是什么，你把平面、结构、形式固定以后就不一样了。现在随便想、随便做，这是你在调研之后的一种期待、一种理想，这是鼓励你继续前行最重要的。

张和悦同学：

老师、同学们，大家下午好！我是来自青岛理工大学的同学。设计题目为天津市近代历史博物馆建筑概念设计及景观规划设计。首先看到这个题目的时候就知道这不再是单纯的一个景观方案，而是属于建筑与景观结合的城市综合设计。我来自青岛，所以对青岛和天津共同的多元文化有一定的认识，这种熟悉和陌生在一起的感觉很复杂，对我来说这将是一件有趣的事。

从以下三方面完成汇报，首先让我们整体了解一下天津。天津是一个码头城市，发展优势显著，此次课题项目基地就在中心城区和平区。中心城区是天津城市功能核心载体，和平区位于天津市中心，是天津历史氛围最浓郁地方。本次课题位置位于西开教堂风貌保护区，这个地段是很重要的。西开教堂是天津著名地标建筑，周边以居住区为主，配套CBD高密度商业区。通过网上调查以及分析，总结现有问题：第一道路狭窄、道路等级低、交通拥挤，第二地块周边居民密集，第三周边环境杂乱无序。通过以上问题开始展开思索这里需要什么？西开教堂风貌保护区我们应该尊重它，我感受到它是敏感的，我们可以发展并与之呼应，同时它又是城市热点地段，信仰的力量、多方文化碰撞，使这个地块成为敏感热门的城市片区。这里需要一个休息场所，吸引外来游客，但是尺度需要考虑。人群再次集中带来的将是交通的巨大压力。在我看来这里充满各种不同符号：老城文化、西方文化、古今建筑、中西建筑结合，好比集京剧、歌剧、二胡等等元素为一体的大舞台。这里是文化大杂烩，是褒义的，是有特点的“杂”。再看这里的景观道路都是乱的，是让人感到闷、和本地段格格不入的。本方案应以建筑为主调，在城市规划设计中形成新肌理，和地方文化碰撞，依托西开教堂的力量，使景观设计为这个地段注入生命力。这里的“杂”是景观各个元素之间“杂”，是对周边带来不同功能的“杂”。现代建筑和传统建筑碰撞，文化之间碰撞，好比交响乐一样，乐器间碰撞中做到杂而不乱，碰撞的力量着手形成一个有特色的施工场所，产生别样味道。以上是我以后将要思考的方向。这是时间安排。我的想法还不成熟，希望各位老师批评指导。

陈华新教授：

刚才这位同学讲得非常好，对天津地块分析抓住重点了，而且是跟课题结合比较密切的一些方面，这个挺好的。

李思楠同学：

大家好，我是中央美术学院的，这次选的题目是天津历史博物馆景观和建筑设计，我这次汇报分5个部分。第一部分是区域分析，基地在天津非常靠近市中心的地方，从基地归属性来看，这个基地一定属于服务空间，服务于商业和住宅；从基地两个方向的剖面来看，西开教堂在周围街区中占非常大的体量，对我们接下来的建筑工程设计是一个保障。我们这次任务书分两部分——景观和建筑。分析任务书得出，景观设计应强调满足不同人群的使用，要注重城市天际线设计，是打造多功能建筑。

下面是调研部分，从红线与周围建筑用地的关系可以看出来，周围空间有一部分压抑在里面。这是对基地的调研，不同颜色代表不同方位，从这些照片可以看到，很多边界需要改善。这是西开教堂现状，这个教堂本身改变并不大。根据以上调研和任务书提出关键词：公园式博物馆、近代历史时间轴、纪念性建筑、仪式感、洗礼池。为什么选这几个关键词？是为了强调景观和建筑结合以及对绿地间要求。建筑要满足功能和形式的需求，要在建筑平面中同时满足形式和功能。我还没有找到符合这个概念的意向图，这是北京大学一个台阶，时间轴如果能够和台阶巧妙结合将使我的博物馆增色不少。以上是我的博物馆的设计概念，咱们下次见面在苏州，我期待下次和大家见面。谢谢大家！

冼宁教授：这位同学前面做的调研挺细的，最主要是介绍方案的状态松弛有度，挺好的。但你后面把概念整理出来，和前面分析之间缺乏因果关系。只有突出因果关系，才能证明前面调研的必要性，应该增强这方面。

李飒副教授：

我们同学思路越来越清晰，所以老师们对大家的问题越来越少。

胡旸同学：

各位老师、各位同学，大家好。我来自沈阳，今天很高兴阐述开题报告。这个地区属于大连——中国的浪漫之都，这个地方是东关街，形成于百年前，一度是大连最繁华的地方，是承载大连几代人回忆的地方，现在成了棚户区，被纳入改造计划，也就意味着被拆除，取而代之的将是一个个高层。大连东关街博物馆形成了文化街区，是讲述大连几代人故事的博物馆，是公益性活动场所，但仅仅是这些吗？我真正了解的东关街应该有以下面四方面的价值：第一是文化价值，可以保护传统文化；二是商业价值，能够提升文化品位，促进发展；三是历史价值，是几代大连人的历史见证；四是社会价值，可以促进整个大连市的发展。

我将如何进行改造？我选择三个比较有特点的建筑打造博物馆，改善周边居民的生活环境。这是我做的一些草模，是对三个

胡旸同学

建筑的推敲，对空间的推敲。整个建筑形式有单层有多层，满足层高不低于6 m的要求，占地面积4000 m^2左右，满足不超过5000 m^2的要求。

在对空间推敲过程中我发现这个红色范围内是一个违章建筑，这次改造计划中，将其拆除形成一个文化广场，在博物馆前广场打造一个新地标。整个建筑形式感多样。三个建筑不相连，如何串联起来？我想到了类似这种的空中廊道。这是博物馆参观路线，这是工作人员路线。整个博物馆内部空间希望形成一种历史感碰撞的感觉。这是报告厅和公益中心的意向图。这是时间安排。谢谢！

姚国佩同学：

大家好，我来自吉林建筑大学。我的设计理念是"听水"，谭盾说了一句话，"水是大自然、地球和心灵的驱动力"，水的各种存在形式——井、湖、河、海都与大自然和人的构成及生存有紧密联系。为什么我会说到"听水"？现在的设计基本上都注重于视觉形式的设计，而忽略了听觉以及其他感观的设计，我的设计是想要把听觉融入到设计里面去。

基地位于天津，是华北平原五大支流交汇处，天津的形成和发展和水有着很大的关系。左上角图片是天津20世纪的码头照片，右上角是现在的码头照片，左下角是海河20世纪的老照片，右下角是现在的照片。这两组照片对比，说明什么？说明水的作用，对于天津的发展起到极大的促进作用。水作为一个纽带，联系着天津的过去、现在和未来。现在具体看一下基地。基地位于营口道和西宁道交汇处，周边人流密集。基地内主要建筑有西开教堂，西开教堂1916年由法国传教士主持修建。这是基地周围的一些照片，右边三张图片是北京望京SOHO，说明一个问题，景观、建筑和室内三者是互为一体的，要你中有我，我中有你，这样才能设计得比较整体。我的设计方向是利用河流蜿蜒的自然形态，作为博物馆人流形态，将天津市各个时期的文化联系起来，在路线中我将融入听觉的设计，比如滴水声、河流的流水声，让游客在这里行走后，通过这些听觉上的感受来想象天津的历史发展。谢谢大家！

答辩现场，韩军副教授

韩军副教授：

你这个题目叫"听水"，我总觉得要强调听觉，实施起来有问题。因为不是做瀑布，展馆不一定达到这么静，让你静静去听。我建议你这个主题应该跟展示的东西对位。

李桓企同学：

各位老师、同学，大家好，我来自青岛理工大学，下面开始开题汇报。我的汇报分三部分，第一部分是基地分析，第二部分是现存问题，第三部分是设计理念。由于刚才地块大家说了好几遍，基地现状就略过，只说我自己有特色的东西和想法。这张分析图分析的是天津的文化街区节点分布，天津文化氛围很浓郁，沿着海河历史文化街区展开形成曲折的文化流线。西开教堂地块位于文化轴线很重要的中心部位。随着城市的快速发展，每个城市都在不断建设自己的高楼大厦，我们会发现每个城市都会有很相似的一种感觉。每个城市又想找到自己的一些独特的东西，和其他的城市区别开来。这张照片是以前西开教堂前面滨江道的景象，和现在照片对比，红色区域是原有的空间，绿色是现在的建筑空间，我发现虽然西开教堂建筑保护得很好，但是周边环境在变化。我们如何把地块做出特点，区别于其他文化街区？我把我的视野放大到一个城市集体当中，从城市记忆中，发现天津很有意思的一种建筑形态——里弄，下面用一个小动画分析一下这种建筑形式。

下面这张是里弄的基本形态，是三面建筑围合的空间，中间形成一个平面式的空间，人们可以互动交流。接下来设计思路是利用这种传统文化里的一些元素，在原有空间基础之上加以突破，融入整个城市中。

刘方舟同学：

大家好，我来自天津美术学院，我给大家带来的是天津历史博物馆建筑与景观概念设计。下面我给大家解读一下天津这个城市。天津受海洋季风气候的影响，四季分明，运河文化有自己独特的魅力。基地位于天津和平地区中心地带核心位置，周围高楼林立，有非常繁华的业态，有一个非常古老悠久的老西开历史建筑物——教堂。周围建筑类型主要是住宅还有商业，包括医疗还有学校。这要求我们安排好场地合理的流线，周围地形四周高，紧紧压迫这个场地，不难看到密度十分高。要求我们优化地块，延伸绿化轴线，完善周围绿化节奏。这个城市纷繁复杂，我们试图在无序的建筑语言中找有序条理。这要求我们以怎样一个姿态面对这个历史建筑？我们用何种建筑手段将这个历史延续下去？首先我想起海河，两岸发生过很多惊天动力的历史事件，历史沉浮，沉淀下来是天津历史遗存，我们如何把天津历史遗存保留下来？包括河面，这是建筑的概念和来源。我们想回应整个历史，回应天津城市沧桑。我的建筑是对历史和场地的回应。

张月教授：

这位同学设计的思考确实对地块现存状态梳理得比较清楚。我唯一的问题或者疑问是，如果你要关注这个城市，其实应该考虑这个城市的需要，这个场地让你做什么，你投资方或者你的用户需要什么。你既然在思考，应该把这个想清楚。当这几方利益一致时候你了解，矛盾时候要考虑怎么协调。满足任务书情况下怎么保证符合城市的特点，包括符合地块。因为地块是社区，是公众性的，不能因为个体群体的利益伤害社区利益。这其实是两件事，不是一件事。你能不能把这几个层面想清楚，最终有比较理想的答复。这个社区本身里面的人关注什么，公众属性的需要是什么，不是简单地块的理解，要深入进去，要了解更多的信息，那样做起来会和现在的想法不一样。我觉得现在有点太简单了。

马辉副教授：

我对天津美院这几个同学的演讲印象深刻，也能看出来同学们对项目非常认真。我从你的项目分析，也能看出包括对历史的梳理，对文化的提炼都比较好。我提一个小建议，考虑一些人的主体对这个景观的互动交往，如果把这些综合因素都考虑进去，不单纯是很具体的大的东西，就会更加人性化。

杨坤同学：

各位老师、各位同学，大家好，我来自山东建筑大学，我今天的题目是鲁班博物馆概念设计。首先，我向大家介绍课题背景。相信提起鲁班，大家并不陌生，我稍微介绍一下。鲁班——古代发明家创造家。我围绕三个基础概念，在后期工作中逐步以三种理念打造这个博物馆的基础形式。接下来向大家介绍选址——山东省滕州市，市区距离高铁站7.4公里，滕州是个不大的城市，总人口150万。选址位于山东龙泉文化广场，广场绿地率为60%。龙泉古塔等一些有文化特色的建筑群围绕在广场周围。广场是集旅游、观赏、文化、教育于一体，是综合性开放的公共游

杨坤同学

乐场所。

我的初步理念为两个词，“开放”与“融合”，这个区域北靠即将开发的商业区，两边是延河绿化带，是已经建成的，还有刚刚建成的滕州博物馆。这里文化建筑群聚集，属于健康绿色的大环境，加上地理条件，为博物馆的吸引力提供可能。接下来是平面图和方案设计，结合中式传统庭院环绕的形式，突出展示功能。初步设计博物馆以展厅为主导，提供三种不同形式，结合周围的一些商业条件，我提供6大类主要功能，景观上将会打破原有的绿地规划，增加一些室外活动广场，后续工作可以不断细化。这是我的时间安排。谢谢大家！

张月教授：

这位同学其实整个想法初步来讲还可以，只是有一个问题，建筑应该反应内部人的活动方式，其实你更应该关注展馆里面的展览是什么，展陈形式以及观众如何接触对展馆影响更大。外界环境包括建筑尺度，或者立面的一些细节。应该关注周围街区建筑细节的色彩、道路尺度，这些对你建筑影响更大。你这里这个形体出来，我个人觉得挺突兀，这个怎么出来的？我不知道展览动线是什么？永久陈列叙事性很重要，还有一些外围的功能在里面。这些东西确定以后，再考虑人文环境，考虑建筑立面和周围的关系，理一个线索逻辑关系出来，先从人外化到空间组织，再到空间结构，再和城市联系，这是一个建筑设计的思考逻辑关系。你现在想的东西和建筑体量、形体什么的关系没有建立有机联系，为什么出来这样的结果说不清楚，但这是刚开始，还有时间。

王广睿同学

王广睿同学：

尊敬各位老师、同学，大家下午好，我是山东建筑大学的。京杭运河2千年历史，全长1794公里。京杭运河有三次比较大的兴修过程，济宁运河文化属于地域性文化。运河南北跨度大，地域特色和民族特色相融比较复杂，所以现在对于运河文化保护也逐渐开始转向发展地区运河文化。项目位置是这块区域距交通枢纽直线范围3公里内。用地东北两侧被古运河环绕。南侧相邻东大寺古代建筑。现有规划难于和周边商圈合作，经营活动孤立。项目定位：结合附近商区功能，整合文化资源，更好连接片区文化，带动文化民俗手工业发展，推行古巷文化街发展。注重古建筑保护，保留区域艺术特性，倡导资源友好的建筑环境。合理规划路线，引入到访者，使参观博物馆成为区域活动衍生行为的延续。创造互动体验，使空间融入周边环境。元素意向：分析建筑材料的运用，找出和现代建筑的差异性，保护古建筑风貌。根据之前调查的运河文化，大概分6个展区展示，包括运河概况、治水技术等等，这些内容会在以后阶段中更加细化，利用小广场和建筑前片区的集散功能综合现有路网，提供线路到达场馆。希望增加多种行动路线，提供更多感受的角度，建立古建筑和城市建筑的新视野，结合水运旅游线路增加集散功能。谢谢大家。

高颖副教授：

你做的博物馆概念设计是建筑外延和室内都包括，现在感觉两个方面深入分析的程度存在欠缺。比如从建筑外延来说，对场地的调研和分析总结没有体现出来，周围建筑什么样的没有感觉到，地块独特性有什么内容也没有感觉到。另外，因为做设计还要有限制，连室内一起做有功能面积的需求，我看到一些图里面有区域功能划分，这个广场区域划分也是不到位。建筑限高是多少，需要几层等等，这些东西还是没有体现出来。

肖何柳同学：

开题汇报四个部分：基地概况、项目解读、概念提出，以及初步设计。基地位于天津和平区中心地段，周围西宁道人流量过大。设计地块周围现存三大块历史文化街区，赤峰道历史文化街区、五大道历史街区呈碗状分布，是否可以形成一个以西开教堂为中心历史文化区？当然可以。需要改善的是道路等级低、人流量大街区混乱问题。新老建筑如何联系？通过景观，通过景观西开教堂和天津历史博物馆衔接。道路和交通人流问题，希望通过景观得到改善和缓解。

最后提出一个"城市芯片"概念。城市芯片是文化之核，西开教堂为主的历史文化建筑作为主基调。这里不单是文化支撑，还需要一个"绿芯"，以它为中心逐步改善周围混乱的形态。提出三个目标：改善、带动和提升，建立新博物馆和老教堂区域、联动性，文化带动经过，提升西开教堂为核心的文化区域链，提升品质。

这是初步设计。西开教堂不单是一个教堂，是一个文化区域。功能分区提出"两心、一轴、四带"的概念，"两心"指两个文化核心，"一轴"指两个核心有各自的轴线，但是通过一个主要轴线紧紧结合在一起。"四带"设计地块周围的延街景观带，意义在于逐步改善周围混乱的街区形态。我们要把握城市"绿芯"概念，保证绿化率，让这里成为一个城市开放的景观区域。最后希望与周边形成联系，逐步带动周围，进行环境文化升级。下面是时间表。谢谢大家！

齐伟民教授：

这位同学直面问题，单刀直入，比较犀利地分析该地块的问题背景，特别难能可贵，提出很好的思路和线索，至于以后究竟项目怎么做，包括后期如何展开，我觉得从目前这个阶段来看，你做的应该是最棒的。

高颖副教授：

这位同学汇报语言非常自信，是建立在自己有很清晰的分析和有自己解决问题的观点上，我觉得挺好。稍微提示一下，目前后面要建一个新博物馆，这个博物馆在尺度上是不是在视线上对西开教堂有一个视线阻挡？

郑宁馨同学：

各位导师、各位同学，大家下午好！我是东北师范大学美术学院的。此次题目是天津近代历史博物馆景观设计，通过5方面阐述：基地介绍、前期设计分析、设计目的、设计表达语言、设计概念总结及下一步规划方向。基地介绍：项目基地位于天津市西开教堂地块，这里可以说是近代历史中现代建筑与历史文化的交界点。

两种文化交流主要体现在两个建筑的碰撞融合，建筑形式从历史建筑和天津现有标志性建筑提取线条，教堂代表的西方建筑是单体空间格局呈现向高空发展趋势。我给建筑和西方不同的向下趋势，用一种包容姿态处理文化差异。这是两个建筑关系和形式的对比。地下参观者通过博物馆参观路线了解天津建筑古籍，地上游览者踏入场地中来，深入其中，感知慢慢趋于平稳。地下空间与地面通过景观节点连接采光。通过光的联系产生一种地下历史对地上的投射和连接。在具体设计中，建筑顶面设计大型滤光器对光进行反射；进行光影表现，通过现在教堂光环境对宗教本源的象征意义，深入对光透明性的表现；剖面概念细部图表示地下和地上空间的连接。下面是设计概念总结：希望以一种东方式的包容含蓄的语言，将不同的空间关系衔接，表现互相渗透、彼此不破坏的新秩序。谢谢！

王铁教授：

为什么是两个人？

郑宁馨同学：

我们两个一起做的。

王铁教授：

不行，导师应该了解课题规定是学生独立完成设计作品，必须一个人做。提个建议，不要看稿子介绍PPT，看着大家。为什么画草图？用多根线条找要用的东西，讲PPT也一样，老看稿子很机械。

段邦毅教授：

建筑面积多大？

郑宁馨同学：

建筑面积在地下。

段邦毅教授：

还没涉及。

玉潘亮副教授：

你做了很多技术策略，包括采光、地下流线，这是一个新思路。我建议你的前期调研再深化一点，因为前面提到该区域是两条地铁线交会口，既然这个博物馆大量面积放地下，怎么和地下地铁出口衔接？这个可能会影响到项目的可行性，不能光调查地面建筑风格和风貌，还要调研地下空间规划是否跟你的设计相冲突。

张月教授：

我很赞成你的想法，现在很多人做设计的压倒别人，不做“高大尚”就觉得自己的设计不成功，你采取低调的方式——我们东方处理。你的三个关键词：历史、人文关怀、生态，是特别大的三个不同方向的问题，同一个题里三个都考虑清楚很难。每一个够你认真想不止半年。把一件事情做好，比如就考虑历史，过去历史和现在历史衔接起来，找一个很好的方法结合起来，从整个空间到细部分化处理到位就可以了。别想太多东西，就做一件事。

蔡国柱同学：

各位老师、各位同学好，我来自广西艺术学院。接下来开始开题汇报，首先解读任务书。项目为天津市近代历史博物馆，建筑概念设计及景观是我们任务书的主要问题。面临最大问题是如何对现有建筑保留的情况下，协调历史和现代建筑的关系，提供城市之中市民交通的公共空间，以此进行历史博物馆建筑。功能定位：景观定位是城市开发型的绿地景观，提供游览场所、提供空间。项目位于天津市和平区，和平区的发展随着天津近代化发展而兴起，拥有英、法等不同建筑风格混搭，天津是具有特色的万国建筑博览会。

任务书要求建筑结合天津地域特色集旅游休闲于一身，满足多种需求。场馆设计必须满足流线观赏、开放性活动、互动空间的需求。我们通过分析天津现有博物馆，发现漕运文化作为天津非常重要的文化点，没有体现到。天津从古代漕运兴起到水运迎接，文化交流氛围，我将这个作为元素提取，顺流体现文化体系，长线交织体现文化融合。希望通过文化性，保护天津文化多元的原则，同时遵守低碳原则。应用现代技术和材料，不可能做非常老的建筑，而是体现新材料。因为现有和平区历史商业区缺少公共活动区间、人口复杂的问题，我希望通过连接附近居住区、商业区，激活城市文化，最后塑造一个博物馆设计，将整个课题定为“融器”。以上是我整个开题汇报的成果。

段邦毅教授：

思路很好。

曾浩恒同学：

各位老师、各位同学，大家好，我是来自吉林建筑大学的。我们接到项目的时间短，比较仓促，希望大家多提宝贵意见。我的设计概念是开放理念下的博展新体验。基地分析：基地在和平老城区，西开老厂区街区位于滨江道西南角，滨江道和金街五大道连接的位置，现在西开教堂只是单独的保护建筑，很多人不能在这个地方长时间停留，不能对这个地区文化内涵有很好的了解，这个课题非常棒。

下面是土地使用现状分区，紫色是商业，其他是居住，我们做历史博物馆、做旅游资源规划设计，应同时考虑周边居民的普通日常需要。下面是现状几个街角的分析，中间几个建筑已经拆掉了。 这个地方基本上没有遮挡，这片是大概两层的高层停车场。下面是设计方向：开放性博展、开放性体验。建筑与博展空间关系一般是内含的，我们常常会使用建筑内部空间作为一个展览空间。现在国际潮流的影响下，景观和建筑结合发展，形成景观建筑、生态建筑等各种各样的新概念。这个是OMA在新加坡做的，就是景观和建筑结合非常好的案例。这种国际趋势下，景观和博展空间结合还是不结合，什么方式结合是我思考的方向。我们形成内嵌关系。这方面做得比较好的是伦敦的一个画廊，这种变化景观是非常不错的思考方向。这是我的一个想法：绿建筑、灰空间，迎合布展空间。紫色部分是我以后想做的建筑空间，为了能让更多空间作为开放景观，将一部分区域放地下，中间这些绿色部分作开放景观，我们可以请建筑设计师做一个临时展馆。我们可以看到，建筑是远离西开教堂，后退姿态尊重历史，材料方面颜色方面选取切合方向。为什么把建筑放在营口路环保区域营口道是主要交通干道，有噪声影响，如果是平点的景观设计或者是博物馆设计，可能对整个区域声音影响不那么浓，通过高体建筑把噪声隔在外面。地下通道是考虑整体的街区流线方向，谢谢大家！

明杨同学：

大家好，我是清华大学美术学院环境艺术设计系的，很荣幸作为最后一名同学汇报。我的毕业设计题目是首都儿研所门诊大厅改造设计。人们对儿童关注逐渐提高，对儿童就医环境要求越来越高。儿童就医环境有哪些重要性？可以提高就诊效率和质量，提高医疗环境舒适度，缓解病人和家属紧张的不安情绪。所以我选择了首都儿研所作为我的毕业设计。首都儿研所位于朝阳区，南部是使馆区，环境安静，东部是日坛公园。以下是1到4层的平面分区。我对儿研所进行了4次调研，大家从图片中可以发现，儿研所大厅的设计和其他综合类医院设计区别不大，给人冰冷感，没有关爱性。

明杨同学

我对儿研所就医人群进行了调研，发现人们对儿研所大厅环境满意度较低，这是调研结果。总结得出儿童及家属对儿研所的要求：儿童需要更温馨的环境，家属需要更舒适的环境。我选择了门诊大厅设计，门诊大厅对医院的影响非常重要。主要功能分区有挂号收费大厅等，面积有895 m^2。当儿童面对一种未知的趣味性空间，有助于使他们的情绪恐惧转为渴望性探索和勇气。同样面对两种陌生的未知空间，他们的表现完全不一样。基于以上概念，我提取到和儿童探险有关的元素，让他们在环境中放松下来，转移注意力，我会用一些叠加的鲜艳的颜色，用来满足孩子们的审美特征。在这样的环境下，孩子相对放松一些。以下是计划安排。谢谢大家！

王铁教授：

你这个选题现在有一个问题说不清楚，你要做什么？

明旸同学：

对环境进行改善。

王铁教授：

做环境改善首先应该调查现在整个大厅的医疗动线，你首先要查关于医院医疗设计这块的资料，必须看。装修和建新是两回事，功能不能改变，改变非常难，要有很多数据。医院设计不能做过多大的改变，你做什么要想清楚。

明旸同学：

我基于人的心理情绪。

王铁教授：

设计要按任务书去执行，个人的心理情绪不能作为设计依据。你应该开始做数据分析。你要分清概念，不是你刚才说的。在国际上，城市是分等级的，这类医院你的调研有数据吗？刚开题无所谓，以后要补充这方面的研究和分析。

主持人李飒副教授：

谢谢王铁老师最终给我们清华大学美术学院的明旸同学进行的点评，我们其他老师还有要说的吗？没有了？谢谢明旸同学。今天其实真的很辛苦，大家需要起得很早，而且一上午所有的信息量非常大，下午每一个同学还要把自己的最佳状态表达出来，所以也是全神贯注的一种状态。今天我有一点感受，去年第一次我参加四校的时候发现所有院校这些的同学在汇报过程当中其实每一个学校之间的差异是很大的，但是这一次这个差异非常小，甚至于是接近的。我觉得正是由于这个交流平台给大家提供这样一个良好的互动交流，所以让所有人都在这个阶段受益。第一，所有的同学在我们强调时间之后，都在限定时间内陈述完毕，对自己的时间控制得非常好。非常感谢跟我这样的配合，也让我们在标准的时间内完成今天的工作。

第二，这一次所有同学的PPT在色彩方面真的是非常好，上一次大红大绿什么颜色都有，这一次大家在平面设计上对自己有所要求，甚至有同学精心制作。这点我们希望在后面的两次答辩要继续发扬。

期待着在4月24号我们在苏州见的时候，大家有更精彩的表现。因为这次我们只是开题，大家只做一个基础情况分析，没有看到大家在概念上的深入思考，4月份我们每个人要做自己的表达。特别有的同学做相同的题目，从哪方面做，要和大家有所区别，条件一样，你怎么呈现出来？从这一点来说，大家真的需要动脑筋。

我们这里说是交流，其实是暗战，各个学校都在想怎么样表现自己学校的优势，怎么样表现自己学校的同学在四年教育中最好的成果。其实这个暗战就是我们的斗志，是我们完美表现的力量。

王铁教授：

大家下一次汇报时候，要重点强调解读任务书，不管做任何东西，法规部分是必须遵守的原则，回去看看建筑资料里的相关设计要求，因为现在平面没做出来还无所谓，但接下来的设计在规范上一定要卡住，设计是有条件的，否则就不是设计了。

谢谢大家！

2015创基金・四校四导师・实验教学课题

2015 Chuang Foundation·4&4 Workshop·Experiment Project

中期答辩・苏州大学

时间 2015 年 4 月 25 日至 26 日

地点：苏州大学

查佐明教授致辞

创基金会理事长姜峰先生致辞

主持人王琼教授

全体师生合影于苏州大学

颁发聘书

全体师生参观苏州金螳螂设计研究院

答辩结束后的合影

答辩现场，答辩学生：青岛理工大学张和悦同学

答辩现场，答辩学生：山东师范大学亓文瑜同学

答辩现场，张月教授对学生进行现场指导

答辩现场，姜峰先生对学生进行现场指导

答辩现场，课题组教师为学生进行现场指导，左起：段邦毅教授、侯晓蕾副教授、潘召南教授

答辩现场，导师们传看学生模型

答辩现场，课题组教师为学生进行现场指导，左：王云童副教授，右：谭大珂

金鑫博士在答辩前与学生校对讲稿

答辩现场，答辩学生：佩奇大学马克同学，翻译：金鑫博士

活动开始前学生准备 PPT 文件

午休时的合影

聘书颁发现场，右起：姜峰，梁建国，阿基·波斯，亚诺士，侯晓蕾

金螳螂企业宣传会

课题组为学生在参与课题期间购买保险

2015创基金·四校四导师·实验教学课题

2015 Chuang Foundation·4&4 Workshop·Experiment Project

中期答辩·山东师范大学

时间：2015 年 5 月 23 日至 24 日

地点：山东师范大学

课题组师生于山东师范大学合影

答辩现场，左起：山东师范大学钟读仁先生致辞，段邦毅教授主持活动开幕仪式，李荣智老师主持答辩活动

答辩现场，赵宇教授为学生进行现场指导

山东师范大学书记

张月教授与王铁教授讨论学生设计

2015创基金·四校四导师·实验教学课题

2015 Chuang Foundation·4&4 Workshop·Experiment Project

终期答辩

时间：2015年6月13日上午

地点：中央美术学院7号楼

主题：2015创基金“四校四导师”实验教学课题终期答辩

课题国家：中国、匈牙利、美国

责任导师：王铁、张月、彭军、潘召南、巴林特、王琼、段邦毅、韩军、陈华新、齐伟民、谭大珂、冼宁、陈建国

创想公益基金及业界知名学者实践导师：林学明、姜峰、琚宾、梁建国

导师名单：钟山风、李飒、高颖、赵宇、王云童、王洁、孙迟、李荣智、玉潘亮、汤恒亮、马辉、金鑫、黄悦、阿基·波斯（Dr Ágnes Borsos）、诺亚斯（Dr János Gyergyák）、阿高什·胡特（Dr Ákos Hutter）、曹莉梅、刘岩、吕勤智、赵坚、王怀宇

知名企业高管：吴晞、孟建国、石赟、裴文杰

行业协会督导：刘原、米姝玮

答辩学生（11名学生汇报时间每人，10分钟）：李逢春、张和悦、赵磊、李桓企、王莎、马宝华、佰桃（Petra Sebestyen）、乔凯伦、角志硕、王明俐、蔡国柱

主持人王铁教授：

大家早上好！2015创基金·“四校四导师”终期答辩现在开始，我代表课题组简单讲一下原则。经过三个多月、105天努力的成果，今天终于迎来了最后阶段。在济南中期汇报的时候已经能看出来很多同学的作品都很不错了，这次是终期答辩，每个学校只有一位老师参加打分，原则上应该是责任导师行使其权力，太多的导师参加打分只能为统计分数添麻烦，同时规定不能给自己的学生打分，这样大家能够做到公平公正。我们不是比赛，而是相互交流。在开始正式答辩之前，我说一下有3位同学已请假没有到场。2015创基金·“四校四导师”终期答辩现在开始。首先由金鑫博士介绍课题免推的相关情况。

金鑫博士：

我现在收到的是6名同学的报名材料，不知道有没有我没有收到的，今天晚上之前所有要申请佩奇大学免推的硕士研究生的同学，一定把你们所有的报名材料发到我的邮箱，我再说一下我的邮箱地址cafajinxin@qq.com。刚才还有一个同学跟我说发邮箱，我可能没有收到。所有参加考试的同学把之前告诉你们的所有的报名表、动机函、作品集等等的材料，明天打印好后参加考试，我们的考试地点是7号楼725房间，明天下午1点30分。还有报名费是100美金，你们不要给我换算好的人民币，也别给我零钱。有问题的在今天晚上之前跟我联系。

主持人王铁教授：

金鑫把这次免推面试的情况简单说了一下。上午要按规定完成活动计划，到了中午11：30在中央美术学院食堂吃饭，下午1点钟接着开始答辩，明天上午还有十几个同学。共把37位同学答辩分为三次，这样大家可

以集中精力，否则太疲劳。明天下午在建筑学院还有一个招聘活动，由中国建筑设计研究院、金螳螂装饰，还有清华大学清尚建筑设计研究院等四家著名企业向课题的全体同学开展招聘活动，如果有愿意参加的同学，明天下午到建筑学院7楼会议室。

佩奇大学阿高什·胡特教授

主持人王铁教授：

现在答辩开始。按课题排列次序进行，祝所有的同学答辩圆满成功！

李逢春同学：

各位老师、各位领导、各位同学们大家下午好。我是来自内蒙古科技大学的李逢春，我的导师是韩军和王洁老师。我的项目名称是智趣科普体验馆设计。项目基地位于中国内蒙古包头市昆都仑区，下面是我对基地周边的主干道路、人流量等的分析，以及我对现场调研的图片。项目基地的现有建筑为地上八层、地下一层，我选取一到四层，在原有建筑基础上逐步加建，作为设计范围，旨在打造一个博物馆的主题方案。

之后是解读任务书、项目背景及设计构思。我对项目基地周边的一些人文环境的调研和总结如下：基地周边小学的教学形式单一，学生上课缺少乐趣；基地周边缺少博物馆类公共空间，展陈内容单一，缺乏互动体验式的内容。针对我调研所得出的结论，我提出我的概念。首先我的方案是打造以智趣为主题的科普体验博物馆，使参观者更好地接受信息，同时在功能使用上更加全面化，满足现代博物馆综合运营的模式，走上良性发展的道路，这是它的项目意义。方案深化：首先是建筑部分，在满足建筑红线的前提下，对建筑体进行逐步的加建，增加层次感和趣味性。通过提取积木的造型融入元素的设计，既符合本次主题的概念，又可以满足博物馆各功能使用的需求。这是我针对项目的主题概念以及我加入的元素对我所做的建筑的1到4层做了一个简单的建筑体的模型的展示。这是建筑体剖面的展示，上面的5到8层是酒店，所以我只对下面的1到4层博物馆的部分进行详细的剖面展示。

这是我对建筑体立面的展示。然后是室内设计，针对主题概念以及设计任务书的要求，我对博物馆功能设计的脚本进行了罗列，然后是博物馆展陈内容的脚本，一层是机动展厅，二层是探索未来展厅，这是功能和空间的分析图，这是我对建筑体垂直交通的三维分析。详细的设计是一层功能分布图及一层主要的功能和人流路线。这是一层展厅详细的展示内容，这是一层大堂以及机动展厅的效果图。大堂融入了一些智趣的元素，比如利用车轮的一些发光的灯带，以及地球仪等模型来体现科技主题。二层功能分布图、二层的参观人流路线以及二层的详细的展陈内容如图。然后是二层平面图，以及二层多功能放映厅的详图和效果图。接下来是二层展厅的立面图以及它的效果图。然后是二层“宇宙之奇”展厅的效果图，以及三层功能分布图的展示。下面我对参观者的人流动线进行了分析，这是它的展陈内容的分布图，以及它的平面图。这是展厅局部的剖面以及立面，还有展厅的室内效果图。四层我做的是综合的功能区，有酒吧以及餐厅等公共设施，这是它的动线，以及平面图，最后是餐厅以及酒吧的效果图。

谢谢各位老师，我的汇报完毕！

赵磊同学：

各位老师同学好我是来自中央美术学院的赵磊，我的导师是王铁教授，我本次课题的选题是天津市近代历史博物馆的景观和建筑设计。整个设计部分分为：任务书的解读、场地调研分析、概念生成、设计展示以及效果展示。

解读任务书：设计分为两个部分——景观部分和建筑部分，景观部分要协调好场地内博物馆和教堂的关系。

场地调研的分析：第一，区位分析，本项目位于天津市老城区的和平区，是一个大致三角形的地块，以人流为主的道路是营道口和独山路，人流量较大，秩序相对混乱。第二，业态分析，基地周边构成相对比较复杂，以居民区、商业区和学校为主，基地西侧黄色区域为居民区，基地北侧橙色区域为商业区，紫色区域为政府机构，停车场为蓝色区域。这是场地周边各路口的现状。这是场地内的历史遗迹——西开教堂，这是法国罗曼式风格的建筑。这张图是建筑用地，红色的虚线是建筑红线。任务书要求建筑用地面积为10000 m^2，容积率控制在1.5左右，博物馆地上4层、地下一层，限高为40 m。这张图表现的是场地周边的现状以及人流进入到场地的可能性，主要的人流集中在入口的交会处。太平天国、英法联军、五四运动、日本侵略等等构成了天津的历史。从1860年英国在天津设立租界开始，最高峰时有9个国家同时在天津设立租界，形成了天津的建筑风格，它是多元化的不同国家的建筑风格的碰撞形成了天津特有的风格。

赵磊同学

概念的生成：首先对场地进行理性思维的调研，其次是对理性调研的资料进行感性思维的抽象思考，运用理性的思维在初步的形态上作进一步的调整，形成了最终整个建筑的形式。天津近代史不同的潮流和国家的不同风格的碰撞形成了天津特有的地域性和文化氛围，西开教堂这个块地是不规则的几何形体，我想起来了Tangram，这是因为各式各样不同的风格构成了天津的近代史，这和Tangram类似。所以我用不同的几何形体形成最初的建筑形态。基于建筑的概念，我参考的项目是贝聿铭的华盛顿国家美术馆的东馆，建筑形态的形成是基于所处的场地，运用场地边缘的平行性构成了两个三角形的几何，并进行划分，形成最终的建筑形式。在找到我的建筑概念之后，接下来是对场地内的空间进行分析和利用。在基地东侧的两端是人流量集中的地方，也是人群进入场地的入口，需要设置一个缓冲空间来调节交通。基地东侧是开放的绿地，建筑密度较低，没有高楼的遮挡，这个方向是博物馆的正立面，为正立面提供了良好的视野。基地的东侧是独山路，它是一个很窄的小路，只能三四个人并行通过，每逢上下班很繁忙，因此需要设置一个开放的绿地来缓解交通上的拥堵。基地正中心为主要的景观节点，是连接新建筑博物馆与老建筑西开教堂的景观节点。整个博物馆的形式是用几个几何形体拼接而成，几何形体构成是因为基地边缘的平行性，这样的优势是尊重场地周边道路的同时，尽可能利用场地的空间。

在体块拼接形成的过程中考虑了体块、基地与教堂之间的关系，体块位置的摆放满足了基地周边交通的同时，又与轴线产生关系，你能够看到博物馆的正立面。博物馆与教堂的两个轴线关系围合成的空间成了节点，为了使两个节点有直接的关系，运用了线性连接。我参考的项目是BGU大学的入口广场，在景观节点做了一些下沉广场，丰富了景观节点在空间上的关系，设置了一块空阔的绿地，解决独山路交通的问题，整体景观有一个由疏到密的结构。

根据任务书的要求，我的博物馆分为地下一层和地上四层，地下一层为车库，它们之间的功能区位关系我参考了建筑资料集。这是总平面、地下车库各层平面，这是建筑的四个立面、建筑的三个剖面和景观的两个立面，还有景观的总平面、景观的剖面。这是用地指标，这是建筑内竖向的关系，这是竖向上的景观分析。这个是景观流线的分析。博物馆建筑的材质是红砖和混凝土构成，这么做的原因是统一基地和教堂之间的协调性，增强展现博物馆建筑体量的厚重感。这个是景观效果图的展示，这个是景观材质的分析。这是基地内建筑体量和教堂之间的关系。这是一个模型照片。谢谢！

王莎同学

王莎同学：

各位老师大家好！我是来自天津美术学院的王莎。很高兴在这里与大家见面，我的导师是彭军老师和高颖老师。我的选题是湖南省醴陵市陶瓷博物馆建筑及景观设计，我的设计主题是“痕迹”。平日里我最喜欢那些鲜为人知的南方小镇，比较少的人，没有经过商业化的开发，让我觉得那里有许多鲜为人知的故事，所以我将我的项目选题定为湖南省的南方小镇醴陵。醴陵的陶瓷是当地人最宝贵的记忆，醴陵的釉下五彩至今已经有2000多年的历史。毛瓷现在也是很有名的官窑。我设计的目的是什么？我问大家景德镇陶瓷大家一定会知道，但问醴陵陶瓷你一定不会知道。这是我设计的目的：重点突出当地的文化特色，因地制宜地通过生态的手段对场地进行改善，并提升当地的文化产业，提高人们对陶瓷的认知度。我希望我的景观不是去创造一种景观，而是营造一个放松自然的空间。我不想我的博物馆是以高大宏伟的姿态面对大家，而是以更包容的姿态来面对参观者，成为记忆的传播者。项目位于湖南省醴陵市远离城镇的经济开发区，它与周边形成了互为需求的方式。交通十分便利；通过人流量的分析，我确定了主次入口，醴陵当地每年的降雨量是1300～1600 mm，每年都会发生不同程度的洪涝，因此我提出“海绵城市”这一理念。通过对受众需求的调研，我发现市民缺少放松锻炼、互相交流的平台，缺少一种远离城市，能够放松的文化空间，工厂与陶瓷学校还有商业街同样缺少文化氛围比较浓厚的空间。我提出了两种元素，一个是陶瓷在拉坯过程中形成的优美弧线，第二个是山脉连绵起伏的曲线，延续当地人对历史的记忆。这是我对建筑形态和场地进行的草模推敲。

我的建筑将分为地上、地下两部分。这是一个动线空间的分析。这是建筑平面和形态生成。我将延续山脉的曲线，用建筑本身和绿化手段来修复陶土过度开发的土地，确定了三个建筑的位置，整合了整体的景观和建筑。我的陶瓷建筑将回收环保的陶瓷材质，促成陶瓷的二次加工，提高其使用率。这是我对场地进行的推敲。这是我的建筑立面图，这是垂直交通。下面这一部分是三个地下陶瓷博物馆的位置。这是景观的平面图。这是效果图，这是主入口和两边的次入口的效果图，这是小型湿地及空中走廊。这是全息投影的信息化森林，大家可以在这里了解许多关于陶瓷的消息。这是一个夜景效果图。

在现在这个发展很快的时代，肯定有无法解决的时代的问题，所以我希望每个景观都能形成自我调节的系统，慢慢发展，维持整个的生态平衡。这就是我整体的设计，谢谢大家！下面我有一个视频！谢谢各位老师！

乔凯伦同学：

各位老师、同学大家好，我是来自山东师范大学的乔凯伦，我的导师是段邦毅老师和李荣智老师。下面开始我的汇报。

本次汇报主要分为四个环节，分为前期任务书解读、概念分析、方案阐述及设计方案。

本项目位于山东省临沂市兰山区，这是项目用地周边的交通分析，该地有两条铁路线路穿过，分别是新石铁路、胶东新铁路，有五条高速公路穿过，并且分别距南山港、日照港、连云港三大港口均在120公里以内，

全体导师参加答辩

周边交通十分便利，方便游客参观旅游。

因沂蒙革命纪念馆建筑总面积为2000多m^2，项目周边有中心市民广场、华东地区最大的华东革命烈士陵园以及兰山区政府。项目是全国重要的抗日根据地之一，是重要的抗日基地。原展馆展陈模式陈旧、造型单一，应推陈出新，适应时代的需求。这是项目周边的红色旅游景点，从图上可以看出这些景点过于分散而且路途遥远，这些展馆规模较小，展陈也不是很全面。这是周边地区博物馆、纪念馆以及展馆内部的现状。项目的优势是沂蒙地区是两战圣地，红色革命文化根深蒂固能够突出历史特点；劣势是这种红色战争文化逐渐被遗忘，一些外来的思想在不断地扭曲史实。如何强化沂蒙根据地的历史意义和价值。

方案阐述：本展馆有3层9个展厅，按战争发生的时间顺序进行排列展示。

设计方案：博物馆的主要功能分别是收纳门户、展示教育和科学研究，所以整个展馆是以蓝色的展陈空间和灰色的办公储存空间为配套设计，并配套其他的公共服务空间。这是博物馆的CAD平面布置图，一层的彩色平面布置图：蓝色的是主入口，东西两侧有两个次入口，其中西侧的次入口是办公入口以及放映入口，一层共有四个主要展厅。这是一层的动线图，其中蓝色是办公动线，红色是观展动线。二层的彩色平面图：二层有四个展厅，图为抗日根据地厅、战略反攻厅以及影音厅。三层的平面布置图：三层有两个展厅，图为抗日英烈厅。北侧的是办公区域。红色的动线是主要的参展动线，蓝色的是办公动线。这是垂直交通分析图，绿色的是整个展馆主要的垂直交通，红色是无障碍展厅，蓝色是消防通道，紫色是文物运送的货梯。

整个展馆的设计面积是4782 m^2，符合任务书的要求。这是整个展馆两个方向的剖面图，这是抗日历程厅的立面图、剖面图以及各个展厅的立面图。这是抗日根据厅的立面图展示、屋顶的排水示意图。

设计表达：博物馆室内空间设计根据沂蒙山区起伏的山体形态进行的元素提取，并配合战争过后对城市造成的破坏所形成的体块的交叉和交错，进行元素的提取。在色彩上，整个展馆是以黑白两色为主，代表历史黑白分明不容篡改。原展馆的一层门厅是以平层为主，这种平面的空间形态展示效果并不是很好，我对此进行了改进，通过空间的抬升改变了观展的视角，使其更具恢宏庄严的氛围。门厅在设计上采用了山体起伏的形态，配合战争雕塑，突出山东人民浴血奋战的抗战情景。这是抗战历程厅的设计效果图，是以时间为脚本，通过环形墙增加连贯性。亮点是展墙通过与灯光和顶棚的呼应，配合地面铺装环形层层递进。这是抗日英烈厅的效果图，通过夸张的天花造型并与窄墙相结合，使整个展馆像在破碎的建筑废墟中，通过顶棚的灯光，在保留合理照明的同时，也渲染了氛围。这是日军罪行厅的效果图，中央位置是抗日战争的历史遗址的展示，通过不规则的界面、墙面的设计，表现出战争的动荡不安。这是人民战争厅的设计，主要对地道战以及铁道游击队在山东抗击日本侵略者的战役进行展示。这是根据地厅的展示，通过投影技术，将山东的地图投影到地面上，并通过箭头索引进行墙面上的细部的展示，顶部通过战略模型、道具使参观者有身临其境的感觉。这是影音厅的效果图展示。

纪念厅主要的视觉中心是穹顶的图片展示，并配合战争雕塑。

我的汇报结束，谢谢各位导师！

张和悦同学：

各位老师、同学们大家上午好！我是青岛理工大学的张和悦，我的指导老师是贺德坤老师、王云童老师。项目课题为天津市近代历史博物馆建筑概念设计和景观规划设计。首先是前期分析，项目选址位于中国天津市和平区西开教堂风貌保护区，占地面积约2.8万m^2，这是我前期调研时拍下的照片。调研得出结论：用地面积紧张、周围环境杂乱，紧邻主干道影响较大。

在调研天津市近代历史时我将天津近代历史三部曲的元素融入展陈区的分布中。任务书解读：在满足展陈、办公、藏品和技术工作区的要求，在不含交通面积的前提下，使用面积需要满足23400 m^2以上。我的概念是BOX+，我将采用BOX的空间语言来实现我的表达，植入历史文化、城市绿岛，营造舒适、适宜的环境。形体生成中主要考虑水平线、天际线、主轴线的关系，沿独山道、营口道形成主要的建筑方向，塑造通透空间、顺应轴线、完善形体。对于以上构思我想出两个策略：架空于隐藏，设置通达性空间，形成室外廊道，利用轴线关系充分利用地形空间变化将建筑隐藏于地下，最大化地实现绿色生态，使博物馆建筑增添体验性，架空穿插的盒子，拉近人与人之间的关系，消除与景观之间的距离。这是平面的演变过程。

建筑面向贵阳道设置主入口形象面，总用地面积25442 m^2，容积率1.3。首先是规划分析，沿着贵阳道和宝鸡东道设计主要入口，沿着独山道形成建筑后入口区，沿着宝鸡东道设置藏品入口区，避免藏品流线等的交叉，沿着建筑伏地形成消防环道。

内部功能的分析：临时展厅和陈列室置于博物馆建筑中的一层、二层、地下一层，通过水平交通和垂直交通的连接，把陈列区和藏品区围绕起来，办公室置于地下一层与地下二层，设置独立的交通体系，可以与展陈空间和藏品空间进行有效的连接，藏品区位于博物馆地下二层，西侧设立入口，两端设置独立交通体系，避免干扰陈列室及其他功能分区的流线，餐厅位于博览会地下二层，保证流线畅通合理。这是各层的功能分区。

通过教堂形成一个露天展演广场，顺着展演广场过来从入口广场进入博物馆以后，可以有选择地步入博物馆空间。这是我的建筑空间示意图。这是下沉式展演广场、入口广场、地下一层室外展场，地下一层的通廊，以及整体的建筑效果，接下来是各层平面图、立面图、剖面图。

主要景观节点分布在主入口广场区、公园入口区以及教堂与新建筑之间形成的一个文化展演广场区。独山路与营口道开设的辅入口位置是次要景观节点。我将从架空空间、地下一层通廊的空间绿化和屋顶绿化来完成这两个空间的表达。场地植被：用地内教堂花园和营口道、西宁道的原有树木保留，在保留绿色的同时，形成自然的生态公园。这是屋顶绿化的技术措施以及植物选择，接下来是空间效果。

我的汇报结束。谢谢大家！

角志硕同学：

大家好，我来自于天津美术学院，我叫角志硕，我的导师是彭军老师和高颖老师。项目处于天津市和平区，交通十分便捷，有1、3号线，周边的资源非常丰富，有学校和商业街。通过对项目地区日照的分析，可以看出项目大部分处在六小时以上的日照，结合之前的交通分析以及对周边的资源分析，综合分析得出我的主要的交通入口以及建筑和景观的主要的位置。

通过对天津109年的近代史进行大致的梳理，选取了岩层的肌理，代表的是天津历史片断的交叠延伸。通过对109片岩层的梳理形成了现在大体的框架。

角志硕同学

这是建筑的下沉式广场、通往主要的展览区及建筑的效果图。我的景观概念是通过空间直径划分，创作出小的休憩空间、展览空间，整个景观将根据空间的导向性将人引入中间的下沉式广场，将人群通过景观的道路自然地分流，创造出小面积的休息空间。这是整个CAD总平面图、主要的经济技术指标及地下停车位。从总平面图中可以看到建筑的位置、下沉式广场的位置以及主要的景观节点。

景观的引导作用，可将人引入下沉式广场以及建筑，建筑总高15 m，地上3层、地下2层。通过对建筑周边的分析，将教堂和建筑调整到最佳的可视角度。通过周边太阳辐射的分析，配合主要的景观的栽培，落实生态环保低碳的理念。通过对周边的风环境分析，结合绿色建筑标准，使整个场地满足室外活动舒适性及建筑通风的要求。

室内的根据之前的建筑任务书以及配合建筑设计资料的大体的面积的整理进行了一些空间链接，这是主要的空间节点已经分为地下两层停车场区以及主要的展览区在地下一层和三层的专题的区域，二层是一些主要的办公区，主要的垂直交通以及内部的流线，这是主要的CAD，二层的、三层的以及柱网，以及地下一层的还有地下二层的主要的区域，这是建筑的立面图，南立面图、西立面图、北立面图。

下面是我制作的模型，主要材料是木板和亚克力，主要表现的是建筑、下沉式广场等一些细节。下面是我的建筑动画。谢谢老师！

佰桃（Petra Sebestyen）同学（匈牙利）：

大家好我的名字叫佰桃·塞巴斯蒂，我的毕业设计选题是一个装瓶厂，基地在小镇的东部，临近植物园，我设计了一条坐行通道，这条通道与库哈河平行交织。装瓶厂就像是一个分离器，将植物园与工业区分离开，它是城市工业区与郊区的分界点。厂房的楼层是按照功能分区的，我利用一面装饰墙延展了景观空间，并将厂房的入口分为两个部分，一边是游客的入口，一边是办公区，走到装饰墙的尽头，整个厂房的空间将对游客完全敞开。工厂的办公区隐藏于装饰墙的背后，不对游客开放。游客们可以在纪念品商店休息或者购买商品，在工厂的尽头游客可以在挡土墙上投影观看影片，装饰墙的一端我设计成玻璃幕墙，玻璃幕墙和天窗为建筑提供了自然采光，办公区的实验室、更衣室、茶水间以及员工的工作间位于厂房的北侧，水吧和公共卫生间位于南侧的尽头。在厂房的二层游客们可以参观罐装水流水线，沿着走廊可以从主体厂房走到其他两个附属楼，连廊的尽头是一个小型的观景台，也可以从这里的台阶下楼。混凝土装饰墙以及地面延长性的步行道都是游客从外面的景观广场到装瓶工厂参观的路线，游客进入到厂房内需要步行上楼，通过公众走廊进入另外两个建筑中。

各校师生参加答辩

机电室位于地下一层，地下室是一间很小的房间，办公室、实验室、更衣室位于机电室的上层，这部分的建筑空间材料与其他的材料是不同的，主要使用的是金属板材。厂房和其他两个辅助建筑都选用的是混凝土作为主要材料，这样能使建筑与周围的景观在视觉上融为一体。两个附属楼的建筑墙是由特种玻璃制成的。通过我的设计，装瓶厂及周边形成了一个集参观、休闲于一体的综合体，游客不仅可以参观装瓶的程序，同时可以欣赏景色。

蔡国柱同学

下面是动画的部分。谢谢！

蔡国柱同学：

各位老师、各位同学好，我是来自广西的蔡国柱。项目位于天津市和平区围合成的三角形地带，是历史文化和当代文化的交界处。规划范围里现存的历史建筑是西开教堂，旁边是由商业区、住宅区还有一小部分的教育部门围合成的三角形地带。天津西开教堂作为历史性的建筑，新建建筑应该作为地标性建筑，需要大片的空地，我们以此来进行解读任务书。首先，面积是2.85万m^2，可用面积是1.86万m^2，建筑占地面积是1万m^2，容积率是1.5，作为一个博物馆建筑，要求地上四层、地下四层，建筑体量是很大的。我们尝试过很多的办法，例如将建筑隐藏，做一个覆土建筑，在地表上体量更小，便于人们看到西开教堂，但我们付出的代价非常大，需要牺牲任务书中的要求，因此并没有实际的意义。因为我放弃对场地进行隐藏的想法，直接将本来体量很巨大的建筑进行抬升，可以直接获得教堂最大的展示面积。这是我的设计理念“文化包容”，将西开教堂融于新建建筑中，我所说的围合并不是简单的，当人们走近建筑的时候，不是感觉到这个建筑体量越来越大，而是能更清晰地看到整个西开教堂的展示。中国的近代史是一段从“闭关锁国”到“开放包容”的历史，将建筑比喻成“容器”，以中式园林的设计手法赋予博物馆最大的展示物品——西开教堂。这是我们的用地分析：找出两个观景视角进行剖切，留出最佳的观景点，找出基地和十字路口的连接点，留出人流的缓冲区，在教堂前面的开敞空间留出一个缓冲区。经过以上的分析，得到四个建筑基地的位置和主要的形态。建筑外部连接西开教堂各街道，建筑内部连接博物馆的功能区，形成了遮阳伞的效果，内部主要是停留和休息的空间。历史沉淀：将建筑连廊及附近景观压低4 m形成下沉式的景观，丰富景观的立面，连接各区的大体量建筑，在不影响附近街区观景视野的前提下，形成下沉式的景观。景观分析：确定博物馆的出入口方向，连接博物馆与外围景观。进入博物馆的人流缓冲区，形成地形的交叉，通过通道和休憩空间形成一个台阶式的大围合空间。

接下来我将通过一个视频让大家更方便地了解我整个建筑的设计理念。

（视频）

我通过基地的调研，分析出设计的难点，并且根据任务书的要求进行发散式的思考，最后提出一个设计的理念。我通过布置一个核心的“容器”，布置柱网和框架的结构，地下四层和地上三层的流线图构成整体流线图，最终形成了景观建筑的形态。整个建筑形态不是单纯围合的建筑，它将是独立的、现代的，一种融合碰撞的建筑形态。这体现出我的设计理念，希望通过本方案的设计，体现现代建筑在历史建筑的影响下正视历史、包容和融合的精神。

以上是我的一个汇报。

李桓企同学：

各位老师好，我是来自青岛理工大学的李恒企。下面开始我的终期汇报。

项目地块位于天津的一个重要的商业区——滨江道，但综合来看仍属于城市的低谷，如何利用区位的优势通过功能打破地块的困境是设计的核心。前期我们对地块的交通还有人流视点进行了详细的分析，并通过对周边地块的业态分析进行了完整的认识，通过对任务书的解读发现地块应该是一个城市的开敞空间，同时要满足不同年龄段的人群去使用，以形成一个城市的通廊。经过场地现有的流线关系和场地的功能分区，找出博物馆的轴线关系和博物馆的位置。

设计理念：博物馆不再是一个单一的文化传播载体，意义也在发生着变化。我希望强调的是博物馆公共空间的属性、特性，引入两条穿越建筑的通廊系统，将日常的休憩的氛围也融入建筑当中去。在设计初期我们总是想把场地中存在的问题都解决掉，但在做的过程中我发现这不太现实，所以我决定围绕着前期的研究成果，解决场地和建筑之间的关系。根据周边的道路关系我找出了场地的动线关系，围绕着这种动线关系，完成场地中的串联和铺装的形式。通过折叠、倾斜、起伏、剪切等手法，使博物馆更具视觉吸引力。

依据轴线分析、动线分析、人流分析，形成场地整体的空间关系，在场地围绕着建筑的同时形成四个景观分析。根据场地的轴线关系设置了博物馆的主要入口及形象的立面，博物馆围绕中心主要形成两个大的展区。下面我将对我的建筑进行简要的概述，主要是讲解我的景观部分。一层是南北向的通廊，形成城市的公共空间，东西向的通廊位于二层，途径茶室、多功能厅、展厅和半室外的平台最后到达西侧的教堂。下面是建筑平面图、立面图以及剖面图。

这是沿营口道的建筑立面的形象，同时也是场地的概括，建筑的颜色参照了天主教堂的颜色提取，这是2层室外平台和教堂的实现，以及玻璃幕墙的处理。下面是我的景观部分，博物馆区以灰白色的带状为主，使场地有趣味性和层次感。新博物馆与教堂的衔接处用绿化的处理手法，使教堂保护区进行温和的过渡。下面是景观的剖面图。我的景观主要分为四个部分，第一部分是南侧的雕塑入口广场，第二部分是特色景观小品广场，第三个是教堂花园以及文化交易广场。下面我将对每个区进行详细地分析。

这张是特色景观小品入口广场的几个区域的分析，根据场地的动线形成场地的铺装和在座椅周边的种植池，将人流形成环形的组织，把人流更大限度地聚集到场地内部，通廊形成一定的秘密性。接下来是这个场地的效果图，结合天津的水资源现状，在铺装上考虑渗透式的雨水收集方法，进行收集和利用。这边是场地小品的大样。接下来是文化交易区广场的分析图，通过微地形的营造使场地形成半围合的空间，使文化市场得到延续。这是场地的效果图，通过树冠截留，雨水会渗透到地下。这是教堂花园的分析图，局部保留原有的树木并通过绿化加强场地的轴线关系，使博物馆与教堂之间既相互渗透又有私密性。这是二层平台与教堂的视觉关系。

最后是我的整体鸟瞰图，谢谢大家，我的汇报完毕！

马宝华同学：

亲爱的各位老师，大家上午好，我来自天津美术学院，我的题目是融——天津市艺术文化中心建筑及景观概念设计。

选址位于天津市的发源地，是三岔河口的交汇处，它是现在天津市仅存的三河交汇和路网交汇的地段，与天津西站隔岸相对。这是项目的现状，属于待开发的状态。天津市有一个非常著名的海河风景线，项目处在它的顶端，既延伸了整个海河风景线的轴线和功能性，而且使它更加有趣味性。而河西区行政文化中心过于“臃肿”的缺点已经越来越凸显出来，这是我做设计的一个重要的依据。

天津有十分悠久的文化遗产，这个项目的重要任务就是保护和发扬天津的本土文化。通过区域分析我得到了初步的建筑方向。这是项目的天际线，现状是风景建筑过于“平庸”，而天际线过于“激烈”了，因此我选择更加柔和的流线型建筑，符合项目的定位。

通过对任务书的理解和解读，我认为应对功能和人进行整合，关注艺术与人群的融合、人与文化建筑的对话和相互之间的关系。下面是建筑演化。天津市文化离不开水，项目地块也是临水，所以我想从水元素中提取灵感——将水面上激起的涡旋归纳成圆环元素。我希望表达把建筑立面融入波浪的感觉。我根据任务书和初期的设计归纳出三个主体建筑，中心是平台和亲民的广场。这是植物配比表和总平面，右侧是经济指标，容积率达到1.9，绿化率达到41%，我的植被以北方常见的为主。依据本区域的风力流向表使广场避开主风口。这是人流的主次动线及出入口的设置。项目为开放式的，根据项目周边的人群分析设置4个入口的主次。依据建筑的要求，对不同的道路进行抬升和下沉，配合项目四周的廊道，人们可以在不同的位置环绕建筑行进带来丰富而有趣的感受。这是项目的主线和最佳的观景区域。这是整个项目的绿化、水系渗透和各景点的分析示意图。希望带给大家不规则而有规律的、多样的建筑景观设计。

下面是各场馆的功能分析。这是场馆的外形，这是艺术馆。一层有咖啡厅、库房，还有功能展厅，二层为艺术品展览，三层为功能展区和办公区。这是建筑平面、立面，大家可以看到白色的条纹是人行廊道。这是音乐馆，一层为音乐类的书籍与音乐推广，二层为音乐的展厅和小型的表演厅，三层主要为表演厅。这是艺术家活动中心，由于希望让艺术家参与到艺术的发布甚至是整个流程中，所以一层为艺术家的图书馆，二层为工作室。这是CAD平面、立面。下面请各位老师欣赏我的效果图。这是夜景。这是艺术家工作室。这是傍晚音乐馆侧面的景观休息区。这是从艺术家围廊上看主要的入口。这是从一个下沉的道路上看艺术馆的后面。这是中心广场。这是从艺术馆的廊道上看中心的广场。中心的广场有大家可以演艺的空间。这是艺术馆，还有艺术家工作。这是3D打印的模型，右边是示意图。这是设计终期几张手绘的草图。最后是实景展示。

我的汇报完毕，谢谢各位老师！

王明俐同学：

各位老师好，我是青岛理工大学艺术学院的学生，我叫王明俐。下面是我的终期汇报。首先是用地概况，项目位于天津市西开教堂地块，是天津市著名的地标性建筑。从图中可以看出，基地周边主要以商业用地和居民用地为主。接下来我对项目用地进行了深入的调研，包括对档案资料、用地的历史文化以及用地现状进行了一系列的调研。通过以上分析发现项目用地在使用性质、建筑形式、绿化率、空间布局上已经与历史所记录的大相径庭，也出现了很多的问题。下面是对项目用地问题的分析。

主要存在三个问题：第一个是建筑布局杂乱，第二个是建筑功能混乱，第三是建筑形式不协调。接下来是对任务书的解读，包括景观规划的设计要求，项目共占地2.9万m^2，重点应该研究该地区整体空间形象和天际线关系，结合天津地域特色满足休闲、旅游、饮食等要求以及相应的技术指标的要求。接下来是我的构思过程，这是我根据用地的边界轮廓、轴线关系、用地性质，以及考虑到与原有建筑的协调性进行的一系列的方案推导。由于目前使用的设计手法难以解决之前提到的项目用地存在的几个问题，使我想到是否可以借鉴一些传统的设计手法。下面是我对一些相关设计案例的分析。第一张是尼斯的三角形街区，它的用地轮廓与地块相似，是单排的围合方式，在转角处进行磨角处理。后面是奥赛博物馆，在内部做了一个空间置换，我想要依照这种保护和延续的方式来进行我下一步的设计深入。

首先是西开教堂的平面、立面、剖面以及装饰构建的分析，在场地中保持原有建筑的形式和功能，着重考虑新建建筑环境与它的协调性。下面是对商业建筑单体、行政建筑单体以及住宅建筑单体的借鉴分析。通过学习我将这几种功能建筑分析运用到下面的形式中。我的方案设计：通过对用地问题的分析，主要借鉴折衷主义的设计手法来展开我的设计方案。这是我的总平面图：主要分为教堂保护区、开放式公共空间，包括展区和配套空间。服务空间包括办公、技术维修等。景观节点的分析：通过欧洲传统街道对景点设计的手法——西开教堂是滨江道的对景点，用地中有五个主要的节点。用地交通流线的分析：为了保持用地区域的整体性，除了地下停车场入口之外，用地内不允许机动车通行，用地中共设置5个主要路口，2个次要入口，使道路流线相对规整通畅。接下来是各个街道的沿街立面。通过各街道的立面图可以看出，在街道的端部有各个建筑作为对角，各个单体建筑强调立面形式的统一，始终保持西开教堂对场地的主导性，并形成新的天际线关系。

接下来是建筑平面图，主要是储藏室、停车场和展厅，占地1万m^2，标准层用于报告厅等，占地1.26万m^2。因为受到场地轮廓与建筑结构的限制，采用了密肋式结构转换层，地下一层作为框架结构，转换层加剪力墙结构，同时可以满足人防的需求，使一层与地下层竖向上没有交通障碍。同时，为了满足功能需求，展厅部分与藏品区有独立的货物电梯，并设置独立的电梯以满足防火和疏散的要求。这是展厅北侧的剖面图。从入口进入后，首先是一层的入口大厅和一系列的展厅部分，其中在二层层高9 m的展厅中可用进行一些大型展品的展示，地下一层属于固定的展品的部分。这是藏品区的剖面图，地上部分采用剪力墙结构。接下来是景观的大样，这是人行道和行道树池的大样、庭院和广场铺装的大样和一些景观小品。下面是街道立面的一些效果图。这是鸟瞰的整体效果，在整个场地中用建筑本身不同的结构划分出公共空间和办公空间，形成自然的开放区域。总体而言通过这次设计，在建筑形式和空间布局上采用传统的设计手法，在使用功能上符合空间的要求，使整个场地成为集历史、休闲为一体的文化休闲体，这也符合我设计的概念。以上是我这次汇报的全部内容，请各位老师指正。

上午的汇报结束。

时间：2015年6月13日下午
地点：中央美术学院7号楼
主题：2015创基金“四校四导师”实验教学课题终期答辩
课题国家：中国、匈牙利、美国
责任导师：王铁、张月、彭军、潘召南、巴林特、王琼、段邦毅、韩军、陈华新、齐伟民、谭大珂、冼宁、陈建国
创想公益基金及业界知名学者实践导师：林学明、姜峰、琚宾、梁建国
导师名单：钟山风、李飒、高颖、赵宇、王云童、王洁、孙迟、李荣智、玉潘亮、汤恒亮、马辉、金鑫、黄悦、阿基・波斯（Dr Ágnes Borsos）、诺亚斯（Dr János Gyergyák）、阿高什・胡特（Dr Ákos Hutter）、曹莉梅、刘岩、吕勤智、赵坚、王怀宇
知名企业高管：吴晞、孟建国、石赟、裴文杰
行业协会督导：刘原、米姝玮
答辩学生（17名学生汇报时间每人10分钟）：Jasalyn Dittmar、Francisco Sanchez、本斯・瑞恩（Bence Rev）、刘宇翀、张婷婷、邓斐斐、陈文珺、杨坤、李思楠、肖何柳、马克（Mark Havanecz）、杨嘉惠、刘方舟、王广睿、胡旸、马文豪、明杨

主持人金鑫博士：

大家好，下午的答辩开始了，按下午的排序进行，第一位是来自美国丹佛大学的代表。

美国丹佛大学黄悦女士：

大家下午好，很高兴能够跟各位老朋友、新朋友见面，感谢个体课题组能够邀请我们的学生到中国来跟大家一起分享学习，也希望我们同学的演示能够跟大家一起讨论将来的设计如何能够做到以人为本，更好地解决居民的实际居住问题，谢谢大家！

Francisco Sanchez同学（美国）：

我们的太阳能加热空气装置具有较强的传热理论，但实际操作简单易行，我将向大家示意如何运行以及我们系统的可持续发展模式，从而降低能耗。这是一个关于可持续发展的设计，需要整个社区的参与，从而最终达到的目的是降低能源消耗。我在去年夏天的时候去了哥斯达黎加，我们的小组为当地的居民做了一个可持续发展的工程项目，当时的项目核心是如何提供当地社区最需要的房屋建设需求，并且这个项目是可以让当地社区的每一户居民都能够参与到的，从长远来说，即使我们离开，他们也可以将这个项目通过自身在社区的合作持续推广下去，最终改善当地社区居民的居住环境，其中太阳能空气加热系统是这个项目的重要组成部分。

简单来讲，太阳能空气加热系统就是利用太阳能来加热空气。热传递模式通常有三种类型，有传导、对流和辐射，这三种传热方式都有被运用到我们的房屋加热装置中。太阳能空气加热装置被安装在屋顶，面朝阳光的装置里的小风扇把房屋内的空气吸到加热管中通过太阳能加热达到超过200摄氏度，热空气再回流到房间，从而使房间升温。为了证实我们的分析，我们采用了微型计算机来记录数据，我们记录了加热装置的空气温度，然后通过模型比对得出比较准确的数据，通过这个实验记录分析改进，有助于我们找到比较有效的太阳能传递方案。这组数据显示了实际的输出和模拟输出的对比，虚线表示那一天的太阳能功率，红线是我们预期的模拟输出，蓝线是实际的输出。为了要估算太阳的流动需要进行模拟的空气流动，这些彩色的线代表了气流，不同的颜色代表不同的风速，我们通过这种分析用来到最好的空气流动速度和建立最有效的加热方式模式。

这个动画显示这些太阳能的空气加热装置可以明显地提高能源的使用效率，虽然它不能替代空调，但是每个家庭的热能需求可以更合理有效地分配。我们第一个模型的原材料是运用的回收的汽水罐和建筑废弃材料，简单的操作性使它有可能成为低收入家庭的最佳选择。同时我们也在尝试用更先进的建材，这样能更好地提高效率，并且考虑到美观的因素，让它能够和周边的环境相吻合，达到设计、实用一体化。我们新的模型外形更流畅、实用性强，并且有扩展性，可以任意改变使用多种不同的应用，它的正面是用弧线设计，加大受热面积，最大程度地吸收太阳能，外观比较时尚，并且符合空气动力学，而曲线的设计更有利于加热。

最终我想说的是，因为有科学的支持和验证，我们的设计更有理论依据，所以说科学和设计是相辅相成的。谢谢大家！

Jasalyn Dittmar同学（美国）：

大家好，我的名字是Jasalvn。

我们在做项目的前期调查时发现居民的高额电费账单是我们选择这个项目的目的之一——帮助当地的居民降低电费开支，并且提供一个美观、简便、实用、可持续发展的社区改建项目。Westwood属于大丹佛地区，属于我们这边的一个区，当地的设计师花了一年的时间对这个社区的房屋进行系统的评估，目的是为了更好地了解当地居民的实际居住问题。在做这个社区房屋评估的时候发现许多家庭的房屋都缺乏足够的隔热和节能环保的功能，我们那边的冬天非常冷，通常最低温度可达到零下30摄氏度，所以那些房屋的隔热条件差的家庭就要承担更高的取暖费用，这对于他们原本就比较拮据的经济生活无疑是雪上加霜。

当地居住的住宅由于缺乏良好的维护，年久失修，造成房屋的隔热系统很差，冬季的供热费很高，加上当地的居民都是低收入，他们居住的都是租借的房屋，所以要重新安装更先进的保暖系统不具备可行性。这演示了太阳能空气加热装置是如何运作的。太阳能空气加热装置被认为是改善居民生活行之有效的方案，它不仅能够改善空气和健康质量，同时也可以减轻居民的支出负担。我们的数据测试显示该项目可以为居民每月节省相当于12%的电费账单。房间的朝向在这个太阳能空气加热装置的有效工作的基础上起到了至关重要的作用，加热器安装在户外，远离房屋。利用现有的景观降低成本，使用非常规和再生材料，以及可以在本地采购到的材料都将有助于降低成本，并且起到保护环境和地方经济的作用。设计建造一个可持续的家庭住宅，应该是一个整体设计，这意味着不同功能的合理有效结合，比如太阳能空气加热系统、景观设计和设计美学等应该从设计一开始就考虑到。设计不单是要考虑外表美观，更重要的是它们要发挥效用，从长远来看这是未来的新趋势，就是要维持生态平衡。把太阳能空气加热器运到浴室，它被安置在地面而不是安装在天花板上，是为了确保有效循环加热。

建筑的垂直设计可以减少建筑物占用的空间，这种设计风格也能够提高太阳能的加热的供销。作为一个美国人，我无法抗拒一个大的厨房，因为大的厨房是一个可以跟朋友分享幸福和快乐的地方，更重要的一点是因为电磁灶和烤箱本身会产生热量，所以这个空间就不需要安装太多的太阳能空气加热装置。

本斯·瑞恩（Bence Rev）同学（匈牙利）：

大家好，非常高兴也非常荣幸能够参加这次四校的课题，谢谢课题组的各位老师和同学们。

本斯·瑞恩同学

我叫本斯·瑞恩，来自匈牙利佩奇大学建筑学专业，我想用简短的几分钟阐述一下我的毕业设计。在毕业设计中我对如何将建筑与水资源和谐共处做了研究和实践，其中还包括如何合理地对旧建筑进行扩建。随着全球化环境的不断恶化，了解自然规律对于人类来说是非常重要的，可遗憾的是我们不得不承认现在全球的气候正在不断地恶化，其中水资源是影响全球的气候变化的重要因素。目前地球上的淡水资源紧缺，海啸、洪水灾害频繁地发生，海平面也在上升，我们必须了解气候变化的过程，并试图去适应新的形势，与自然和谐共处才是明智的选择。

我的毕业设计选址是索尔诺克，它位于匈牙利的中心位置，是匈牙利地第19大城市，拥有7万人口，在匈牙利是一个中等城市。匈牙利有两大河流穿越整个国家——多瑙河和帝萨河。其中帝萨河流经索尔诺克，是一座非常美丽的城市，西岸是市中心而东岸则比较好地保留了自然景观。在匈牙利有很多的沿河城市，但像索尔诺克这样既有人文景观又有自然景观的城市并不多见。我的毕业设计分为三个层面，每个层面分别表述了不同的尺度，第一个层面是区域尺度，是村庄河流域城市之间的关系。第二个层面尺度主要是处理基地与周边的关系，使基地与城市的联系更为紧密。第三个层面主要是针对建筑及其周边的功能设计，是其中最小的一个尺度。这三个层面是独立的同时又是紧密不可分的。

首先是第一个层面——区域尺度。我设计了一个小的泊船区，用于连接沿河的各个村落，它为当地居民提供防洪知识，帮助人们了解河道的习性，这样人们可以为洪水灾害作出充分的准备。我设计了一艘教学船舶，有时候它也沿着河道行驶，船舶有教学体验区，主要是为了教育儿童。此外我还设计了一个码头作为泊船区的港口。总的来说，我的设计理念就是要将这片区域的景观与建筑形成一个文化平台和休闲区，为这些沿河的小村庄服务，并能让人们更好地与河水和谐共处。我对码头的结构设想是让当地的居民在没有任何专业知识的前提下去搭建它，这样一来不仅为小村的居民提供了就业机会，而且通过搭建的这个过程使码头的结构更好地适用于当地居民。码头的建筑材料选用的是钢架、轮胎和再生塑料盒，可以使构造体漂浮在河面上，钢线可以使构造体反转扭曲，钢结构保证每个构造体之间的间隙。码头是河道与堤坝之间的一个连接点。

接下来是第二个层面——城市尺度。我的项目位于市中心的另一侧，是居民运动和休闲的场所。在我的规划区附近，虽然有一座步行桥贯穿城市的两岸，但河堤周围的经济并不发达。我的目标是把这片中心变为更繁华的地区。我重建了河堤，使城市两岸、大桥与码头保持了连贯性。新的堤坝更耐涝，钢板更加耐用，大堤的顶部是由透水性钢筋混凝土制成的，护栏的内部有一个内置的LED照明系统，由太阳能电池板供电。

我在积水区的部分设计了一个缓坡，从而形成了一个自然公园的交汇点，这方面的焦点是设计在建筑下，我预想这个地方大部分是为年轻人服务的，他们可以利用屋顶的露天的部分和空间来进行体育活动或者是露天放映电影、进行小型的演唱会等等。

最后一个层面是建筑的本身，它是一个具有亭子的外观的多功能空间，此外建筑采用大堤的造型并夸张堤坝的视觉特点，堤坝的栏杆变成了建筑物的屋顶，并包括了内部的空间，它有一个纤维水泥板覆盖，作为主要功能块具有敞开口和木材包层。

动态桥与河边的文化馆相连接，桥梁采用了船甲板，可以上下移动。桥的一端漂浮在水面，它与水边的码头相连接。建筑的主体空间是一个咖啡吧，同时它也可以作为一个小型的会议室，人们可以在这里进行会面、放映和展览。家具的使用使更个空间变得更为灵活，室内的设计理念是通过天花板和室内照明营造一个模拟水下的空间。

我正在探索动态桥的造型形式与结构，将静态材料通过巧妙的设计转化为动态的桥梁，这对我来说非常有意思，我的最终目标是将这个动态桥的结构形式运用到整个匈牙利的建筑领域，并能更深入地了解我们所处的自然环境。

谢谢大家！

刘宇翀同学：

大家好我是来自清华美院的刘宇翀。我选的场地是在北京市密云区河南寨镇升水头村，占地面积4000余亩，是一个多功能的滑雪度假村。这是它的交通状况，为它的发展提供了很大的可能性，这是总体的布局。我要做的是右下角左边的室内设计，它的南面正对南山滑雪道，东面是初级滑雪道。这是它建筑的体量，大致的功能分区以滑雪的租用服务区为主，其他还有办公区、休闲区等等。

我调查了一下项目的现存问题：环境较差、内部比较阴暗、夏季比较炎热、不适合发展、室内缺乏标志性的引导，对人们造成很大的不便，而且它的功能比较杂乱，不具有整体性。还有一个特点就是它主要的休息空间是在室外，这就给人们带来了一定的不便，我通过整合确定了室内所需要的一些服务空间。然后最大的一个特点是我们到滑雪场的时候根本就无法知道雪场具体的职能，可以将雪场的一些职能加入其中，做一些辅助而不是做装饰性的给人看的东西。

首先我对它的功能区进行了重新的规划，我的设计目的最主要的是以人为本，从人的精神层面和感情层面出发，创造一个比较独特的肃静的环境，与外面喧闹的滑雪场形成一个鲜明的对比。因为它本身的空间功能不是特别地多，而且以大型的功能空间为主，所以我就从人的形态出发，对人的一些行为进行了一些分析，具体按照这个轮廓来推导空间形式，给人不一样的空间感受。比如小到一个更衣间，通过人的轮廓根据应有的功能设一个独立的单体，然后再有小大到推导出整个空间。

我想给人一种整洁的美感，体现它的整体洁净、纯粹的感觉创造一个充满意境和梦幻的效果。

这是我的设计方向。谢谢大家！

张婷婷同学：

尊敬的各位老师同学好，我是来自苏州大学的张婷婷。我本次设计的题目是湖南安化黑茶博物馆主题设计，主要对博物馆公共空间、展厅空间等进行室内设计与展陈设计。

首先是地域人文方面，该设计基地位于湖南安化中华黑茶文化博览园内，湖南水土衍生了极具地域特色的湖湘文化，孕育着激越冲突的文化思想，“淳朴重义”、“勇敢尚武”的特殊品格。安化位于湖南偏北，黑茶的起源地，万里茶路的南方起点。这里青山绿水避湖奇石，保留着最原始的自然形态。中华黑茶文化博览园作为湖南黑茶文化的国际视窗，园内彰显生态，力求返璞归真。

这是原建筑基地状态，自然环境良好、交通便利。

在方案之初，首先明晰了博物馆作为博览园内核心场所，需起到进行文化宣传、产品推广的双重作用，之后就什么是黑茶文化进行了一系列探索，从历史、地域、自然、人文等方面捕捉黑茶文化的特性，并由此确立博物馆的设计概念，即从黑茶文化中挖掘出设计元素，并用完整的主线串联来实现从茶文化到室内视觉的虚实转换。

黑茶文化在其历史维度上，自唐代茶马互市的兴起，让安化成为“万里茶路”的南方起点。安化黑茶以搬运、马驮为主，形成了我国独特的“船舱马背”或“茶马古道”。

在文化维度上，黑茶文化受到荆楚文化及其分支楠山文化的影响，逐渐形成了坚韧厚重的黑茶文化、顽强爽朗的茶马精神。

依据以上对黑茶文化的解读，奠定了博物馆室内设计的氛围基调与故事脉络，不同于碧螺春等娇嫩、柔弱的水性美，黑茶呈现的是顽强、热烈的火性美，形成了黑茶独一的特性。

接下来是项目概况：原建筑是博览园的一座4层的仿古式建筑，北侧面向自然山体，南侧紧邻主干道。具有良好的朝向，西侧为茶馆建筑，东侧为停车场，交通流线明晰。

这是原建筑的平面图、立面图，设计区域为原建筑一层的空间，层高6 m。平面布置保留原建筑的2个内部庭院，以庭院分割空间，划分为面向参观者与面向工作人员的两块区域，同时以东西向为轴线，将馆内各空间串联起来，休息区与展陈区垂直。平面目的安排上，在满足博物馆基本功能、流线要求的前提下，分为几个主题展厅。流线组织上观众入口低于临近停车场的东侧，参观区域为其中一个庭院。出口位于南侧，办公区域与藏品储藏区位于西部，流线独立。

元素提取木、石两种自然材料，通过其粗糙的肌理、坚硬的质感，营造室内空间的力度感与生态感，凸显张力。对木进行元素推演，如高大的木桩、长方形的木块、粗糙的木板，运用复制、错配、排列、分割、变形等手法，形成隔断等装饰。

这是剖面图，将提取的元素在立面造型、材质色彩上进行演变，延伸至馆内的展厅空间，例如茶马古道馆为了凸显运输过程的艰辛、顽强，在造型设计上采用几何形体的切割、拼合，形成冲突的视觉效果，使空间富有张力。在两个展厅之间的空间过渡上，从功能和精神两方面的需求出发，采用较为规整的造型设计，以营造柔和轻松的氛围。

这是我之前的空间探索，突出木与肌理，强调木、混凝土、铝的结合。

以上是我的汇报。

邓斐斐同学：

老师们、同学们，大家好！我是清华美院的邓斐斐。我的题目是清华美院A区图书馆改造。对这个选题我进行了一些文献调研，总结图书馆发展的过程。我将要研究的美院图书馆，现在仍处于第一文明时期，仅有知识储存的功能，这样的图书馆容易被淘汰。怎样改造一个以读者为中心的图书馆是我研究的重点。

邓斐斐同学

根据图书馆的改造计划，我进行了前期的问卷调查，这是问卷的结果。

总的来说，图书馆应该增加一个多媒体区和公共讨论区，图书的更新应该比往年更快，这样才能提高图书馆的应用。根据这些内容我进行了一个项目的实际调研，并横向地对比了国内八大美院的具体图书馆使用情况。根据对比发现，清华美院美术学院的图书馆在藏书以及各功能上都有很大的不同。这是一些现场的照片。同时我还横向走访了北京工业大学和中央美院的图书馆。针对以上调研的所有内容，我设定了这样的任务书：基于前期调研，针对图书馆现存的空间流线、功能等进行改造，项目总面积3000 m^2，馆藏21万册。

概念生成：我跳出空间设计的框架，直接思考学习的本质，即从光明到黑暗再到光明的过程，充满感性、理性，希望与绝望的过程，而这也是学习的有趣之处。图书馆作为学习的社交空间，自身也存在一定的矛盾性，所谓的开放空间无论如何都有自己的界限，当学习者处于这样一个空间，行为必然受到一定的限制和潜移默化的引导。然而图书馆所能激发的思维是无限开阔的，因此图书馆最大的价值在于它能激发思维。因此我对理想中的图书馆定义为有限空间的无限可能性，并以此作为我的设计概念。

一层原有图书馆的范围是一个T型，中庭的空间不够完整，无法得到很好的使用，因此我在这里进行适当的扩大，并且增加了通往二楼的通道，这也将增长中庭看台的使用。这是改造后的平面图，一层有服务台、储物柜、新书导览、公共休息区等，使得图书馆化整为零，增加空间。二层做的最大的改变是拆除了圆筒装置，形成了一个廊桥装置，使其形成了一个阅读的廊桥并且扩大了一定的阅读空间。这是改造后的二层平面图，所具有的功能是单人研习间、文学区和楼梯间等。图书馆三层同样去除了作为交通死角的圆筒装置，改为廊桥装置。这是改造后的图书馆，包括了自主多媒体和材料展示，整个图书馆的设计都遵循了以学生为中心的规则。这是我的家具。这是改造后的图书馆一层、图书馆二层以及图书馆三层。这是图书馆的外立面。图书馆设计重点——二层中的艺术类书籍和设计类书籍区，在顶棚的光线上有一些引导作用。以下是我的效果图：这是新书导览空间，这是文史类书籍区，这是期刊阅览区，这是文学类书籍区，这是设计类书籍区。谢谢大家！

陈文珺同学：

各位老师同学下午好，我是来自四川美院的陈文珺。我题目的名字叫做“城市镜像”，是天津近现代历史博物馆和场地设计。整个报告分为四个部分，第一部分是任务书的解读，是以天津近现代历史博物馆为核心的城市开放绿地景观设计，下面是它的基本信息。

陈文珺同学

场地位于天津著名的历史文化建筑西开教堂南侧，也是天津滨江道商业中心，它是一个现代生活与历史文化的交界点，周边建筑的类型是以现代建筑为主，周边场地的交通状况非常便捷，但也因为这样的便捷的情况造成场地周围的情况是比较复杂的。场地周边大部分的人群是周边的居民、宗教的信徒还有部分的游客。基于以上的情况，我发现在这个现代城市肌理下的文化类建筑用地是非常复杂的，并且它其实并不是那么适用于大型的广场空间或者绿地空间。

第二个部分是方案的总规划。在整个空间里面设置了车库的出入口、两个临时停靠点、场地内部的交通流线以及建筑入口。

第三部分是建筑形态的构成。我们以往看到的近现代历史博物馆是以巨大的体量和空旷的广场构成，给人以非常强烈的距离感。可是在我看来现代城市的历史博物馆应该有它新的变化，那就是将社会交往作为这个公共活动空间的一个核心的内容。而且基于之前所说的场地周围的一些比较复杂的现状，我希望这个博物馆是可以消除距离感，是一个拥有人情味的回忆场所。所以在建筑形体上采用了不规则的形式，打破有序空间，削弱严肃的氛围，减少距离感。这是建筑体量的推导，打通了主干道和教堂之间的联系，主体内部形成开敞空间，打通内外部空间的联系。这是三层、四层、五层平面图，整个建筑总面积是26844 m^2。这是建筑的东立面图，层高40 m，这是北立面图。在建筑内部的空间功能划分上，我是希望在保证一定的展陈空间的前提下，有更多的公共空间，增加场地的亲和度。在建筑的外形上采用界面的转换，通过透与实的界面转换来形成一个穿越于历史、现实和未来的感觉。这样特殊质感的转换也会激励游人更加亲近，尤其值得说的是建筑表皮对城市景象的记忆。以建筑临近主干道的东立面为例，在建筑屋顶上也设置了部分的下沉阶梯，形成多个露天休息空间，每一个这样的社交空间之间都存在着一定的联系。

第四部分是景观的建造。在铺装上延伸教堂的轴线，形成十字铺装，连接教堂与博物馆建筑，同时铺装的颜色延续教堂地面的砖红色。这是在平面上的布局以及效果图。另外在教堂立面中提取出正三角形的元素进行重新的组合排列，然后将新的形式进行立体化的拉伸，得到新的景观构筑物，将这样的体块赋予新的材质、新的功能，将它们分散于建筑周边作为景观，同时融入天津的历史节点、时间节点的线索。这样透明的室外展陈箱穿插于整个建筑周围，也穿插于市民的生活当中，使历史与生活能更加地融入。这是下沉广场，在植物上采用天津市民熟悉的绒毛白蜡及国槐，增强场地的亲近感。

谢谢老师的指导。

杨坤同学：

各位老师、各位同学，大家下午好，我是来自山东建筑大学的杨坤，我的导师是陈华新老师。今天我的汇报题目是鲁班博物馆概念设计。

第一部分是对任务书的解读。这是我从这次活动中提取的我认为比较重要的节点以及一个真实的项目计划。首先，谁是鲁班？鲁班是春秋时期的鲁国人，鲁班众多的传说和发明经考证并非是他一人所创，但人们现在更愿意将这些影响后人的发明创造归于他一个人，因此今天的鲁班更多是人们对他创造以及探究精神的推崇，而我们也必须要对此进行研究。我的选址在山东滕州，位于城市核心阶段的山东龙泉文化广场，周边有龙泉古塔、墨子纪念馆等文化特色和地方特色浓厚的建筑群，以及即将开发的商业区和即将落成的滕州市博物馆。这为博物馆的游客吸引力和众多的文化延伸提供了可能。

因此我继续向下寻找，在周围两公里范围内有11所中小学，图书馆仅有一座且藏书量不多，所以这一区域在项目设计上增加一个图书馆阅览室的功能设计。这是我对现场的调研。

接下来是设计构思，我从鲁班的榫卯结构中找到了相互连接和交叉的一个非常有特色的形式，然后从它的形态中逐渐演变出我的建筑。通过抬升滨河道路的高度和建筑退让河面13 m，来满足河道规划绿线和蓝线，获得户外和景观的最佳视野。这是我的景观设计，基地面积是6210 m^2，总建筑面积3708 m^2，绿地率31.9%，容积率是0.6。

我的理念是挖掘历史，用以创造新的事物，这将影响我的整个设计思路。首先展示的是一层大厅的部分，中庭的设计主要是由空间的尺度和功能影响的。楼梯的尺度是遵循空间和楼层的高度，从前台向左进入临时的展厅，之后盘旋而上进入主展厅。谈到光线，离不开光的明与暗和移动，建筑内引入自然光经过框架的遮蔽配合一日中不同时间段变化的效果，充分地表现出光在人的引导下表现出的多种多样的形态。

大厅中间有一个木鸢的装饰，这反映着由古到今人们对未来的探索，接着是一层的临时展厅，从一层盘旋而上的是主展厅的部分。区别于传统的复杂的展示，我简化整个场馆内的设计，简单以材料和色彩烘托展示物让参观者视觉焦点始终随着展品而动。第一展厅我通过视频投影来对展览进行介绍，配合传统的展板展示对人物事迹的介绍，另外搭建一些模型来重塑人物历史的场景。第二展厅我通过提取影视的书籍故事，给参观者留下深刻的印象。二层的主展厅将以鲁班在各个领域所设计的发明创造作为展示，主要展示他在土木工程建设方面的创造和成就，展示他在中国建筑构造中的突出发明。在传统建筑的斗栱的相互叠加与榫卯的凹凸组合中找到了新的平衡。

接下来是一层的咖啡吧，这是等待处，风格上搭配与外框架相类似的十字锁框架，而且还衍生出酒柜、盆景和灯箱的设计。这是增加的一个图书阅览室的部分，这里我以布条作格栅，质感轻盈，能满足装饰性和遮阳性的要求。最后是外框架形成的20%～80%的阴影区、局部的效果和建筑的外景。

谢谢老师这几个月的指导。谢谢！

李思楠同学：

大家好，我是中央美院的李思楠，我进行最后一次的毕业答辩。我选的是天津近代历史博物馆的设计。我的这次汇报分为五个部分：区域、任务、调研、概念、方案。这是对天津的区位分析。这个是基地周边功能的分区，以住宅和商业为主。从图上可以看出来，这片基地比较缺少绿地。这个是对街道剖面的分析，可以看出来大教堂对整个基地的影响还是非常深远的。

这个是任务书，主要是景观部分和建筑部分。景观部分对我们的要求是设计一个城市开放的绿地景观，而建筑部分是天津市近代历史博物馆，要求我们以绿色建筑、碳平衡为理念。这个是调研部分，给出了CAD图纸，这是我进一步的调研，这个首先是基地原有的卫星视图，可以看出来原有的绿化是有很多的。这是我对基地周边边界的实地的调研，可以看到边界的街道都是非常狭小的，而且这些条件都亟待改善。这就是天津西开教堂现存的情况，可以看出来依然是像以前一样的宏伟。

这是我根据调研的经验所提出来的理念，主要分为——公园式博物馆、近代历史时间轴、纪念性建筑、仪式感、洗礼池。两所教堂的轴线为设计的基本线索，把它们都融入景观中，使它们成为一体。这是我提出来的概念。

这是我的意向图。空间方面我参考的是朝阳门的SOHO，材料方面我参考的是宁波博物馆。这个是细部的，我参考了北京林业大学的台阶，因为我觉得博物馆是这么有象征性的建筑，需要非常有气势的细节。

下面进入我的方案部分，这是之前的草稿，景观部分这个平面图已经经过很多次修改了，这是最后我想呈现给大家的一个成果。这是我主打的一个理念“公园式博物馆”，从总平面中我们可以看到整个的建筑和景观部分都是沿着这两所教堂的轴线开始的。这个是剖面分析，虽然没有剖到大教堂，依然可以看出来教堂占了很大的体量，而我设计的新的博物馆的体量在高度上是没有教堂高的。这个是景观的一个效果图，可以看出来我主要想表达的就是它中间的这一片山地景观，也证明了我“公园式博物馆”的概念。建筑设计部分，主要分为三栋楼，浅蓝色的是竹楼，包括展厅、行政办公还有报告厅，辅楼是展厅、库房、技术修复室，辅助楼包含了一些小空间——食堂、咖啡厅、教室、休息室之类的，这是具体的一些功能的分析。一层还是以展厅为主，地下是以库房为主。这是各层平面，主要都是以展厅为主，四层有一个屋顶花园。这个是最终的立面图，可以看出教堂和整个建筑的关系。这个是最终的模型。

谢谢大家！

肖何柳同学：

各位老师、各位同学，我是来自沈阳建筑大学的，下面由我为大家带来这次的终期汇报。我的汇报分为四个部分——解读任务书、方案生成、建筑设计和景观设计。解读任务书分为三个部分——任务书的解读、基地分析、概念生成。解读任务书：现有的西开教堂需要我们设计的是以天津近代历史博物馆为主的景观文化地块，道路等级低且人流量较大是我们需要解决的，新老建筑的结合也是我们需要考虑的。

周边有五条道路，有比较重要的地铁线交会于此，构成了基地这一复杂的街区形态，而面对这一街区形态，我希望建立文化与景观的一个协调共生的关系，以文化的同源性协调景观与建筑的关系以及新博物馆和老教堂之间的关系。我认为建筑与景观是基于文化之上的，西开教堂是宗教文化下的罗曼式建筑，而我们做的建筑设计同样需要基于文化的源头。我选择的这一文化源头就是拉丁十字，拉丁十字是罗曼式建筑的一个平面形式。

基于此，我的方案是两个部分。首先是建筑部分，对拉丁十字平面进行推导演化，进行分解重组，对建筑进行加建，从建筑两端延伸出柱廊让博物馆形成一个内庭，建筑的柱廊部分继续延伸形成一个半弧形的柱廊，最后形成一个契合地形又有前后庭院的形态。接下来是景观部分，基于基地的现状有四块人流比较密集的地方，一个是西宁道与营口道的交会处，二是独山路的居住小区的部分，以及新建博物馆内庭出入口处。我用拉丁十字形成圆形的流线，这是我最初的概念图。下面是建筑设计部分，分为功能流线、平立剖面及效果展示。

规划面积2.8万m^2，建筑占地面积7000 m^2，绿化率30%，建筑高度19.5 m，建筑是地上三层、地下一层。这是整体的功能分区图，分为两个部分。首先是由陈列展览区、行政研究办公区组成的第一个较大的部分，第二个是技术工作区、藏品库区形成的部分。这是我每层的功能分区，蓝色部分是展馆，米色部分是行政研究办公区，紫色部分是藏品库存区，绿色部分是技术工作区，红色部分是共享区，黄色部分是交通。这是我的首层平面，布置了专门的展厅、行政办公区，另外的部分布置了藏品库存区。二层部分继续布置了基本展陈列室，行政与办公区这部分布置的是研究区，另外这个部分布置的是文物修复区。我将珍藏库和一般藏品库布置在地下一层。左侧是参观流线图，人们从营口道的主入口沿着红色的参观流线从一层到三层，逐层参观最终回到中间垂直通的部分，然后可以从一层直接进入博物馆的内庭，从内庭出来走向景观部分的大广场，也可以从独山路的出口出去。这是一个剖面图，这是建筑的一个立面图，这是我的一个模型图以及正立面的一个效果图。

接下来是景观设计部分，功能流线、景观节点和效果展示。这是我的彩色平面图，最主要是五个部分——扇形广场、西开教堂的后广场、步行景观区、出入口的十字广场，这是营口道的临街立面图，这是宝鸡东路的沿街立面图，这是我的分析。左边是基地最基本的图景关系图，右侧是四个开敞空间，形成了最主要的空间，然后通过两条景观流线形成一个拉丁十字式的景观轴线，两条景观轴线交会处形成主要景观节点，也是建筑延伸出来的柱廊的部分。通过这个开敞空间，我确立了景观区的入口，以及景观的流线，这些流线最终汇集于主要的景观节点，也就是柱廊区的部分。下面是我的一个景观的节点，这块开阔的空间是西开教堂的后广场，是由天津历史博物馆、西开教堂围合而成，广场对着新建博物馆的柱廊，以开放的姿态迎接来这里参观的人们。平面上是依靠广场的铺装和两处低的座位来进行划分，连通着老教堂和新博物馆。

这是独山路的景观的入口，这是拉丁十字景观长轴的起始处，这里可以看到开敞的广场和博物馆延伸出来一个高耸的柱廊，形成了鲜明的对比，这种高低的对比以及轴线的延伸感也是我所要展现的。

这个开敞空间是天津近代历史博物馆的景观区，一直到西开教堂，满足了博物馆人流疏散的要求，有比较好的视觉通透性，而且保留了西开教堂的立面，能使西开教堂与博物馆联系起来。人们参观完之后可以从内庭出来继续参观我的景观区，但如果从这个出口出来，同样也可以看到西开教堂。我希望通过这个有一个引导性，让人们不单单是参观完博物馆之后就结束了，我希望他能继续看到完整的景观设计。最后是一个鸟瞰图。我的扇形广场沿着轴线层层递进引导人们走入中心景观区，同样中心景观区的铺装以及流线又形成一个短轴，最终又回到了我的概念——拉丁十字。我的演讲到此结束！谢谢大家！

马克（Mark Havanecz）同学（匈牙利）：

大家好，我的名字是马克，是匈牙利佩奇大学建筑系一名五年级的学生。

我的毕业设计是为我的家乡栋博堡的一所高中设计一个体育馆，它离佩奇市并不是很远。学校现在刚好有一个体育馆新馆的招标项目，项目的内容包括一个新的健身中心和一个游泳训练池，场馆的位置近邻学校校园。本次招标是基于学校面临的实际问题和需求，目前学校只有一个非常小的体育馆，而这个体育馆无法满足500多位在校生的使用需求。在匈牙利每个学生每天至少应该有一节体育课，同时这里还有一个年久失修的游泳馆，它也是20公里范围内唯一的室内游泳池。

通过图片大家可以看到学校内的各个建筑位于不同的位置，由于学校缺少整体的规划，所以校园内的动线显得十分混乱。这是我的毕业设计的基地，目前这个区域有一些户外运动场所。根据招标要求，我设计了新馆，将在现有场馆面积的基础上有所扩展，新的场馆配有多功能体育大厅、观众看台和一个25 m赛道的游泳池及其看台。由于地势的原因我并没有让体育馆与学校直接连接，而是将体育馆与山体的坡面融为一体，南面作为主要的出入口及建筑立面。这样一来体育馆可以巧妙地隐藏于自然环境当中，不会使很混乱的校园规划显得更加糟糕。位于出口层的交通枢纽空间连接了公共服务区域看台，公共服务区同时也包含了接待区、衣帽间、洗手间和餐厅。更衣室位于交通枢纽空间的下方，两侧都具有容纳两个班的学生的空间。健身房大厅配有两个独立的训练室和攀岩空间，设备室和机电室位于看台的下方。新建成的体育馆将为学生、专业运动员、体育俱乐部提供服务，同时也会举办独立的培训或比赛，因此虽然它隶属于学校，但其功能辐射于整个城市和周边城镇。在课余时间体育馆对外开放，为此我特意设计了一条通道，人们可以直接横穿学校到达体育馆。我利用了学校北面的大门作为这条通道的一部分，走廊经过宿舍楼横穿校园直达体育馆，这条隧道将学校公共空间和楼道空间进行合理的分割，我使用鲜艳的颜色作为这条通道的分割，其分割位于入口处。

体育馆的主要结构使用的是钢筋混凝土，我首先考虑到钢筋混凝土的结构更适用于游泳池的使用需要。其次，由于场馆的屋顶覆盖着密集的绿化层，所以屋顶应该是一个比较坚固的结构。这是建筑内部结构的细节，在建筑主体框架下采用钢筋混凝土板式结构，立柱使用加强型钢筋混凝土，梁是由预制件通过拉紧的方式搭建的，场景的墙选用的是美国特迈斯混凝土三明治夹层保温墙。

在泳池和主场馆的房顶我设计了几乎同等面积的天窗用于采光，并沿用了低碳环保的设计理念尽量不破坏原有的自然形态，天窗配备了三层1 cm厚的安全玻璃，以保障屋顶在荷载行人时的安全性。通风与照明设计位于梁与梁之间，并使用法国巴瑞佐透光，进行巧妙的隐藏。体育馆在南面开窗，这样有很好的采光，建筑表面使用混凝土保护层，与洁白细腻的内部空间在视觉上形成巨大的反差。这个是入口处的3D效果图。这是建筑外观的效果图。这是体育馆大厅的效果图、游泳池效果图。

谢谢大家！

杨嘉惠同学：

各位老师好，我是来自清华美院的杨嘉惠，我的设计题目是清华大学校医院的改造项目。在前期调研中除了对项目的调研之外我还进行了基础的社会调研，从与发达国家的医院对比中可以发现，我们的医疗尚未全面地发展起来。根据我国居住规划设计的规范，校医院在用地面积以及卫生服务中心中所占的比例符合规范，但建筑规模却远远大于其服务人员相对应的规模。从医院的功能区域划分来看，建筑空间布局不是以人为本的。我的后期方案的解决也是就患者的就医流程与医疗矛盾为着眼点，70%的患者是受到医疗费用的保障的。

在传统的就医流程中患者需要在社区医院的各个功能区中往返奔波，门诊的就医顺序非常混乱，传统的医院就医是按照医院的传统进行的，而非以患者为中心。然而科学与经济的发展使人们转换了就医方式，就医方式的改进加快了就诊的效率，传统的就医模式很快被淘汰，取而代之的是一卡通的就医模式以及智能医生。这个对我后面的建筑改造来说有很大的作用。对于医院建筑层面来说，就医流程的优化使得建筑空间也产生了巨大的变化，因为服务核心理念的变化，建筑设计的出发点也产生了重大的改变。在对校医院的调研中，我发现校医院的原建筑缺少一个核心，中心服务区的建立能使患者进入医院之后有明确的分流，一定程度上减少患者在科室之间来回穿行，而我的建议原则是中心服务区接近建筑的入口以及附近的垂直交通空间，便于疏散。而在平面布局上，与原本的线性走廊不同，将在校医院的改造过程中，形成一个环状的循环系统。在以往的医疗建筑中，设计师习惯用走廊，这是防治病菌的感染需要的，如果医院的消毒系统更加的先进，则建筑的条件更加自由。

对于改造后的建筑各个功能区之间排布逻辑，除了遵循以往的优先不变者的原则和功能相近的原则，我进行了改造，比如改造后的急诊科室不直接位于建筑的入口处，而是患者进入主入口处的中心服务区进行分诊挂科进入科室。这是改造后的各个功能区的分布以及流线的排布。

在我提出的解决方案中，除了空间循环系统与建筑中心的确立，还有一项比较重要的，是环境体验的改善。研究表明在绿色植物的环境中病人的痊愈速度比普通的病人快了30%。在校医院的改造中我注重将校医院周围的环境融入其中，并更多地感受绿色植物的生命气息。校医院所处的环境是清华的著名经典“荷塘月色”。我将观景的位置尽可能多地散布在整个建筑中，对建筑进行了进一步的退让。这是校医院的景观设计总平和一系列的平面图，植物的分布主要是以矮灌和小乔木为主。这是建筑三层和四层的平面图及景观的效果图、剖面图。除此之外，改造后的病房区域我改变了自然光的照明方式，对于已往的住院病人来说，视线集中的范围是顶棚和靠近病房的立面，而改造后病人可以通过开窗看见天空，利用室外的游廊可以欣赏城市风光。对候诊空间，我们还增设了很多小尺度的候诊空间，并通过外立面的遮阳板，将患者的视线集中于下方，形成俯视的姿态。

这是等候区的效果图，这是我拍摄的清华荷塘的实景，上面的是病房的效果图。我想通过我的设计说明患者在就医过程中的这种体验是我的设计的根本。最后我的结论是就医过程包括了患者在就医过程中的人、事、物，也包括了环境，一卡通的就医体验促使就医模式的变化，使社会心理的模式下环境对患者的影响日益受到关注。对社区来说社区医院不仅是医疗的场所，还应该是活动的组成部分，人们文化水平的提高使人们追求更有活力的生活，这也促使了城市结构的演变。我的改造是基于这个理论进行的。

我的汇报到此结束。谢谢大家！

刘方舟同学：

老师们、同学们下午好，我是来自天津美术学院的刘方舟，我给大家带来的题目是回映——天津市近代历史博物馆及周边景观设计。

第一部分是前期调研，天津是渤海之滨，在这里它拥有运河文化，还有非常浓厚的多元文化。项目的基地处于天津城市的中心地带核心位置，在和平区一个繁华的滨江道附近。通过现场的照片可以看到，周围的业态丰富，人群特别多，高楼林立，与之对比的是旁边的老西开教堂古老的建筑，这是现场的测绘。基地周围由南京路和营口道交叉而成，这要求我们日后安排好流线。

周围地形中间低、四周高，我们要优化这个地形。周围有三个广场，我们要延伸这种广场的轴线，然后完善这个场地。之后是概念生成，这是我做的城市空间，希望在这种无序的城市里找到有序，创造现代博物馆的建筑。下面是任务书的分析。对城市的反思：周围的场地人群比较混乱、复杂，需要疏导和休息，如何处理教堂的新旧关系也是设计的一个重点。经过红线退让得出建筑的可用范围，然后进行广场的退让，根据四周车流进行了入口的退让。在表皮部分我想到是天津的运河文化，天津人与运河的关系融入他们的生活之中，天津城市形成历史与运河密不可分。天津人的性格特点是非常随和比较“咯儿”的感觉。这是运河水波纹，倒映着中国近代历史的发展，我将这种记忆进行提取，希望博物馆成为城市的缩影。景观推导部分我将水波纹概念进行衍生，最终形成景观部分概念的生成，可以看到这个立面的纹路跟教堂交相辉映，非常融合，这是其他的立面，这是平面图。

这是一个鸟瞰图，可以清晰地看到场地的整体布局，它由几个部分组成——教堂沉静区、水池、旱喷游戏区。因为周围的住宅比较多，希望给人们腾出空地，参与进来，这是动线。植物选取天津当地的特有植物，使人有亲近感。这是景观的设置部分。这是从营口道主道口往博物馆看的角度。这是广场休息区，人们可以在这里休息，周围的人可以做一些运动。这是历史的漫步区，把历史的相关展示设置在这里，在进入主体建筑之前让人们有一个非常好的参与感。广场的这个大面积区域可以举办一些活动，如灯光节。

下面请大家看视频。谢谢大家，这就是我与历史对话的一个过程。

王广睿同学：

老师们同学们大家好，我是来自山东建筑大学的王广睿，下面就开始我的济宁运河文化博物馆设计的终期汇报。首先是项目背景的研究，项目位于山东省济宁市，依靠京杭运河和微山湖，形成了综合立体的交通网络，有非常便捷的交通。项目的选址是济宁市大闸口，距离火车站和汽车站都非常近。项目用地东北侧相邻的商业区有非常丰富的人流资源，这里距离博物馆的直线距离都在1公里以内，属于市区的文化商业圈。

对项目用地的分析：西边是唯一可以通车的道路，但较为狭窄，道路的情况不佳，又因为商业导致了车流相对较为拥堵。场地周边的路线因为有三级不同层级的地势关系，人流较车流丰富。场地虽处于闹市，但因为现状的业态不佳导致场地使用率低下，而由于运河形成的环形的包裹的形式使这块区域在闹市中属于相对安静的区域。

场地关注的重点放在周边的运河的遗风和古建筑的方面。用地的南侧相邻的是运河东大寺，也这是去年申遗成功的项目，旁边运河的活动区都是这次设计的重点。

利用场地的阶梯地势希望在保证建筑容量的情况下，形成与古建筑退让的关系。对于对城市文化的梳理，我整理出了一个展示的脚本。设计概念的推演：基于对济宁境内的两个运河古建筑的研究，我将它的形体简化并且概括，现代建筑采用具有中心庭院的回字形建筑的形式，中庭景观配合回字形的动线能形成良好的空间交流关系，丰富行为动线并增加空间的交流。建筑边界的确定：将用地东侧的道路拓宽至15 m之后，将建筑南侧的道路向前推15 m，形成一个新的建筑边界。向下推进将建筑平面定于0.6 m的高度，挤压出建筑的基本形体，使其嵌入三个地势层级中，高于城市的平面。将空间进行挤压，形成回字形的建筑形态。

在北侧形成博物馆的前广场，可以形成空间的逻辑，同时可以避免博物馆的入口在交通比较拥挤的地方，不再继续给路口施加更大的压力。在河对岸的视角，我将建筑的形体向两侧避让，形成了一个新的建筑形态。新的建筑形态将建筑的体量相对减少，并且能够让建筑与周围的环境更为和谐。另外将东南位置进行一些抬升，能够提升更多的视角。最后设置入口。

扬帆运河上的运船是文化特定的历史符号，并且将这种符号转化为现代几何形的语言寄托在现代的形体之上。

新的建筑我一共设5个建筑入口，其中4个是游览入口，1个为办公入口。经过拓宽的道路之后，增加了一条可以行车的路线，可以缓解十字路口交通的压力。建筑的效果图：坡屋顶的运用和古建筑形成呼应，用现代的钢质材料和玻璃屋顶形成有别于古代屋顶的现代符号，对视线的避让可以让人们看到河对岸的古代遗风的场景。新的建筑形体与古建筑共同形成一个新的形体，新的建筑蛰伏在古建筑对岸，形成了尊崇的态势，并且能够与古建筑形成一个比较好的单向下降的关系。建筑柱网是以10–10的柱网为主的，这是各层的平面图还有剖面图。坡屋顶可以引导水流的流向，并进行卫生洁具的清洗。

地下二层我设置了办公区、展厅、藏品区、停车库，还设置了有利于藏品运输的装卸平台。这是展厅、报告厅、教室及图书馆的设置。这是室内总体的建筑流线，我将参观报告厅以及展厅的游览流线和办公流线分开了。我在设置的时候将建筑的概念和元素与周围的环境相融合，中心层面的设计也是依据济宁境内的运河古建筑的中心庭院的特点来设置的。博物馆的前广场我设置了与图书馆相通的一个类似于天井的景观。这是博物馆的大堂，格栅在不同的时间段都会让光影扫过室内，发生变化。这是第一展厅，第一展厅主要是以沙盘的形式来概述运河整体的概况。第三展厅介绍的是漕运文化，包括对场景的还原以及造船厂的还原和古迹的展示。临时展厅的设置是因为它正好可以利用玻璃屋顶的采光，又能够展示一些不可以被阳光照射到的场景。我在功能和节能方面进行了一个平衡。这是其他数据的设计。

汇报结束，谢谢大家！

胡旸同学：

各位老师、各位同学，大家下午好，我是来自沈阳建筑大学的胡旸。我会分九个版块来进行答辩。首先是任务书解读：需要做一个博物馆的建筑，需要5000 m^2，要考虑一个博物馆的商业运作。我结合这几点就想到了这个地方大连的东关街区，距离大连的CBD1公里，附近有很多的居民和学校。这个区域实际上曾是大连最繁华的地区，然而由于历史原因，包括时代的变迁，这里变成了这个城区的棚户区。这里保持了一片非常完好的城市肌理，是整个大连最后的一片老街区了，被列入了2014年的棚户区改造计划，意味着它会被拆除。

我的毕业设计选择其中一栋院落式的建筑来做大连东关街博物馆，希望能够激活这个区域。这是整个场地的建筑现状图，有120个建筑。由于大连曾被日本殖民，所以这些建筑外立面是日式的风格。这是场地的模型图。

我对场地调研之后，选择了这组建筑进行博物馆的设计，这是因为它们现状保持完好，被改造的可能性更大一些，而且它保持了和风欧式的外立面的风格。场地周边主要是以居民为主，有东关街小学、写字楼和大连市第二医院，因此我的受众主要是居民、学生、游客，还有病人。我定义项目为生态博物馆，目的是传承街区文化和城市的发展文化。这是场地的模型图，它是一个两层的建筑，分别是两层的砖混结构和木桁架的屋顶结构，它的占地面积大概在2000 m^2左右。这个承重墙无法拆除，然而博物馆需要大的空间进行展陈和人的交流，所以中间这种建筑会与周边的院落有结构上的联系，所以我只能将它进行拆除，得到一个大的庭院，选择一种注入的方式来满足博物馆。注入的建筑必然是和老建筑矛盾的，但也可以突出博物馆的属性。我选择了三个玻璃盒子，中庭、市民活动中心和报告厅，这是得到的最初形态。现在大家可以看到的三个红色框是我注入的三个新的建筑体量。由于一层的结构无法拆除，整个一层会作为博物馆的管理用房，包括商店、纪念品商店和咖啡厅，一层可以作为市民活动中心，在日常对周边居民提供讲座，包括对中关村小学提供公益性的活动。一层的流线：红色是我们游览的流线，蓝色是馆藏的流线，绿色是管理人员流线。二层老建筑主要是作为展厅，而蓝色的新出来的体块是新展厅。二层参观流线：其中蓝色部分是二次浏览动线。我这次所选用的材质是U型玻璃幕墙，它透光、不投影，具有一定的模糊性，使老建筑有一些消融感。这是博物馆的鸟瞰效果图。博物馆的四个立面中有两个是保存的原有的立面。

室内设计：希望通过“激活”这样的概念用室内设计来激活不同时代的元素，进行更好的展陈。展陈脚本是以大连东关街的发展脉络进行的，分为四个部分，第一是诞生，第二是最繁华的时期，第三是现在作为大连的棚户区比较尴尬的事实，第四是大连市政府对大连东关街未来规划的展示。

这是一层的门厅效果：刚开始进入的时候会觉得有些昏暗，两面的建筑保有原来的建筑肌理，右面是中庭景观，左边是序厅的透光，人们通过这个光线继续往前游览。这是博物馆的中庭，设计的时候我在想怎么样在一个新的设计里寻找原有的建筑的声音？中间我拆除的那栋建筑是一个木桁架的结构，所以我选择了木桁架来重新回到新的建筑里面来延续这部分的建筑，并且让人们记住它，这是建筑的立面图。

这块是博物馆的老建筑和新建筑之间形成的序厅部分，这是博物馆1905年大连沙盘的展区，希望通过全息投影的方式使老街区有科技感。这个选择的是一个黑色的材质，最开始在这个空间的光线可能明度不会非常高，因为这是大连1905年曾经被殖民的史实。再往后面走是大连曼哈顿展区的一个效果图，这是一个立面图，最后是它的规划室和展区图。

整个展厅的明度关系从1905年开始整个的明度是越来越高的。运营策略博物馆需要考虑商业运作模式，所以我在一层楼的沿街面来开设博物馆的商店，可以更好地把博物馆的时间从5点延伸到9点。这就是博物馆沿街的立面，这是内部的效果图，保留了原有的建筑的形式。现在的博物馆不再收费了，这个时候博物馆怎么让别人记住它？做品牌化非常重要，所以提出了博物馆品牌化的理念。博物管的导视系统的设计：因为人们在博物馆游览的时候，导视系统会起到非常大的作用。我的一楼部分拆除了部分的墙体，进行了结构上的改造，达到了这样的结构形式。二层的改造也是拆除墙体，这是一个U型玻璃幕墙的选择。由于老建筑的层高偏矮，只有3.5 m，大部分老建筑的采暖采用VRVII系统。

我的答辩到此结束，谢谢！

马文豪同学：

我是来自天津美术学院的马文豪。本次我汇报的主题是天津市近代历史博物馆的建筑和景观设计，我将从以下各五个方面对我的设计进行阐述。首先是项目选址，项目位于天津市最繁华的商业街，项目内最具特色的是西开教堂及其附属建筑，用地复杂、建筑及人流密集。通过对基地周边的交通分析、人流密度的分析，发现对基地形成压迫之势，一系列的城市问题在这里暴露，因此我提出了我的设计愿景——建造一块城市绿地，让人们可以在这里尽情地呼吸。

在这个城市中自然与城市的关系是什么？由此我想到了人与建筑的关系，传统建筑更多的是考虑人在建筑中与人在建筑外的关系，忽略了人在建筑间的感受，做到人、建筑、自然成为和谐的共存体。对任务书的解读：项目用地2.9万m^2，保留建筑西开教堂及其附属建筑2500 m^2，景观用地1.6万m^2。我整合了建筑，规划出以下几个功能区并进行深入。我的概念生成阶段：通过研究天津近代城市肌理发现并没有发生太大的改变，因此可见新旧建筑的合理性和各个区域之间的契合对于一个城市的发展是具有深远影响的。教堂作为人们精神活动的场所，我并不想改变原有人们在此的社会活动，我的设计想要以一种谦卑的姿态服从大的环境，使新旧建筑相互契合和衬托。首先按照资料集的内容，退建筑红线10 m、黄线15 m。保留了视觉观察点对用地进行一次切割，项目场地三个方向为人流的入口。项目用地北端的人流压力大，我认为教堂前面可以做开敞的空间，一方面可以缓解人流压力，也可以保持教堂的视线，在后期设计的时候我保留了视觉通廊。依据任务书将各功能区结合大小依次罗列，我将功能区分为对内工作部分及对外展览部分，并分别置于轴线两侧，结合我的场地以及周边城市肌理在场地层面展开的流线，抬升我的建筑体块引入我对自然与城市的思考，弱化建筑与景观的界限。我希望营造建筑与景观相互契合的美好状态。每个建筑都有独立的出入口，同时保留通廊，建立建筑与教堂之间的相对高度。这是我制作的一个草模和勾画的草图。我将场地分为上方的传统景观区和屋顶绿化区。

屋顶绿化的处理方式：通过收集地表径流补充内部用水，这是景观结构图和主要的经济技术的指标。效果图展示部分：为了更好地研究空间，我亲手制作了一个实体建筑模型。这是几个主要人流入口处的效果展示，人们在行走的过程中从不同视点给人们的感受是不一样的，从不同的视角可以将教堂引入室内，使教堂成为展览的一部分。通过建筑体块的高低起伏增加了教堂与周边的亲和感。这是大的一张鸟瞰图，下面是我的视频展示部分。

谢谢各位老师这段时间对我们的指导，再次谢谢大家！

明杨同学

明杨同学：

大家好，我是清华大学美术学院的明杨，下面开始我的汇报。我的毕业设计题目是首都儿科研所改造设计，汇报分为以下四部分——项目回顾、研究分析、概念设计、方案设计。

首先进行项目回顾。儿研所位于北京市雅宝路2号，周围的环境为此提供了很好的环境，占地面积是3250 m^2。这部分为任务书改造部分，分别对建筑、景观和室内有了新的要求。右图为儿研所的实景照片，大家可以看出无论是建筑、景观还是室内，都和其他的不一样，所以改造还是有必要的。进入我的概念部分，儿童在医院里极易产生紧张焦虑的情绪，医院不仅仅是生命得到了救治的场所，更不只是一座座人体修复的加工厂，而应该是身心得到恢复的场所。这是儿童在医院的行为模式，这是儿童的行为模式的特点。这部分是儿童行为心理对环境特点的一些要求，不同阶段有不同的要求。在儿童行为心理上是如何体现的？在这里面有总结，它对环境有什么要求？这部分是儿童医院主要的功能色彩的要求。这是儿童家属医务人员对儿童医院的新的要求。

这部分为我对周边环境的改造，首先我进行了流线的改造，将原来地上停车场改为地下停车场，这样可以扩大地上的绿化面积使人车分流，减少交通堵塞和流线的矛盾，同时这样也便于管理，增加绿地的面积。这部分为我的景观设计平面图，这是一个大的鸟瞰图。大家从这个图中可以看出我是想运用下沉的手法在地形上做一系列的变化。主要考虑儿童的治疗空间和使用人群，所以在台阶和地形上的设计是与成人不同的。这是改变之后的设计效果，这是另一个效果图。

下面进入到建筑改造部分，这个图是一层的平面图，彩色部分是一些交通空间，是不可以改造的。基于我的概念与调研分析，首先我对建筑有一个开放性关系的改造，然后我就将原有的外立面墙体拆除，于是我得出了一种方法，重新定义了室内与室外的关系。其中红色是室内部分，绿色是景观部分，灰色的粗线是墙体。这个是四层，这是一层改造后的一些空间布局。这是垂直的一个空间布局，这块我主要是研究外立面改造和垂直绿化的概念，第一张图是我对外立面颜色进行了改造，第二个是垂直绿化关系的改造。下面两张图是垂直通道、垂直交通。这个是建筑外立面的效果图，这个是主要建筑改造后的一层平面图，这是二层平面图，这是四层平面图，底下是一些立面图。下面第三个改造点是在北侧天井内加入了连廊通道以及中庭景观的设计，这样能够连接大厅和保健科，开放了天井景观的概念。这个是天井景观的平面、轴测和一些植被的选择，这是天井景观的效果图。这部分是改造后二层平台的一个关系，这样可以贯穿这种绿色设计的理念和景观有一个阶梯式的关系。这是二层景观平台的一个平面，它有一些休息座椅和一些立面的变化，因为它是二层的，所以可以很清晰地看到平面铺装的变化。这个是一个效果图展示。这一部分是室内的部分，我首先做的就是对一层的改造，因为我的任务书主要应该是改造一层的室内空间。左图是原来的，右图是改造后的。

由于一卡通的使用我将开放入口之后，可以提高就诊的效率，急诊有急诊的出入口，门诊有门诊的出入口，这个是改造后的一层的平面图。

谢谢各位老师！

主持人金鑫博士：

今天下午所有同学的答辩就到这里。谢谢！

时间：2015年6月13日上午
地点：中央美术学院7号楼
主题：2015创基金“四校四导师”实验教学课题终期答辩
课题国家：中国、匈牙利、美国
责任导师：王铁、张月、彭军、潘召南、巴林特、王琼、段邦毅、韩军、陈华新、齐伟民、谭大珂、冼宁、陈建国
创想公益基金及业界知名学者实践导师：林学明、姜峰、琚宾、梁建国
导师名单：钟山风、李飒、高颖、赵宇、王云童、王洁、孙迟、李荣智、玉潘亮、汤恒亮、马辉、金鑫、黄悦、阿基·波斯（Dr Ágnes Borsos）、诺亚斯（Dr J á nos Gyergyák）、阿高什·胡特（Dr Ákos Hutter）、曹莉梅、刘岩、吕勤智、赵坚、王怀宇
知名企业高管：吴晞、孟建国、石赟、裴文杰
行业协会督导：刘原、米姝玮
答辩学生：常少鹏、郭墨也、牛云、柴悦迪、曾浩恒、亓文瑜、蕾娜朵（Renata Borbas）、张文鹏、姚绍强、薄润嫣、姚国佩（11名汇报时间每人，10分钟）
主持人：钟山风老师

王铁教授：

今天上午我们有11位同学，也是最后的一个阶段，希望大家再接再厉，昨天全体师生表现非常好，坚持就是实验教学课题的精神，课题组全体导师为答辩同学鼓掌，明天我们的颁奖典礼将更加精彩，请大家期待！上午的主持人由钟山风老师担任。有请！

主持人钟山风讲师

主持人钟山风老师：

大家好，按顺序安排，有请第一位汇报的常少鹏同学。

常少鹏同学：

各位老师同学们大家好，我是来自内蒙古科技大学的常少鹏。我的辅导老师是韩军和王洁导师。基地位于内蒙古自治区包头市昆都仑区。项目概况：该建筑是一座钢筋混凝土的8层建筑，本次选址是只选1～4层作为博物馆的主要空间设计，层高为4.5 m。这是它的周边环境，交通便利，人流动线强。接下来是我的解读任务书，第一是项目背景，第二是本次设计的构思，本次设计属于地域工业特色的主题博物馆设计范畴，除满足建筑外观及内部空间等方面的基本要求外，着重考虑博物馆的经营内容以及形式特点，主要对内部功能空间划分、流线设计以及相关配套的设置的规范作出了合理的调节。本次设计范围为1～4层，约4000 m^2。接下来是项目背景、历史背景，包头是我国四大钢铁城市之一，主要以工业为主，它是内蒙古第一机械制造厂，是我国西北地区重要的装备制造厂，另外稀土是该地区世界储量第一的产业。

接下来是存在的一些问题。第一，地域工业文化独特，却缺少传承与弘扬的平台。第二，博物馆都是以单项展览方式展示该地域的文化，缺少对工业文化的展示和认知。第三，诸多展馆中缺乏互动性、体验性、

主体性。

接下来是目标与定位。第一，工业历史文化意义，尊重工业传统、延续工业历史、传承工业文脉。第二，提升区域文化影响力及当地性，使其更具有教育意义。

这是我的项目意义：项目定位符合当地工业文化特色，可填补城市工业产业的空白，在满足地域文化特色的情况下还可以普及当地工业知识，追忆工业历史情怀。

这是我元素的提取，主要提取了工业厂房，本次设计希望尽可能地恢复原有工业厂房，提取了工业厂房的一些元素。第二是工业机械，提取了齿轮元素。接下来是我的概念生成，以工业地域背景为线索，以工业历史场合为主题，打造一个具有工业地域特色的主题性博物馆。

第二部分是展陈分析。以工业背景为主要核心，主要是以钢铁展陈、以火红年代为主，军工展区以铁甲洪流为主，稀土展区以世界与未来为主题，分别展示了稀土采矿、航天与稀土等。这是我的布局，分为军工展厅和机动展厅，这是我二层的布局。

第三部分是我的图纸规划，这是一层和二层的平面布局，这是三层和四层的平面布局。这是一个垂直的交通，紫色的是扶梯，蓝色的为电梯，红色的是紧急消防梯。这是主要的功能分区：一层为机动展陈空间，二层是钢铁的陈列空间、稀土的展陈空间，二层还设置了休闲吧、多功能报告厅，与三层的餐饮空间相配套。

这是我的立面图纸，这是我的1～4层的剖面。

第四部分是我的效果图表达，这是一个军工展厅的展陈空间，这是一个前厅走廊，这是从电梯扶梯上来去二楼的一个空间的序厅，这是一个钢铁展厅的展陈空间，这是一个稀土的互动界面的展厅。这是一个多功能报告厅，这是一个小型的休闲吧，这是与三层相配套的餐厅。

谢谢老师，我的汇报完毕。

主持人钟山风老师：

下面请郭墨也同学上台答辩，下一位牛云同学准备。

郭墨也同学：

大家好，我是来自中央美术学院的郭墨也，我的题目是天津市近代历史博物馆景观与建筑设计，我的指导老师是王铁老师和钟山风老师。

这是一个简化了的区位图，基地位于天津的中部，大概是这个地区。这是前期的基地周边的调研，第一个是人流密集度的分析，红点越密集的地方表示人流越多，可以看出五大道商业街的人流是最密集的。第二个是业态的分析，灰色的是居民楼，蓝色的是办公写字楼，红色的是商业，这个三角区是一个大型的停车场，可以看出附近缺乏供居民休闲娱乐的公园。第三个是比较适合作为入口的三个区域，第四个是基地内原有的两个教堂的示意。

概念生成：整个基地有两个教堂会显得非常不平衡，感觉教堂会把基地压得向这边倾斜，所以我先用一个很大的体块，按照基地周边的轮廓往中间挤压了一圈，然后生成了大概这样一个轮廓的体块放在整个的基地上来维持整个基地在空间体块上的平衡。我留出中间的一片广场作为主要的景观地带，因为整个基地景观部分显得很平，所以先做了一个下沉的广场。

之前生成的体块显得很大很笨重，使整个后院的基地显得很堵塞，所以我把大体块分为两个小体块，让外面的人能够看到教堂，不会显得整个很拥堵。为了满足功能的要求，这几块向上升一层，可以使整个体块显得有变化，为什么要分成两个体块？我想使博物馆的功能体块显得更单纯一些，整个大体块作为展览空间，小体块作为办公和藏品等空间。两个体块的形体之间差异太大，所以我在小的体块上做了一个屋顶，使两个体块之间产生一些联系。在展览空间中间做了一个通透的中庭来作为人流聚集的地方。我们会发现整个基地被大的体块压得非常地严密，只有这么一个通透的空间，因此我将大的体块整体向上抬升了一层，这样做的目的除了是使两个体块之间在空间上有变化，并且还可以使整个的基地后面的景观与原本的一层连成一片，变成整个大的景观。

近代史西方中列强在这里建立很多的租界，几个体块强行插进原本的大体块中，表示这些外来文化的强行介入。这个屋顶本来是一个平面，显得太平淡无奇，所以我把两个角向上拽，使这个屋顶形成了一个弧面的屋顶，打破整个生硬的形状。这是一个立面上的想法，在整个基地中，教堂在这一片商业街中间会显得非常的矮小，很难显现出教堂神圣的感觉，所以我以这个教堂的顶尖为最高处，建筑的顶部尽量不超过教堂的最顶部。这个是整个的鸟瞰图。中间为一个下沉的草地式的台阶，可以供人们在上面休息。我们看到有两个教堂，这个大的教堂显得比较有气势，但这个小的礼拜堂显得特别的矮小，感觉被一群钢铁建筑包围了，所以我设计一个下沉的广场，使这个小的教堂显得比较高大一些。

这是功能示意图。一层主要是景观，没有什么实际的功能。二层主要是一些报告厅，小的一些临时展厅之类的，主要也是供人们聚集。三层四层主要是开放式的大展厅，五层是陈列室。这个是人流从各方向聚集到中间这个下沉广场的示意图。这是一层的人流流线，从这个角度和各个方向聚集到中间的交通空间。这是二层的流线，人们从博物馆每一层上去以后不会用重复的路线再走下来，一直不断地上升，上升到最顶层以后可以乘核心筒里面的电梯下来。这是三层的流线、四层的流线。这是一个近代历史讲堂，是浮在空中的，我做了一个气球牵引着它。这是一层平面的示意图，这里代表着这个教堂宗教文化的部分，它的周边是一些高楼大厦、钢铁城市。这是二层平面图、三层平面图。这是屋顶平面图，这是立面，这是四个剖面，这是屋顶的生成。先看一下后面的效果图，屋顶做了一个从大到小密集的网格分布，使整个场地光照下来有丰富的变化。我做了很多的梯形，把它们倒过来，从对角线这里切下来，它们的剖面会形成大小不同的方形。这是强行插进大体块的一个小的体块，这是大模型的照片。这是从中庭下沉广场的下面看整个建筑。这是一个正立面，这是一个中庭的效果图。

谢谢！

主持人钟山风老师：

下一位是牛云同学，请柴悦迪同学作准备。

牛云同学：

我是来自四川美术学院的牛云，我的指导导师是赵宇，我所做的主题是“让城市记忆升起”，汇报分为四个部分——项目解读、设计构思、方案摄影、模型展示。

首先明确了对设计任务书的要求、景观规划以及建筑概念的理解。在项目解读中还对区位进行了明确，它位于滨江道商业街的南端，是南京路高档商业区的核心，是天津市著名的地标建筑。在场地的解析中着重对周围建筑高度的分析，周围的建筑高度对场地形成压迫的趋势。对它交通流线的分析：它的优势是通达性较好，类型多样，而劣势是人口密度较大，交通拥挤。对周边交通资源也进行了归纳和整理，这是现场实景的展示。设计构思切入点：在考察场地时发现周边存在着一些小范围的集市，我认为这些集市还是有必要保留的，因为它是城市周围居民的一个生活的记忆以及一个历史痕迹的存在。我希望通过我的设计还给市民一个轻松活跃的气氛，此地是面临拆除重建的，我希望通过我的规划能让市民保留这样的一个记忆。

我们对集市的印象可能会存在于农村或者一些经济技术水平比较低下的区域，但集市作为社会的一个缩影，在国外是不同的景象，它更表明了一些人的生活态度。所以这种集市可以换一种心情，我设计的关键词是“变化的空中廊道”，以景观设计为主，建筑设计为辅。如何将教堂置于城市用地中呢？首先在教堂中我提取了柱廊与拱券元素。“圆”表现了集聚，将它进行不同的组合就形成了一条流动的曲线。我为何要将这样一个集市置于空中呢？简单来说是为了将地面归于整洁、安宁，体现市民性的特征，与教堂对话等五点。方案设计：因为我的集市处于不同的标高，所以我将它分为了三层，首先是标高为7 m的景观廊道形态，总长是782 m，标高为7 m的总长是288.6 m，标高为14 m的总长为307.8 m，标高为15 m的总长为185.6 m。这是我的鸟瞰图及技术经济指标。我的空中廊道形态不是凭空而来，是通过大小不同的圆内切与外切截取长度不等的圆弧。我对其进行了功能的划分，如标高为7 m的廊道主要是商品展示或者是陈列，标高为14 m的主要为二手商品交易市场，次要的为花鸟鱼虫区，标高为15 m的主要是艺术品区，次要的是古董把玩区。我希望打造一个室外的轻松活跃的博物馆。我在空中廊道地面形成的竖向空间以及廊道与建筑相交的区域设置了一个入口的缓冲区，以避免人们在廊道与博物馆之间交互的过程中形成人流的堵塞。下面是我对整个设计场地的解析。

在原场地上我确定了建筑是围合而不是闭合的，建筑的高度最高为26 m，最低为14 m；并且确定了每一层不同的层高；确定了流线与廊道的关系，可以是穿透或者是停留在建筑中。接下来的一步是加入了阳光房与景观廊道，因为要考虑在天津的冬天比较寒冷的情况，所以采取两个措施：一个是加入了景观房，另一个是将建筑与廊道间的相交处加入了景观廊道，柱廊就形成了地面一个固定的区域，并且对地面景观层进行了深化，如水体、铺装已经初步形成。这是景观廊道的鸟瞰效果图。平面上对景观层进行分区，分为教堂广场、博物馆广场、入口广场区、商业入口区和公共等候区，地面上对建筑结构进行了解析。在建筑与廊道之间还包含了柱廊与立体交通，比如观光电梯的形式。建筑的底层我将它作为一个“虚空体”，比如玻璃体，建筑的顶层是阳光房，中间的形式是实体、虚体相结合，另外还有柱体的加入。垂直交通主要以户外步梯和观光电梯为主，与内部流线相呼应。建筑不是将教堂完全包围的，而是通过柱廊这个形式让人们隐隐约约地看到教堂的形态。在教堂的前广场，除了之前所提到的柱廊与拱券这样的形式，我借用了教堂的外立面，使教堂前广场这样一个区域更为协调。这是人们通过柱廊通往教堂的效果图。这是场地上一个景观小景。这是景观通廊与建筑之间的穿插关系的局部图。

我基于自己对设计的理解，将场地进行了模型的制作，这是我的模型的展示。

我的汇报完毕，谢谢各位老师！

柴悦迪同学：

各位老师、同学，大家上午好，我来自内蒙古科技大学，我的导师是韩军老师，我本次设计的是钢铁印象主题文化博物馆，下面从四个方面为大家介绍。首先是项目介绍，基地位于内蒙古自治区包头市昆都仑区中心城区的西侧，红色是基地的位置，西临白云鄂博路，建筑是一个混凝土框架结构，单层面积约为1000 m^2。我对周边的环境进行了分析，如图所示，可总结为以下四点。首先是周围的学校和居民区很多，所以受众一般都是学校的学生、当地居民，还有商业用户；二是周边的酒店多为快捷型酒店，也有传统型酒店，但都缺乏设计，更不具备体验功能；三是商业很丰富，但精神文化需求方面相对缺乏；四是主体与包钢老居民区同龄，更显得有历史感。

接下来是对任务书的解读：城市需要一个主题文化博物馆，要体现与酒店相关配套的博物馆的经营形式与内容。我本次设计的是1～4层的博物馆空间，大约4000 m^2。

我对包头的现状进行了分析，包头只有3个博物馆，数量少，只有一个是关于宝钢文化的展览馆，而且它的位置相对偏远，知晓的人也不是很多。现存博物馆都是中规中矩、缺少互动的场所。提出的解决方案是，综合运营，有展览空间、交流体验等。这是我对项目的定位：首先是功能的分区，浅绿色的部分是博物馆特有的功能，右边是酒店与博物馆的人流关系。最后我根据地域文化提出了两个元素，一个是矿场，一个是产品，从矿场提炼出矿石的肌理，在外观上使用了大量的钢板。

第二部分是，综合分析，根据任务书的要求，平面图的规划主要是根据酒店与博物馆的便利性划分的，由于陈列室有固定的展览时间，因此规划在二层，并设置配套的视听间和休闲吧，而展陈区是没有固定的展览时间的，所以规划在三层。这是对陈列区脚本的分析，题目是“铸梦”，“铸”是将钢铁熔化形成产品，“梦”是使梦想成为现实。我把整个展馆分为八个部分。展陈区主要是以时间为主线串联整个空间。这是查询资料了解到的一些陈列与视野的关系。这是酒店与博物馆共同使用的空间，由于书吧和商业空间是作为博物馆的缓冲空间，为了方便酒店旅客和周边用户的使用，因此规划在了一层。餐饮空间主要是为了方便酒店和博物馆，因此规划在了四层。下面是CAD图纸的展示。这是建筑的外立面，1～4层是4.5 m，5～8层是3.5 m。这是北立面，这是西立面以及1～4层的详图。这是1～4层的平面布局图。这是顶层的布局图，主要是利用了黑色钢板和钢架。我还利用了水泥的工业元素体现了地面铺装。这是效果图的展示。这是整个空间的垂直关系，有扶梯、箱式电梯和消防梯，为了酒店的安全性，需持卡使用。这是功能分区，主要有博物馆、商店、书吧，以及公共流线的分析。这是博物馆的前台，是由服务区、自动存包处和扶梯组成，为了美化门前的柱子，进行了包装。右下角是商店，位于博物馆与酒店的中间位置，而且是对外开放的，卖一些机械产品。这是书吧的效果图，书吧是咖啡厅和书店的结合，大多数为包钢和钢铁的藏书，是属于博物馆的体验区，左边是一个立面图。这是二层的一个功能分区图，主要是陈列区、视听间、休闲吧以及脚本陈列区的分布，右边橘黄色是陈列区的流线，蓝色的是公共区域的流线。这是一进门的序厅，是用浮雕来展示的，进入陈列区之后是历史展厅及矿山开采的展厅。这个是陈列区高度炼铁的展厅以及作品展。这个是为了配合展厅的休闲吧，可供参观者短暂休息，同时还可以带来一些经济效益。下面是视听间，视听间主要是通过声、光、电等高科技手段来给参观者以更好的展示。

这是三层的功能分区，主要是陈列区以及配套的多功能会议厅。这是展陈区的脚本在平面图中的展示以及它的流线分析。在陈列区中的展示同样也是利用了零件作为装饰，主要都是真实一个包钢的摄影展。这个是展厅另外两个角度的效果图。这是四层的一个功能分区，主要有餐厅和办公区域，以及它的流线分析。这是办公区的效果图，是博物馆工作人员和餐厅工作人员的工作区，顶部运用了裸露的钢管及不锈钢材质。这是四层的餐厅，主要是为了配合整体设计了一个钢铁主题的中餐厅，顶棚运用了钢板的结构，四人座与六人座用白色的钢板隔开，体现了通透性。

以上是我的汇报。谢谢各位老师的指导。

亓文瑜同学：

各位老师，大家上午好，我叫亓文瑜，来自山东师范大学，我的导师是段邦毅和李荣智老师，我所做的课题是章丘市文博中心博物馆及室内设计。我是通过任务书的解读得出的设计目的和要求，我将秉承着“文化”、“科技”、“现代”、“厚重”进行我的博物馆设计。

本项目位于山东省济南市章丘县政务服务区，红色区域是我的项目所在地，圆圈的位置是周围的重点城镇分布以及水运和交通的分布。在本项目的北、西、南方向分别设置了图书馆、艺术馆及规划馆，博物馆的位置位于本项目的中心。下面是现场调研及周围的分析。其中通过调查周围的居民以及大学城的学生，发现建立该项目可以起到传承本土文化的作用，从而得出了选题的文化意义和社会意义。下面是我的建筑概念的依据，首先是挖掘章丘地名的由来，是由女郎山、章丘山而得来的。因为山是由无数块的山石堆砌而成，所以我将提取山石的元素，进行打散、重构，将山石的元素提取出来，用厚重的山石与玻璃幕墙相结合，能与背景的人融为一体，交相辉映。

通过严密的推敲，我得出了建筑的面积，总共为8880 m^2，任务书中博物馆的建筑面积是9000 m^2，因此规划的博物馆的面积在规定范围内。通过计算，建筑的使用面积与交通面积的比例为2.7：1。下面纵观整个建筑高低错落的主次关系，我形成了虚拟的脉络，首先最高峰是章丘历史文化主展厅，次峰是章丘历史博物馆的临时展区和办公空间，最低的山脉则是旁边的附属建筑，是休闲区的图书馆以及博物馆大剧院。这是我的建筑的四个立面图、通过严密的推敲所呈现的建筑的效果图。对于建筑的外观材料我将采用深灰色的洞石，原因第一是材料的稳定性，第二是材料呈现深灰色，能够与后面的山体融为一体。这是建筑通风分析，从结构上建筑的群体形成围合的空间，能减少不良外在环境的影响，抵御风沙。四个建筑单体都采用了玻璃幕墙的结构，形成了一个小气候，这样采光和保暖得到了双向的保证。通过玻璃幕墙很好地利用自然光使得空间通透、明亮，能减少能源的消耗，再加上建筑顶部的镂空结构与内部空间的中庭相呼应，将自然的光线引入室内，这是夜间效果的分析。在沉重的幕墙上我开了若干的小窗，这样不仅可以在沉重的基础之上增加灵动性而且还能高效地进行通风、散热。这是建筑效果图的展示。这是博物馆的主入口，也是夜景的效果。

下面进行室内的分析，由博物馆进入室内，这是我的博物馆的空间序列，由入口、门厅到展厅形成一条鲜明的参观路线，后面则是工作人员的管理区以及工作人员的行动路线。通过设计脚本的解读，整个博物馆分为五大板块——“星星之火”等。以下是博物馆内部空间重要法规的注意事项，通过这些法规的解读，我将进行博物馆室内空间的分化。这是一层平面，左侧是附属建筑，红色区域是主要的设计范围，这是二层CAD平面，三层CAD平面。这是一层的功能分区，我将在一层安排三个主题展厅，除此之外还设立了精品商店、贵宾室以及备展厅和监控区。这是人流动线。次馆主要是以临时展区为主，这是次馆的人流动线。这是二层的功能分区，除了两个主题展厅之外，我还安置了敞开式展区、体验区、活动中心，二层我以办公空间为主设置了会议室、报告厅和文物研究室。这是三层的功能分区，除了展厅之外我还设置了黑陶工艺体验区，这是三层的人流动线。这是建筑的剖面图，通过对建筑剖面图的诠释能进一步展示博物馆内部的空间。为了保持连贯性，我在地下一层不仅设置了车库，还设置了人流通道，以确保在恶劣环境的影响下，人们可以自由地通行。这是垂直交通的分布，这是垂直电梯，蓝色是手扶电梯，绿色是消防安全通道。这是我的建筑彩色平面示意图，同时可以看出建筑的结构还可以体现建筑与柱石之间的穿插关系。这是剖面图和结构展示，上面是报告厅。在建筑的左侧我采用了玻璃幕墙，这样能够通过玻璃的通透性以及右面的空间形成休闲区和观景区。这是室内空间结构，以及排风口和送风口的设置。立面的展示。为了获取纵深感，我将采取三层空间打通的方式，在敞开的中庭空间放置了一层的主题雕像，以代表泉城之水滋养着整个山体。这是一层，参观者由高大开放的空间转入这个展厅，使人能体会到曲径通幽的感觉。这是博物馆公共空间的廊道，通过廊道将自然光线引入室内，外加材料本身的稳重性，与中空的空间和展厅空间形成了有节奏的反差，使整体空间有一丝灵动的效果。这是次馆的报告厅，我力求材料与环境的统一，依旧是采用洞石。

通过折线运用、材料与色彩的展现，使得观众能够体现主题“山”的含义，同时折线的使用也体现了历史发展的曲折性。这是以章丘著名历史人物马国翰的雕像为展厅。这是在二层安置的休闲体验区，合理地利用声、光、电将水的元素展现出来，在体验区安置了一个山洞式的入口，不仅功能性可以使用，同时也可以适于主题。这是室内的博物馆体验区的效果。在历史博物馆中总会有一个空间让人们感悟历史、展望未来，这样这个空间能够充分利用声光电等高科技手段，采用科幻神秘的手法来塑造，抓住人们的眼球。

我的汇报结束，谢谢老师三个月来的精心指导。谢谢！

主持人钟山风老师：

下一位是蕾娜朵同学的汇报。

蕾娜朵（Renata Borbas）同学（匈牙利）：

大家好，我是Renata Borbas，我是匈牙利佩奇大学大五的本硕连读生，今年硕士毕业。我的毕业设计和论文的关键词是水与建筑，接下来我会对这个关键词进行诠释，其中包括水与桥的关系，建筑与桥的关系。我的家乡麦泽西洛市（音）有一条小溪，这条小溪与匈牙利64号国道平行，这张照片是2月份拍摄的，我们可以看到这座桥周边的现状，由于2月是雨季，河水经常会蔓延。这启发我想要为当地居民设计一个新的桥梁，

蕾娜朵（Renata Borbas）同学

同时该地区拥有非常美丽的自然环境与优越的地理位置，因为这条小河刚好经过多瑙河国家公园，所以这片区域属于国家级河流保护区。我决定在新桥的周边做一片整体的景观设计，其中包括观景台和展览馆，游客可以在这里休闲、游览，享受休闲时光。建筑的主要功能是桥梁，同时又与其他次要功能相得益彰。中间这张图片展示的是建筑的三个主要入口，一个位于桥梁的中间部分，另外两个分别位于桥的两端。最后是大桥的人行道。我沿用旧桥的原有位置，第一是因为这片区域已经利用垃圾填埋的方式铺平了原有的沼泽地，二是我想要保持新老区域之间的联系。我们可以看到目前有3座桥横跨这条小溪，其中两座可以通车和行人，而中间的一座最旧，但它刚好是最常用也是最重要的桥梁。这是我的项目选址，它位于市中心位置，是当地居民最常用的桥梁，如果翻新这座桥将为当地居民的生活带来非常大的便利。我对这片区域的野生动物做了统计调研，因为自然条件对迁徙性动物来说具有非常重要的影响，这片区域的自然环境非常的舒适，而且很少会发生洪水泛滥的情况，所以这里是迁徙性动物理想的中途栖息地。

这是总平面图，正如我前面所提到的，我保留了该区域的人行道和旧桥，主路的旁边是一片免费停车场，停车场内的休息站有公共厕所和锁自行车的地方。这是一层平面图，通过一个小斜坡可以到二层展厅。二层展厅平面图：从一层通道的斜坡或者观景台的楼梯都可以上来。这是建筑物的内部结构示意，是由木结构搭建而成的，中间由圣安德鲁十字架支撑，主架构25～30 cm，顶面有4%的斜坡用于排水，在中间位置还有集水、排水装置。这是剖面图。由于这片区域是沼泽地，所以分析基地上的土质情况尤为重要，通过当地有关部门的实地考察，我对这片区域的岩土进行了深入的调研，并验证了我的预测，建筑必须是7 m，且建立在硬土层之上，并与其他的建筑相互连接。展厅和观景台的局部剖面图：在室内我将以视觉化的形式展示有关周边自然环境的科普展，展厅应该是一个十分安静的空间，墙壁上将展示一些本区域的濒危动物的分析图，它更是一个审视自然的空间。这是外墙，我的设计灵感来源于风中摆动的芦苇，所以立面材料选取的是与芦苇相似的木材，使之与自然融为一体。这是动画效果图。

这是从主路方向看过去的效果，它可以作为这座桥的标志，如同一面芦苇的旗帜。这是从外面远看这座新的大桥的效果图。这是室内部分的效果图。这是观景台的建筑内部，当然出于安全的考虑，在实际施工的时候是带扶手的，这就是我本次的报告。谢谢大家！

主持人钟山风老师：

下面请曾浩恒同学汇报。

曾浩恒同学：

各位老师、同学，大家好，我是来自吉林建筑大学的曾浩恒，我的导师是齐伟民教授和马辉老师。我的报告题目是生态框架下博物馆及周边景观开放设计。首先是任务书解读。任务书要求在天津市和平新区西开区域设计一栋近代历史博物馆，并且完成其街区景观规划设计，项目占地2.9万m^2，容积率约为1.5，退红以后我们的建筑布局区域约有2万m^2的范围。开题前后我进行了两次的调研，首先是基地周边现状的报告，西侧有宝鸡东道、花鸟鱼虫市场和独山路自发形成的一个跳蚤市场，南侧为天津一中，东侧有一个大型的地下停车场，地上有部分开放空间，但因其空间单调，三面环路并未能引人流到此活动，左侧为商业区和南京路，为天津市核心商圈五大道，但巨大的人流也未能对基地产生很大的干扰。我们通过对场地的分析得出未来潜在使用者最大的族群是周边的居民，其次是外地的游客和天津的游客。这将是我后续设计主要服务的族群。

西开教堂因老西开事件而著名于天津近代史，选址建设近现代历史博物馆是非常恰当和明智的选择，但场地复杂，有众多的问题。我从使用者问卷调查中抽取了三大关切点，第一是活动场地受限，活动舒适性比较差。第二是活动时间受限，活动便利性低。第三是活动内容单调，活动积极性不高。为此我提出的政策是“开放”、“生态”以及“生活”。用开放的理念、生态的首先将生活置于场地之中，教堂、博物馆、开放空间三者共存，信仰、历史和生活和而不同。在生态方面我通过调研，提出海绵城市的理念，塑造生态框架的想法，天津市的年降水量是600 mm，年蒸发量却高达1800 mm，使得天津市的气候干燥，不利于户外活动。在蒸发量和降水量相对接近的夏季，气温适宜却因降水天数增多，对户外活动产生一定的干扰。利用海绵城市的理念我设计出了场地的微观模型，在生态框架下通过设计雨水刨地，收集丰水期建筑和场地的排水，形成水域景观。在生态上通过延期蒸发调整场地的微气孔，柔软的泥土也会吸收水分进行地下水的补充。在前期报告中我追诉了景观、展览空间、建筑三者之间的关系。在建筑历史上，景观与建筑有明显的界限，博览空间多位于建筑的内部，如今越来越多的景观和建筑一起设计、形成一体，于是我提出一个想法，是否博览空间也能够跟景观相连，形成一个开放的博览空间呢？按照这样的思路，我开始了我的设计。

曾浩恒同学

由于建筑面积的要求，巨大的体量是不可避免的，所以我希望通过场地的布局使得大体量建筑对场地的影响减少到最低，首先是对历史建筑的退让，其次是便利周边居民的使用，最后为了避免建筑阴影对场地的影响，我将建筑置于场地东北角，以获取最大的设计利益。如此形成了我大体的功能分区，以教堂、博物馆和开放空间三位一体，三元共存。由于基地现状以及封闭施工，在景观规划方面我通过数据调研推测未来场地开放后可能的出入口，并以此为轴点连接成线形成若干条交通路网，之后我提炼出五条主要的交通路线，形成场地内主要的交通道路框架并进一步细分了功能分区。在场地的中间部分是我们的雨水花园，对场地排水进行净化与搜集，西侧考虑到冬季风向而设置防风林带。林下纳入独山路自由贸易市场，使其不再占道经营，影响交通。东北侧是近现代历史博物馆，东南侧为开放活动空间，也是我们博物馆户外活动的场馆，实现我的博展融入景观的理想。

中间的雨水花园在植被选择上我选择多年生、耐水湿的草本与灌木，在自然过程中自发形成的湿地植物和浮游植物也会进行雨水净化，场地会进行雨水的搜集和储存。开放的展览空间是我希望将景观、建筑、展览空间结合在一起的布展活动空间，包括了近现代历史博物馆和一部分的景观场地，在景观中以场地的透水性铺装来保证生态性，场地抬高以保证独山路市场不会出问题。这是我们关于布展的可能性，在没有布展的时候会采取对城市和居民开放的活动空间的形式，在有布展的时候我依旧希望这是可以对市民开放的博展空间。但考虑到一些实际的问题，我们也会提供一种围合的可能。为了丰富空间我们设计了三座斜坡草地，通过阶梯与草坪创造出景观的制高点，提供俯瞰雨水花园的视角，并提供更加丰富多样的活动空间与博展空间。这个设计同样在生态的前提下进行。

在参考了全球博物馆设计后，我承认博物馆是应该具有其独有特质的，但在实际的使用下是否应该像其外表一样冷冰冰，在关闭的时间就不允许你靠近？我觉得这是一个值得思考的建筑命题，所以我在博物馆的空间形态上进行了开放性的探索。

首先是一层的内退，表达了含蓄友好的建筑表情。第二是在建筑交通上打通西南到东北的建筑内部，营造出街的氛围。最后在使用功能上，我们将可以对外行使的教育、传播和临时展览等功能置于第一层，这些功能在博物馆关闭以后还可以继续对外使用，特别是报告厅这样的地方我们可以对外出租以获取一定的资金供给博物馆的运营。

通过前期对建筑布局的考量，建筑占地面积是非常有限的，所以在竖向上会形成非常庞大的一个形体，这势必会对历史保护建筑造成不利的影响，所以我通过形体的削切来降低这种影响，对于小型体块以补充削切所减少的建筑面积。设计完成以后，建筑面积、建筑外立面7000 m^2，地下一层、地上四层，建筑总面积达27200 m^2。这是各层平面图，一层主要对外开放，地下为藏品库和研究空间。二层以上南侧为馆员办公活动空间，北侧为展览空间。在交通流线的部分，我设计了主体四座局部六座的交通核以提供展览、办公、运输、疏散。在建筑的外立面上，我的灵感来源于天津市的城市肌理，用直线分割、推拉变化、集成破碎、凹凸的肌理，来反映天津市近代八国租界城市的内涵。在建筑的室内空间上我也希望营造开放流动的空间，用中庭和隔断实现视线的通透和动线的流动。在建筑的室内空间上，希望通过这种废旧建筑古料来作为我们的建筑建材，通过配置形成色彩和质感上与西开教堂相呼应的感觉。建筑的结构是一个框架结构，10 m的柱距有利于保持和形成一个开放流动的室内空间。设计完成以后，新旧建筑的关系应该是这样的，以此来表达对历史建筑的尊重，利用同质的混凝土来增加场所的一致性和生态性。最后是鸟瞰图。

我的报告完毕，非常感谢三个月以来各位老师对我的辛勤指导。

主持人钟山风老师：

下面汇报的是张文鹏同学。

张文鹏同学：

各位老师，大家上午好，我是来自山东师范的张文鹏，我的指导老师是段邦毅老师和李荣智老师，我的汇报题目是教育传承——山东滕州博物馆新馆设计。下面开始我的汇报，本次汇报分为四个部分，项目介绍、理念构思、CAD表达及效果表现。

首先是项目简介，解读任务书：建设目标是建成一座集历史、艺术、民俗、自然为一体，体现滕州文化特色、反映滕州深厚历史文化底蕴的大型综合博物馆。此次项目的设计目的将利用各种展示手法，尤其是声、光、电等科技手段，营造多种参观形式，做到寓教于乐，注重文化传承，发扬区域性民族历史文化，注重室内合理规划，以历史时间为主线使参观者有流畅的体验，接受历史的传承，注重公共设施的便利性和配套性，加入人性化的无障碍设计。

项目位于中国山东枣庄的滕州市，具体选址在腾州的文化中心广场——龙泉广场，与周边的五个文化建筑场馆形成一塔六馆的文化艺术中心。这是周边的概况，分布有滕州市美术馆、墨子纪念馆等。这是项目的具体位置所在地，通过调研分析发现其地理位置十分优越，交通便利，有成熟的商圈以及成熟的配套设施，人流量比较大，有浓厚的文化氛围。

新馆将以历史发展为主线，以历史人文发展为主题，以寓教于乐为原则，达到传承教育的目的。

下面是理念构思，新馆所在的广场周边都是仿古式建筑，这也是滕州龙泉文化广场的特色，充满了文化气息，我认为建筑应该立足于当地历史文化当中，并融入周边的建筑环境当中去。之前提出的一个问题是如何让这个博物馆新馆融入周边建筑环境中并凸显出来，我的办法是“融合”和“碰撞”，在融合方面我提取周边建筑具有代表性建筑符号——屋顶为元素，深入挖掘，在不失古朴的基础上充分地演化，达到与周边环境相协调。建筑的形体借鉴榫卯的穿插形式，对元素进行变形与整合。这是建筑的演变过程，通过反转、延伸、放射以及阵列、乱序，最后通过榫卯的穿插达到最后的形态，具有一种阶段性，这是对建筑的开窗设计，这是建筑的草模。

在融合部分，我将利用几何形体穿插的形式，使其具有现代性的语言、传统建筑的形态，达到现代与传统的契合。这一部分是与周边建筑形态语言上的融合，借鉴伞状结构，自下而上空间通透，与古建筑形成一个和谐的呼应，以形成鲜明的力量感，同时赋予新博物馆建筑极具敏锐特色的当代性与创造性。这一部分将设立体现现代手段的报告厅，这是草模。

博物馆的占地面积约4200 m^2，总面积约12900 m^2，展厅的总面积为5000 m^2，为中小型博物馆。在建筑材料方面我打算借鉴宁波博物馆的建筑材料形式，充分利用滕州当地现有的资源，回收当地废弃的砖瓦、打碎的青瓦片等进行二次加工，以达到环保资源再利用的原则。通过相关资料调查分析发现相比较其他博物馆，用这些搜集来的旧砖瓦能节约材料约90%以上。为减少通风系统的运行消耗，在过渡空间以及夏季最高温的时期考虑利用自然通风，在外围结构上合理开口，以利用热压以及风压的作用进行通风，其他区域将在外墙上开设百叶窗。这是建筑的自然光照，建筑的局部打开，作架空处理，利用太阳光对建筑的照射，将建筑室内的中庭打亮。建筑的顶部将是一个非常重要的组成部分，四周的墙面作倾斜处理，太阳光不会直接照射进去，以保护室内的文物。

下面是CAD表达，这是建筑立面、参观游览的流线以及工人的流线、文物展厅的流线等等。这是建筑的剖面图。

展示脚本设计大纲，一层以时间为主题，主要分布各个时期的展厅，二层以主题文物为主题，主要有陶瓷、玉器等展厅，三层是工作区、科研区、馆藏区以及历史体验馆。这是一层的平面布局图，主要分布史前时期展厅，以及临时展厅、工作区，另外还有水吧、休闲区等，这是空间流线。二层以青铜、陶瓷、玉器等主题展厅为主，另外设有休闲阶梯区、文化交流报告厅、图书休闲区等，这是流线。三层以工作展区、工作区以及书画体验馆和历史体验馆。建筑整体恢弘大气，在都市古朴的情况下，更加有现代感，这是建筑的情况。序厅设置在一层，采用棚户资料的格调，雕刻墙模仿滕州的汉画，以历史的造型刻有滕州名人的重要事迹，体现滕州名人辈出，文化昌盛，奔腾开阔的气质。这是一层的展厅平面图。墙面采用历史的断层痕迹作为元素，利用废旧材料作二次资源再利用。这是图书休闲区以及流线，图书休闲区我采用了裸露的水泥墙面以及木质吊顶，大面积地增加了趣味性，营造一种平静、安静的氛围。另外休闲区增设水吧，增加博物馆的商业盈利。智慧树的整体造型由大小不一的电子屏幕组成，主体造型是竖轴，显示滕州的历史文化，根据灯光音响的配合提升展览的趣味性。

我的汇报完毕。谢谢各位老师！

姚绍强同学：

各位老师同学上午好，我是来自苏州大学的姚绍强。我毕业设计的选题是苏州工业园区展览馆的室内设计。

首先是项目概况，基地位于苏州工业园区国际博览中心，苏州是有2000多年文化历史的古城，工业园区只有短短20年的一个新城，我在设计的时候在思考怎样用元素把老城和新城进行一定的联系。

根据设计任务书，设计区域面积在3600 m^2，设计区域的层数是两层，周围交通便利，景观良好。沿建筑的立面对建筑的入口进行了设计。在现场调研的基础上我对周围的环境进一步地感知，在概念生成阶段，从苏州古城场地形态以及建筑的设计语言中汲取出苏扇的元素，通过苏扇将古城和新城进行联系，进一步演绎成为室内的主要设计元素。一柄折扇、两种画面、多种形态，对苏扇经过形、色、质三个方面的研究，形成我主要的思路，进一步演进为模式化、可变性以及韵律感。这种关系在扇骨的表示形式上更为突出，从扇骨提取出线的元素，线进行排列以后形成面的变化，基本形成组合、形成体的关系，用这种以线构图的关系进行进一步的演化，通过折扇旋转、重复、扭曲等方式形成自有的设计语言，这种线性关系贯穿我各个设计空间。

我在前期调研的基础上对平面进行初次的分割，形成平面功能分区，根据展厅内容的设计将展厅区域划分为“回眸”、“酝酿”、“蝶变”、“希冀”等四个展陈部分，形成现在、过去、将来的重叠，形成我的参观流线以及平面图、立面图和顶平面图。在空间生成阶段，在前面二维平面分割的基础上，通过折扇将可切割的关系形成三维体块的转化，根据展示和内容，对每个空间进行细化，从大厅过渡，回到苏州的过去，再到当代园区成果的展示，最后展现对未来的希冀。

在通透式关系上，进一步展现各个空间的重叠关系，从大厅的开阔回到苏州过去空间的曲折显示的是发展过程中苏州人民的那种矛盾心理，然后再到蝶变，通过夸张的方式进行空间的放大与前面形成对比。

以下是具体空间的介绍，主入口是一个展开的折扇的形象。在大厅部分，通过折扇扇骨提取线性元素，复制重组以后，通过加入模数的关系，形成大型地面铺装的线性的变化，在大厅主背景下通过投影技术可以根据不同的展厅形成不同的层次。这是空间的效果图，这是大厅的视角二。咖啡厅是将这种线性的关系进行进一步的延续，用50 mm材料以相同的角度进行旋转，从顶平面一直延续到立面，与家具形成空间的意向图。在材质方面，柱网的灯光采用了对比色调，展示的是园区水乡文化的平静氛围。然后进入序厅，在空间效果上通过中央照明使其成为整个展示的核心，通过背景音乐展示园区优美的文化基调。在展厅中通过沙画的元素来展示园区的文化，同时再沿用线性的关系，形成整个空间的形状。这种线性的关系同样延续到今日的园区，通过线性的排列与折扇合起来的肌理形成整个立面，与前面的两个展示空间形成强烈的对比。系统展示园区的规划成果是其中一个规划的展厅，在展厅设计上综合运用了各种灯光设计，并且合理地控制强度和照明之间的对比。空中连廊部分同样采用的是不共面的线的元素，将空间拉伸，形成园区发展的状况。这是空中连廊以及大厅主背景的一些技术处理方式，以及一些多媒体的细节处理。

谢谢各位老师，以上就是我的全部方案。

薄润嫣同学：

尊敬的各位老师、同学，大家好，我是来自苏州大学的薄润嫣，我就我的苏州苏绣博物馆方案进行汇报。首先是项目介绍，该基地位于江苏省苏州市翠微街中段位置，具有良好的景观朝向，场地四周的环境北边为专家公寓，南靠商业区。博物馆的定位是希望在快速发展的苏州工业园区创立一个承载苏州传统文化的休闲娱乐的沟通空间。提起苏州文化我们不难想起苏州特色的建筑风格、曲折的水乡河道以及丰富的民间文化。苏绣作为四大名绣之一，具有区别于其他三大著名绣品的特点，就是图案秀丽、构思巧妙、绣工精细、针法活泼、色彩清雅，因此我希望在我的博物馆营造出一种流畅、柔性、沉静、纯净的氛围。

接下来是情景分析，首先是建筑的生成部分，我的设计地块是一块T型区域，通过对场地的切割、补齐和拉伸，形成最终的建筑体块和总平面。在建筑外立面的设计上我从苏绣常见的针法——平针出发，提取出线性的元素利用在外立面的表皮肌理设计上。这是通过横向与纵向变化结合形成的效果。这是建筑的主入口的透视、其他角度的透视以及鸟瞰。在满足博物馆的基本功能区以后，我对我的博物馆的功能体块进行了切割，前期调研中我了解到刺绣最本源的作用是对原来的素帛进行装饰，这便是锦上添花的原意，因此在平面布置中我提取了花样的曲线元素，对其进行推演变形，使其形成更加流畅的空间，并构成了室内部分家具和展厅的布置。

通过区域规划形成了功能分区，对展览空间、服务空间进行了分割，这些功能在竖向上也是相互对应的。我的平面布置自然形成了一条贯穿的参观流线，与曲线是相呼应的，同时展陈的内容也是依据流线进行布置。通过展览空间四个展厅以及门厅、序厅等方式，展示了苏绣的发展历史和过程，以及新时期的成就，利用现代科技手段设置了互动体验厅，通过全息投影的技术，加强了参观者和展陈之间的互动关系。通过记忆碎片的深化，形成了最终的彩色平面。

在空间造型上延续了外立面的表现手法，从苏绣的针法中提取了“齐针”、“乱针”，形成了室内的线性造型，这在接下来的空间设计中得以贯彻和落实。

这是前期的空间构想，运用了大量的线性元素，比如在铺装中运用曲线增加了参观流线的引导性，顶棚加入了曲线元素也增加了空间的韵律感。在线性元素中我加入了大量的木格栅，将它沿着曲线平面进行等距离的排列，并进行了相应的变形，形成了最终的具有韵律感的空间。最终的效果阶段采用了石膏板、大理石等材质对室内进行深化。材质选择相对干净、明朗的，力求符合苏绣清新、自然、纯净的特点。

谢谢大家！我的汇报结束了！

姚国佩同学：

各位老师、各位同学大家上午好，我来自吉林建筑大学，我的导师是齐伟民和马辉导师，我的设计题目是长春电影制片厂旧址博物馆设计。

我的汇报分为四个部分，第一是任务书解读，第二是基地概况及项目背景，第三是概念定位，第四是方案深化。

第一是任务书解读，这是我室内设计的任务书，这是我提取的任务书的核心内容。

第二是项目背景。项目基地位于北方城市——长春市，具体位置位于长春市的红旗街，是长春市的核心商业区，人流比较密集。项目背景：长春电影制片厂是新中国的第一家电影制片厂，是新中国电影的摇篮，创造了新中国电影的几个第一。这个是长春电影制片厂文化街区的平面图，现在长春电影制片厂文化街区里面有一个长春电影制片厂历史博物馆，主要展示的是长春电影制片厂的历史和成就。我所设计的部分位于整个厂区东侧的建筑，具体的设计部分是该建筑南侧的部分，北侧部分为现有的办公基础用房。这是中国各地区当代艺术馆数量的分析图，通过分析图可以看出东北地区只有黑龙江有一个当代艺术馆，吉林省和辽宁省则没有当代艺术馆。

问题梳理：当代艺术博展场馆的必要性，第一是城市文化性发展的需要，长春市作为一个省会城市应该有这样的当代博物馆，第二是区域活力人群的需要，长春市人民需要了解当代艺术。

设计意义：长春电影制片厂不仅要以电影历史博物馆的形式展示自己的辉煌历史，更有责任表现电影艺术与技术的探索，强化展品与主体人的交互体验，带动区域地区文化活力。

三是概念定位。我的主题是“融合”、“容纳”和“容器”，“融合”是地域文脉、国际风向，“容纳”是历史记忆、当代表现、未来的探索尝试，“容器”是我们要聚焦展览本身，进行交互式体验。

四是概念深化。这是我各层平面的分割推敲，这个是垂直方向的动线图和水平方向的动线图。接下来是我的分区详图，这个是展厅在各层的分布。这是大厅的位置。这个是垂直交通的分布。这个是休息区在各层的分布。这个是功能区的分布。这个是卫生间的分布。这是地下一层的平面图和天花图。这是大厅的一张效果图，大厅整个视觉中心强调了艺术装置，该艺术装置的灵感来自于北极光。北极光我认为是一种自然界中的自然影像，十分漂亮，我希望能将这种自然影像引入室内，所以做了这样一个艺术装置。这个艺术装置可以产生不同的光的变化。这个是地下空间的两个效果图，我通过纤维幕墙对人进行分割，人在空间中可以隐约地看到其他几个，看到不确定感。这是一层的平面图和天花图，一层空间为声、光、电空间，这个是我一层空间的两张效果图，通过将投影仪投射到半透明的幕布上，产生的影像给人很不一样的感觉。这个是一层的数字展厅，通过上部的投影仪，将影像投在立面的简单化的屏幕上，并通过四周镜面的重叠反射，将人带入影像的幻境里，这是我一层的数字墙展厅。电影作为一种数字艺术，我将这种最基本的元素具像化，置于各个立面之上，让人对电影有更深入的了解。这个是一层的立面图，这个是二层的平面图和天花图，二层空间是碎片化空间，这个是二层的一张效果图，这个空间将摄影机打散置于空间和界面之上，让人在空间中对电影进行了解。这是二层空间另一个效果图，电影通过将影像艺术中最基本的元素和基本色彩进行抽取，然后组合、解构，置于空间中让人对空间有重新的认识。这是二层空间的另一张效果图，这个空间通过胶片的方式，置于该空间之上，让人更加亲密地接触电影。这个是二层的另一张效果图，这个空间通过将半透明的发光图置于空间中，行走于这个空间中会生碰撞，球体会产生不同的光影变化和明暗变化，与人产生一种互动。这是二层走廊的效果图和草图模型。这是二层走廊尽头的自助咖啡厅，在这里可以进行一些交流，也可以观望窗外的景色。这是外部的景观深化，利用了折线下沉的方式，一方面作为地下空间的一部分，另外一方面也是根据地下的情况，使地下空间的效果放大，同时使外部的景观融入整个博物馆中。

我的汇报完毕，谢谢各位老师！

主持人钟山风老师：

上午的11位同学已经都汇报完毕了，我们有请中央美术学院的王铁教授作总结发言。

王铁教授：

大家辛苦了，经过一天半的努力我们完成了预期的答辩，我总是在说实验教学课题活动不是比赛，更多的是各个院校导师能有机会在一起交流，并愿意在这个平台上进行交流。所以说需要理性地看待四校四导师课题，因为实验教学课题已经是第七年了，七年中我们每走一步都不容易，从最初比较自由的结合到今天我们理性的看待，这就是四校四导师一个最大的成果。从这一天半的答辩中，大家可以感受到，每个学校的学生都是以非常努力态度去参与，导师们在最后一刻更加努力，鼓励参加课题的学生完成答辩。这是有目共睹的情景，在今天能够坚持的同学，你们的未来是美好的。

接下来我要讲的是，学生通过本次教学活动更多的是要很好地展现自我的能力，包括自己在演讲的过程中的风采，可是有部分学生几乎都是拿一张演讲稿在无任何表情地念，不管周围的发生的一切，不能施展个人的魅力，听众席出现“嗡嗡嗡”的效果。要学会如何掌控演讲场面，看演讲稿是错误的。你面对的是全体学生，不看讲台下的观众，却看手中的演讲稿，演讲效果一定是不好的。今后教学安排上老师要锻炼学生的练习演讲，学习如何有个人的魅力。没有动情的演讲，现场的座席里就没有人注意你，你自己也在心里想赶紧完事儿，这是人的心态。教师之间是因为课题而走到一起，现实中各个院校毕竟还是有一定的差距的。四校四导师的目的是大家能够交流，有一个共同的认识，使设计教学真正走上一个新平台。通过近三个多月的努力，每一位老师也都认识自我、剖析自我，什么是中国设计教育应该要的？如何给学生正确的知识？这是——非常非常重要的责任。接下来，课题组会针对一些问题开一次小型研讨会——四校四导师责任导师的教学研讨会，初步定在青岛，详细日期以后再通知。

再说一遍下午的活动安排，第一是在建筑学院七楼会议室进行企业招聘，第二是佩奇大学的面试会在我的办公室进行。活动13：10开始。手里拿着打分表的老师再斟酌一下，课题组强调要发挥每位导师对整个课题和学生作品的判断。中餐以后将打分表交上来就可以。下午的活动是完成打分以后，还要去做奖牌和证书。明天早晨的颁奖典礼非常的隆重，有中央电视台来采访和现场记录，还有中央音乐学院的学生给我们演奏长笛。明天颁奖现场是非常非常关键的，这次的奖杯也是非常特殊的，能够得到这份荣誉的同学应该高兴。这是全体课题组对这37名学生的鼓励，以及对所有参加实验教学课题的老师的一个奖励。本着鼓励大家的原则，共同进步，相互激励，使四校四导师走向国际平台，也希望佩奇大学的学生在中国找到工作就职，为此我将发挥自己的力量，让大家有更好的成果，回报家人。我就说到这儿！

谢谢大家！

主持人钟山风老师：

感谢王老师的讲话。今天上午的汇报就到此结束了！

颁奖典礼

时间：2015年6月15日

地点：中央美术学院美术馆学术报告厅

主题：2015创基金·四校四导师·实验教学课题暨第七届中国建筑装饰卓越人才计划奖颁奖典礼

主持人：王铁教授、黄小慧女士

媒体：中央电视台中文国际频道

典礼主持人：王铁教授，黄小慧女士

主持人黄小慧：

各位领导、各位嘉宾、各所院校师生，大家上午好！这里是2015创基金“四校四导师”实验教学课题暨第七届中国建筑装饰卓越人才计划奖颁奖典礼，我是今天的主持人黄小慧。

主持人王铁：

各位领导、各位嘉宾、课题院校的师生，大家上午好，我是今天2015创基金“四校四导师”实验教学课题暨第七届中国建筑装饰卓越人才计划奖颁奖典礼的主持人王铁。

中央音乐学院学生为颁奖典礼演奏乐曲

创基金理事琚宾先生（右二）

创基金副理事长梁建国先生

主持人黄小慧：

经过课题组全体师生105天的努力，2015创基金“四校四导师”实验教学课题暨第七届中国建筑卓越装饰计划人才奖迎来了收获的时节，今天课题组在中央美术学院美术馆学术报告厅隆重举行2015创基金“四校四导师”实验教学课题暨第七届中国建筑装饰卓越人才计划奖的颁奖典礼。

主持人王铁：

在此振奋人心的时刻，我宣布2015创基金“四校四导师”实验教学课题暨第七届中国建筑装饰卓越人才计划奖颁奖典礼现在开始！

主持人黄小慧：

首先我们共同欣赏黑管重奏，一段优美的旋律，一起开启我们的颁奖典礼。

主持人黄小慧：

本次的颁奖典礼我们将分为四个环节，第一个环节是介绍嘉宾及致辞。

主持人王铁：

回顾七年前的同一时刻，我们为“四校四导师”实验教学课题而自豪。走过六个春夏秋冬的探索，“四校四导师”实验教学课题由学龄前儿童成长为小学一年级的学生，2015年是“四校四导师”实验教学课题的第七届，在过去的七年里课题组累计培养学生总数432人，参与教授20人、副教授25人、讲师10人，参与实验导师团队的有知名设计企业高管和知名设计院长18人，基金会一家。

在参加课题院校领导的鼓励下，在中国建筑装饰协会的引领下，在知名企业的鼎力支持下，特别是“深圳创想基金会”的无私捐赠，使2015年中国建筑装饰卓越人才计划奖暨“四校四导师”环境设计本科毕业设计实验教学课题，真正走上良性的发展阶段。在共享成果的辉煌时刻，我代表课题组全体导师以及支持“四校四导师”实验教学课题的集体和个人表示深深的感谢！

主持人黄小慧：

正如王铁教授所言，“四校四导师”课题得到了社会各界的广泛支持和帮助，现在请允许我向大家介绍今天出席颁奖典礼的领导和嘉宾。

出席今天颁奖典礼的领导和嘉宾有：

中央美术学院院长助理、教务处处长王晓琳女士，山东师范大学副校长钟渎仁教授，深圳市创想基金副理事长梁建国先生，深圳市创新公益基金理事梁建国先生，深圳市创想公益基金理事琚宾先生，中国建筑装饰协会设计委员会秘书长刘原先生，中国建筑设计研究院、筑邦建筑装饰设计院孟建国理事长，苏州大学金螳螂建筑与城市环境学院党委书记查佐明先生，匈牙利国立佩奇大学工程与信息学院建筑系主任阿高什·胡特副教授，美国丹佛大都会州立大学、国际交流办公室项目经理黄悦女士。让我们再次以热烈的掌声欢迎各位嘉宾的到来。感谢一直以来，坚定地支持2015创基金·“四校四导师”·实验教学课题暨第七届中国建筑装饰卓越人才计划奖的领导和媒体，感谢家饰杂志和中央电视台。

主持人王铁：

“四校四导师”实验教学课题起源于2008年底，发起人中央美术学院王铁教授与清华大学美术学院张月教授，联合天津美术学院彭军教授、苏州大学王琼教授，共同创立3+1名校实验教学模式，经过七年课题的实验教学证明，“四校四导师”教学理念打破了院校间的壁垒，是成功的尝试，达到了教授治学理念的预想成果，教学坚持高等教育提倡的实践教学方针，是贯彻落实教育部培养卓越人才的落地计划，是改变过去单一知识型的教学模式，是迈向知识与实践并存型人才培养战略的升级版。课题组集中高等院校环境设计学科带头人、知名设计企业高管、名师、名人、国内优秀专家学者、国外知名院校，共同探讨无障碍模式下的实验教学，建立校企合作共赢平台，为用人单位培养大批高质量合格的设计人才。

2015年“四校四导师”实验教学课题，首先要感谢“深圳创想公益基金会”，他们的鼎力支持坚定了2015创基金“四校四导师”实验教学课题向更高的目标迈进了一步，相信今后会取得更加优异的成绩。谢谢！

主持人黄小慧：

有请给予我们本次活动大体支持的基金会，深圳市创想公益基金会副理事长梁建国先生致辞。有请！

梁建国先生：

大家早上好！实际上我们这个基金会可以说是中国设计界最早的一个基金会，有机会参加这个活动是因为七年前姜峰老师第一个从企业走向学校，起到了带头作用，所以我们今天把这个项目延续下来。在这里我代表基金会感谢在座的老师，谢谢！希望这个课题、这个项目越办越好。谢谢！

主持人黄小慧：

非常感谢梁建国先生的美好祝愿，让我们再次以掌声感谢他。接下来有请中央美术学院王小琳处长为我们致辞。

中央美术学院院长助理，教务处处长王晓琳

王晓琳处长：

各位来宾，大家上午好！首先代表中央美术学院欢迎我们今天从全国各地到来的嘉宾、老师和同学们，中央美院这个期间正好是首届毕业季，大家的到来也更为我们增添了浓厚的节日氛围，“四校四导师”这个课题真的像刚才王铁教授介绍的到今天已经是第七个念头了。我从一开始就跟大家一块参与了这个课题，也看着我们的课题从最开始的尝试实验到今天已经很成熟的一套教学模式。在这个过程中，我也看到了我们所有参与的课题组老师的那种执着，他们对学术的这种尊重，对于教学的投入以及对我们学生的这份爱，也让我深深地为他们的这种坚守而感动。而在这个项目中最大的受益者是所有参与项目的同学们，我也看到了我们这些同学从原来的本科生、研究生到现在经过七年了，有很多同学已经走向社会，也在社会的各行各业取得了很好的成绩，这离不开项目组所有老师辛苦的付出。所以我想到今天为止，我们这个课题组真的已经形成了比较成熟的一套为社会培养实践型的新的设计人才的理念。在这个平台上我们更看到了新的教学模式所探索的一种理念、一种方法，而我们在这个实践当中，其实为同学也搭建了很好的平台。正如王铁老师所说它首先打破了学校间的壁垒，更搭建了高校和社会间的桥梁，所以我们为广大的同学提供的不是你在学期间的教育，而是更多地为你们提供了一种助力，就是我们所说的“扶上马送一程”，希望各个同学在这个项目中能够有所收益，秉承着美术学院的文化和精神，不断地传承下来、传播出去。我真的是真心祝贺大家，因为我们所有这些参与院校的教务处的老师们，也一直陪伴着大家度过了这七年。所以如果说我今天是代表学校，我想我还有一个身份是跟在座的各位老师都是老朋友了，我们共同度过了这些年的岁月，也看到了这些年的点点滴滴，所以我是发自内心地祝贺我们在座的各位！

今年中央美术学院确实是实现了一个大的改革，也算一个新的举措，就是做了一个大的“毕业季”，可能在座的各位也看到了，我们从5月份开始筹备，一直到6月1日的毕业季启动仪式，今年最大的变化就是我们把所有的846名本科毕业生的将近3000件作品在同一个时段、同一个校区完整地呈现，这个呈现实际上也代表着中央美院以一种更开放的态度面向社会。在这当中，得到了社会各方面的支持，希望能够得到大家的反馈。我们今天来了这么多的老师，包括我们兄弟院校的领导和我们众多资深的教授，我郑重地邀请大家，能在这期间观摩本科生的展览，对中央美院的教学提出宝贵的意见。我们希望这个活动能够让更多人参与，包括社会各界，能够为我们的学生搭建更好的平台。希望大家在美院的这两天能度过一个愉快的时光。谢谢大家！

主持人王铁：

非常感谢王晓琳教务处处长，我们这个“四校四导师”八年前开始的时候就是由教务处兼管教学的，所以说我们在教育概念的支撑下，由学校的教务处帮我们把关，所以我们能做到今天越走越好，在此以热烈的掌声感谢王处长。

主持人黄小慧：

请中国建筑装饰协会秘书长设计委员会秘书长刘原先生致辞。

中国建筑装饰协会副秘书长刘原先生

刘原先生：

各位校领导，还有各位老师、各位同学、嘉宾和媒体朋友们，大家上午好！非常高兴来参加“四校四导师”的这个颁奖典礼活动。

“四校四导师”的活动走过了七个年头为我国装饰行业的人才培养作出了有益的探索，实践证明效果是非常好的，我们协会会大力支持这个活动。今年有一个大的变化，在设计领域第一个基金进入到我们这个教学活动来，支持我们这个活动，为我们这个活动提供了很大的帮助。我想在创基金帮助我们、支持我们的情况下，会使我们这个活动越办越好，同时也希望我们的同学把毕业设计、毕业作为一个新的学习的开始，让学习伴随我们的一生，伴随我们职业生涯的一生。谢谢大家！

主持人黄小慧：

非常感谢中国建筑装饰协会刘原副秘书长的致辞，也正是你们的大力支持，我们“四校四导师”的活动才能每年顺利进行。让我们把掌声送给他。接下来请匈牙利国立佩奇大学工程与信息学院建筑系主任阿高什·胡特先生致辞。

阿高什·胡特先生：

尊敬的王小琳处长、钟渎仁教授、各位领导、各位老师、同学们，大家上午好！

首先我想借此机会衷心感谢中央美术学院建筑学院，特别是王铁教授，感谢课题组邀请佩奇大学参加“四校四导师”课题，与在座的各位交流，“四校四导师”课题已经纳入佩奇大学建筑教学体系，并正式成为我们教学日程的重要部分。在参与“四校四导师”课题的过程中，中央美术学院和其他院校的教授们、老师们，还有同学们，都给予了我们很大的帮助与支持。相信通过“四校四导师”课题，我们能够达到世界领先的当代建筑教育水平，并共同培养出新一代建筑设计新锐人才。在课题汇报中，各位教授的精彩点评和不同院校同学们的设计方案让我们收获颇丰，尤其启发了我们如何解决那些在设计实践中经常遇到的全球性挑战，这体现了“四校四导师”在佩奇大学建筑教学体系中的重要性。在佩奇大学的建筑教学和科研中最为看重的两个领域是高品质的设计和建筑技术的可持续性发展，其中涉及从城市规划设计到室内设计的各个领域。我们学院的师生共同合作，设计并建成了许多实际项目，我们认为建筑教育最重要的原则就是从实践中学习，例如佩奇大学的科研中心大楼、教学楼以及匈牙利的很多建筑和景观项目都是我校师生共同合作完成的。高品质的设计和可持续发展的解决方案是我校建筑教育的理念，我们希望将教学成果在像“四校四导师”这样优质的课题中与大家分享，并希望通过交流，进一步优化学科建设。我们博士学院主要聚焦于研究生和博士生的建筑学精英教育，我们始终强调专业理论和实际操作能力相结合，学生能够获得博士学位主要取决于在日常学习中和实际项目中的表现。鉴于王铁教授自我校开展国际课程以来给予我们的大力支持，我代表佩奇大学博士学院再次感谢王铁教授。

主持人黄小慧：

非常感谢阿高什·胡特建筑系主任的致辞和对课题组全体导师的真诚的肯定，祝在未来四年的合作中愉快和共赢，共享成果。

中央美术学院院长助理、教务处处长王晓琳为课题学术委员会颁发奖牌

主持人王铁：

七年来，先后参加课题实践板块的导师、知名企业和知名设计师，是他们出钱出力保证了实验教学课题的运行，用爱心表达了自己对行业和对社会的责任，2015年“四校四导师”实验教学已经完成第一阶段的计划。如果六岁是人生学龄教育的起点，我们幸运的是恰逢“创基金”成立。全体课题组导师用真诚和成果申请“深圳市创想公益基金”，并取得圆满的回应，对于七周岁的一年级小学生，“四校四导师”来说是多么可喜的鼓励，相信从此“四校四导师”实验教学将踏上光辉历程，成为“创想基金会”的荣誉项目，谢谢创想基金会！下面请播放“四校四导师”视频。谢谢！

（视频）

主持人黄小慧：

梅花香自苦寒来，宝剑锋从磨砺出，我们“四校四导师”实验教学课题活动之所以成功地举办，离不开在座各位的大力支持及付出，正是因为你们夜以继日的默默付出和奉献才有我们今天的成果。下面进入导师颁奖环节，首先颁发的是2015创基金“四校四导师”实验教学课题暨第七届中国建筑装饰卓越人才计划奖学术委员会责任导师奖牌，他们分别是：

“四校四导师”实验教学课题学术委员会主任、中央美术学院建筑设计研究院院长王铁教授，“四校四导师”实验教学课题学术委员会副主任、清华大学美术学院环境艺术设计系主任张月教授，课题学术委员会副主任、天津美术学院环境与建筑学院院长彭军教授，课题学术委员会副主任、苏州大学金螳螂建筑与城市环境学院副院长王琼教授，课题学术委员会副主任、匈牙利国立佩奇大学工程与信息学院博士院院长巴林特教授，课题学术委员会副主任、四川美术学院科研处处长潘召南教授。王琼教授和巴林特教授因事未能出席，他们也对

山东师范大学副校长钟读仁先生为课题组责任导师颁发奖牌

此表示感谢！接下来有请颁奖嘉宾，来自中央美术学院的院长助理王晓琳处长，有请！请颁奖嘉宾与获奖者合影留念！

接下来下面进入课题组责任导师颁奖环节。

主持人王铁：

有请青岛理工大学艺术学院院长谭大珂教授，山东师范大学美术学院环境艺术设计系主任段邦毅教授，内蒙古理工大学艺术与设计学院韩军副教授，吉林建筑大学艺术设计学院院长齐伟民教授，广西艺术学院建筑艺术学院陈建国副教授，沈阳建筑大学设计艺术学院院长冼宁教授。颁奖嘉宾为山东师范大学副校长钟读仁教授。

主持人黄小慧：

请颁奖嘉宾及获奖者落座，下面进入导师颁奖环节，获奖者是中央美术学院建筑学院钟山风讲师，清华大学美术学院李飒副教授，天津美术学院高颖副教授，四川美术学院赵宇副教授，苏州大学汤恒亮副教授，匈牙利国立佩奇大学助教金鑫博士，匈牙利国立佩奇阿基・波斯副教授，匈牙利国立佩奇亚诺斯副教授，匈牙利国立佩奇阿高什・胡特副教授，山东师范大学李荣智讲师，吉林建筑大学马辉副教授，内蒙古科技大学王洁讲师，青岛理工大学王云童副教授，广西艺术学院玉潘亮副教授。

同时再次有请山东师范大学副校长钟读仁教授，以及苏州金螳螂建筑设计学院查佐明书记，为他们颁奖！

接下来将进入非常值得祝贺的时刻了，继王铁教授获得匈牙利国立佩奇荣誉博士学位之后，鉴于王铁教授的影响力，经过佩奇大学学术委员会认真严肃的调查，决定聘任王铁教授为佩奇大学博士院、博士研究生导师，同时受佩奇大学博士院院长巴林特教授委托，由佩奇大学工程与信息学院建筑系主任阿高什・胡特先生为王铁先生颁发博士生导师聘任聘书。有请！

中央美术学院院长助理、教务处处长王晓琳为课题督导及实践导师颁发奖牌

山东师范大学副校长钟读仁先生、苏州大学书记查佐明教授为课题组指导教师颁发奖牌

阿高什·胡特先生：

感谢中央美术学院、感谢我们真诚的合作伙伴和深圳创想基金会，祝贺王铁教授。

主持人王铁：

下面为课题督导及实践导师颁发奖牌，深圳创新公益基金会理事、课题导师梁建国先生，深圳创想基金会

颁奖典礼现场

理事、课题导师琚宾先生，中国建筑装饰协会副秘书长、设计委员会秘书长导师刘原先生，苏州金螳螂建筑装饰股份有限公司设计院院长石赟先生，《家饰》杂志主编米姝玮女士，有请！

颁奖嘉宾有请中央美术学院校长助理、教务处处长王晓琳女士。

主持人黄小慧：

教师团队是大学教育的重要内核团队，好的大学需要高素质的教师，教书育人离不开学校校长和领导的支持和鼓励。“四校四导师”实验教学课题成功举办了七载，离不开深圳创想基金会的资助，让我们再次以热烈的掌声感谢领导，感谢创想基金会，感谢我们优秀的指导教师们。

接下来进入到第三个环节，下面首先进入2015创基金“四校四导师”实验教学课题暨第七届中国建筑装饰卓越人才计划奖颁奖典礼环节，首先播放获奖者作品。2015创基金“四校四导师”实验教学课题暨第七届中国建筑装饰卓越人才计划奖佳作奖获奖者分别是马文豪、角志硕、马宝华、王莎、李恒企、常少鹏、李逢春、杨坤、肖何柳、姚国佩、张文鹏、乔凯伦、李思楠，同时有请清华大学美术学院环境艺术设计系主任张月教授、天津美术学院环境与建筑艺术学院院长彭军教授、四川美术学院科研处处长潘召南教授、匈牙利国立佩奇工程与信息学院建筑系主任阿高什·胡特教授为他们颁奖！

主持人王铁：

今天获奖的还有清华大学的学生，他因为有事不能参加今天的颁奖典礼，对他们获得的奖项表示衷心的祝贺。

主持人黄小慧：

请合影留念。

主持人王铁：

下面进行2015创基金“四校四导师”实验教学课题暨第七届中国建筑装饰卓越人才计划奖三等奖颁奖，

获奖者是马克、佰桃、王广睿、胡旸、曾浩恒、陈文珺、柴悦迪、张和悦、姚绍强，颁奖嘉宾为中央美术学院校长助理、教务处处长王晓琳，苏州金螳螂股份有限公司设计研究院副院长石赟，深圳创想基金会理事琚宾。

主持人黄小慧：

请一起合影留念！

主持人王铁：

感谢颁奖嘉宾。

主持人黄小慧：

也恭喜获奖的同学们。

2015创基金“四校四导师”实验教学课题暨第七届中国建筑装饰卓越人才计划奖的二等奖获奖者是蕾娜朵、蔡国柱、郭墨也、张婷婷、杨嘉惠、刘方舟，有请中国建筑装饰协会秘书长、设计委员会秘书长刘原先生，苏州大学金螳螂建筑与城市环境学院党委书记查佐明先生，深圳市创想基金理事会副理事长梁建国先生为他们颁奖。

主持人王铁：

谢谢各位！激动人心的时刻到了，一等奖最终花落谁家？2015建筑装饰协会“四校四导师”实验教学课题暨第七届中国建筑装饰卓越人才计划奖的一等奖获奖者是本斯·瑞恩、亓文瑜、赵磊，颁奖嘉宾是中国建筑设计研究院北京筑邦建筑装饰设计院孟建国董事长，中央美术学院校长助理、教务处处长王晓琳。

恭喜同学们！接过奖杯是获奖者最幸福的时刻，不忘奖杯的分量才是奋进者至今的共勉，教者与学者内心更加清醒，我们与领先者之间的差距是我们本次活动的初衷。接下来请欣赏长笛演奏，谢谢！

主持人黄小慧：

谢谢二位。对我们本次活动的成功举行，不仅要感谢在座的各位，同时尤其要感谢的是美国丹佛大都会州立大学，因为他们的参与让我们的活动增添了浓墨重彩的一笔，有请黄悦老师上台，我们将为他们颁发积极参与奖，有请清华大学美术学院张月教授颁奖。

主持人王铁：

颁奖典礼过半，我们激动的心情难以形容。接下来有请钟读仁校长为我们致辞。

钟读仁先生：

各位专家、各位领导，大家上午好！

首先，为获奖的各位专家和同学们表示衷心祝贺！

很高兴再次参加“四校四导师”实验教学课题一年一度的颁奖典礼，在此我代表山东师范大学对各位领导、各位专家长期以来对我校的关心、支持与帮助表示崇高的敬意和诚挚的感谢！在王铁教授、张月教授和彭

山东师范大学副校长钟读仁先生

石赟先生、琚宾先生、王晓琳女士为获得三等奖的学生颁奖

梁建国先生、刘原先生、查佐明教授为获得二等奖的学生颁奖

军教授倡导发起的艺术设计专业“四校四导师”教学实验活动已经走过了七年历程，教师们凭借个人的影响和企业赞助，在全国艺术设计教学领域产生了如此大的影响，形成的效应和趋势超出预期和想象，可谓星星之火大有燎原之势。教师们的行为代表了当代优秀知识分子大学生的支持，充分体现了当代优秀教师对高等教育的高度责任感、使命感，同时在对全面深化高校改革作出新部署、对高等教育人才培养模式提出新要求。家长对孩子成长成才的期盼的影响下，“四校四导师”教学实验课题越来越多地为艺术高校、企业、科研院所提供人才，探索出创新的教学模式，为高校怎么办好教学提供了有益的经验借鉴。

山东师范大学与“四校四导师”活动开始于2013年，多次承办了实验教学课题中期汇报交流会，学生的

中央美术学院院长助理兼教务处处长王晓琳，孟建国先生为获得一等奖学生颁奖

作品受到了导师们较好的评价，获奖项目有很多。积极参与“四校四导师”活动，有效地推动了学校的艺术教学、人才培养、教学实践、创新创业等方面的提升，现在山东省也在实施省属院校学生教学工作的改革。山师是一个办学时间比较长的学校，我们是建校50年，博士点数量、硕士点数量和办学势力是山东省省属院校最高的。我们艺术学院建成50年，也是一个本科学院，经过发展，有一定的办学势力。下一步我们也想借鉴人才培养的模式，优化办学条件，切实全面提升高等学校办学质量和水平，也希望经过本次活动能进一步向各位领导和专家学习、请教，不但提升我校的各项工作，特别是艺术教育教学模式和人才培养的能力。真诚希望各位专家、各位领导一如既往地支持山东师范大学。从北京到济南高铁是一个半小时，再到我们新校区要10分钟，如果你住在济南来北京上班是非常好的，因为那边的房价非常便宜，我们学校周边的房价是5000元/m^2环境非常好。王教授去了以后对我们那评价很高。欢迎各位专家到我们那里去指导工作、去交流。在这里非常感谢中央美术学院的各位领导和教授，也非常感谢组织这项活动的各位专家教授，大家确实非常辛苦。同时也感谢中国建筑装饰协会对我们这个课题七年的支持，一切为了孩子、为了学生。谢谢大家！

主持人王铁：

感谢钟校长的鼓励，我们课题组从此有了依靠了，谢谢！

主持人黄小慧：

接下来将进入到第四个环节，师生感言。请清华大学美术学院环境艺术设计系李飒副教授代表青年教师组发表感言。

李飒副教授：

谢谢课题组让我代表我们的青年教师们来发言。105天之前在清华大学开题的时候我曾经用“三个感恩”作为我的主题词进行了我的感言。在今天，也就是105天之后，大家带着满满的硕果即将启程回到各自的学校的时候，我想用“三个专业”来作为我这次发言的主题。

第一个“专业”就是我们的同学在经过这105天的锤炼之后，我们的图纸不仅仅是画，不仅仅是几个线

佩奇大学阿高什·胡特教授为王铁教授颁发博士生导师聘书

条，而是由专业的一种表达的方式、专业的一种思维方式进行了一个专业的阐述。这两天结题答辩的时候，我们每一位同学的呈现都是专业的表达。

第二个“专业”是团队的专业，可以说现在每一所单一的院校都没有达到我们现在这个平台这样的专业水准。我们现在在座的各位同学太幸福了，37位同学有45位导师，还不包括在座的创基金理事会的10位国内顶尖的大腕设计师，如果加上他们，你们每一个人就是在两三个以上导师的指导下，每一个人都有一个专职导师，所以实在是太幸福了。不仅仅有一线教学的老师，有我们设计团队中最专业的教授、最专业的设计师，还有我们各位大师的指点，我们简直是幸福无比。

第三个“专业”应该是说现在的平台，这个平台开始只有几位老师，王铁老师、张月老师、彭军老师、王琼老师，到15年第七届已经发展到如此庞大的、这样优秀的、更加国际化的一个平台。应该说我们“四校四导师”的活动让我们所有的学生感受到了一种特别的专业，所以在这儿我还要再次感谢一下王铁老师、张月老师、彭军老师、王琼老师。我们的同学太幸福了。

最后我想说，作为老师，很高兴看到今天每一位同学得到了自己的沉甸甸的奖杯和这样的一个设计精美的证书。这些其实是对我们每一位在座同学在这105天付出的努力最终得到的一种回报，你们得到的是这样的一种物质上的回报，而对于我们回报实际上就看到大家从现在开始将要走出校门，步入社会，甚至到更高的学府进行学习。作为一名老师，我希望用我最专业的教师精神带领大家在今后的专业设计工作中能够收获丰硕的成果，最终回馈给社会！

谢谢！

主持人王铁：

李飒老师刚才慷慨陈词，感谢所有为“四校四导师”作出贡献的人，我想每一所大学最重要的是有年轻的力量。我们“四校四导师”走过了七年，责任导师年龄逐渐向上攀登，接下来我们希望像李飒老师这样的年轻

山东师范大学亓文瑜代表学生发言

佩奇大学本斯·瑞恩代表外籍学生发言

人接过接力棒继续做，从小学到初中、大学、硕士、博士，“四校四导师”还有很长的路要走，我们坚信有这么好的教师团队和这么好的社会声誉，以及所有热爱“四校四导师”课题的人，相信“四校四导师”的明天更美好。

主持人黄小慧：

接下来是2015创基金“四校四导师”实验教学课题暨第七届中国建筑装饰卓越人才计划奖学生代表亓文瑜发表感言。

亓文瑜同学：

尊敬的各位领导、各位老师、亲爱的同学们，大家上午好！我叫亓文瑜，来自山东师范大学。很荣幸能够成为学生代表在国家最高艺术殿堂发言。

今年是“四校四导师”实践教学活动举办的第七届，之前看着师哥师姐的精彩毕业设计赞叹不已，今年当我真正地参加了“四校四导师”的教学活动时，我却按捺不住紧张而又兴奋的心情，遥想3月21日在清华大学开题的日子，汇报的画面还尽在眼前。当时我们还很迷茫，不知道通过这个活动我们能有什么的经历和收获，那时我在想，其实设计就如同我们的人生一样，是一场修行，是一场删繁留简、去伪存真的过程。光阴在我们的脸上留下了岁月的痕迹，而这些痕迹转化为设计的语言来阐述我们对现代的生活。在“四校四导师”的过程中我学到了很多的东西，重新构架了原来的自己的知识体系，更加严谨了设计的思路和过程，更加明确了理性与艺术的科学融合，无论是设计的哪一方面都让我们秉承着这一点，对我们来说最弥足珍贵的是一种面对生活的意志、品质，一种对设计更深刻的感悟。这次经历给了我内心某种情绪的映照和一种倔强独立的态度。我们总是自嘲设计虐我千百遍，我待设计如初恋。其实当我完全投入一个设计中时，我会忘记那些苦恼，让所有的困难都会变成一种乐趣，从容地去面对、去解决。尼采曾说过，每一个不曾起舞的日子都是对生命的辜负，我感谢“四校四导师”给了我这样一个机会，在毕业季时可以肆意地挥舞、完美地落幕，还能认识国内外不同的名师、名企、30多位名师和来自不同学校的学生。每一次的答辩之后我们都会通过不同的答辩和名师的指导来发现自己的不足和别人身上的闪光点，以此来充实自己，而且还能建立深厚的友谊。不同的文化有不同的特色，同学们在做方案时也有不同的思路，正是因为这种不同，我们的思维才能碰撞出更耀眼的火花，正是因为不同，我们才能给稚嫩的自己注入新鲜而又沸腾的血液，正是因为不同才能促使我们向更好的未来前进，成就我们共同的梦想。

全体导师参加颁奖典礼

很多人以为毕业就是青春的结束，而通过这个平台我和我的小伙伴的设计人生才刚刚启航，今后还有很多路要一起走、一起扶持、一起去闯，“四校四导师”教学实践课题实际上是一个社会性的大家庭，我相信这是拿任何东西都换取不来的，感谢四校、感谢实践性毕业设计教学、感谢生活、感谢在四校中遇见的每一个人。谢谢！

主持人黄小慧：

谢谢亓文瑜非常感人的发言，正是这份感动让他们带着感激走入社会，从此更加有效地回报祖国和社会。接下来有请2015创基金“四校四导师”实验教学课题暨第七届中国建筑装饰卓越人才计划奖匈牙利国立佩奇大学学生代表本斯·瑞恩发表获奖感言。有请！

本斯·瑞恩同学：

大家好！首先我想代表佩奇大学的每个学生对课题组表示感谢，感谢邀请我们参加“四校四导师”课题，能和大家一起参加这个历时一个学期的课题，对我们来说是一个非常难忘的经历。能够有机会来到中国这个历史悠久的国家，对我们来说是一次非常兴奋的体验，无论是中国的建筑、美食、茶，还是热情友好的中国人都给我们留下了美好的回忆。相比匈牙利来说，中国是一个超级大国，而它正处于一个高速发展的阶段，城市建筑的尺度和规模都很大。对于建筑师来说，这里就像是一个伟大的宝库。上次课题汇报我们大部分时间在苏州度过，虽然这个城市人口众多，但依然拥有许多绿地和大型开放空间，如果非要用一个词来描述它，我想那就是“宜居”。再次感谢课题组的主办方王铁老师、张月老师和彭军老师给我们这样的机会。从开题到结题我们经历四次向课题组的教授们汇报、与各院校的同学们交流，教授们和同学们始终按照任务书进度彼此协同合作，克服困难直到最后圆满地完成课题，所有老师的建议对我们来说都非常重要，没有他们那些宝贵的意见我们不可能完成令人满意的毕业设计。非常高兴能参加“四校四导师”课题，每次的研讨会我们都有机会进行答辩，这对我们来说是一个非常大的挑战，同时，通过这个国际化平台我们看到了世界的另一个部分，并获得了许多受益终身的专业经验。

再次感谢课题组付出的努力，感谢对我们热情的邀请和周到的接待。谢谢大家！

主持人黄小慧：

谢谢本斯·瑞恩。

主持人王铁：

“四校四导师”的成果我们大家可以想象，在中国有各种各样的实验教学，各个学校都在努力去走协同创新下的实验教学，提供各种各样的平台，我想“四校四导师”它的内核是培养更多为这个和平的世界、为自己的国家和为自己的民族，以及为我们自己的学校去增光的人。“四校四导师”课题结束的时刻，我们迎来了一个最振奋人心的消息，第一是佩奇大学四名学生中有一名在中国就职了，非常高兴，让我们大家祝贺他，很快就进入签约的阶段。还有，佩奇大学为我们提供的免推和全额奖学金名额已经纳入到佩奇大学的正式日程，在这几天之内就可以得到录取的消息，让我们对申请“四校四导师”实验教学课题佩奇大学硕士研究生的同学表示衷心的祝贺。

2015创基金“四校四导师”实验教学课题暨第七届中国建筑装饰卓越人才计划奖颁奖典礼接近尾声，此时，我的心情和在场的领导、嘉宾、师生一样，是“共享成果、分享感动”。在这最难忘的时刻，我们课题组为取得的成果而感到自豪，同时对未来充满着信心，因为我们热爱教师这份职业、爱我们的学生、爱我们的校园，祝愿我们的事业持续顺利。我们今天有理由相信，从这里走出去的学生在未来社会工作中将取得辉煌的成绩，努力工作和学习就是报答学校、报答“四校四导师”、报答第七届中国建筑装饰卓越人才计划奖、报答深圳创想基金会。

我宣布，2015创基金“四校四导师”实验教学暨第七届中国建筑装饰卓越人才计划奖颁奖典礼圆满结束！

全体师生合影

后记

Afterword

中央美术学院　王铁教授

Central Academy of Fine Arts, Professor Wang Tie

2015创基金“四校四导师”实验教学课题的成果可以证明是高等院校实验教学的又一有价值的成果。自古以来获取知识只有两条路可行，其一是通过不断积少成多的学习积累，其二是通过长期的社会实践累积，两者互动方可形成具有价值意义的理论。为此人们对成果价值格外珍惜，名言之句道出了真谛，即“实践是检验真理的唯一标准”。短短105天的共同坚持给师生留下的却是恒久的记忆，受益者是全体参加课题院校的设计教育体系的师生，为人类之教育实验教学的库存里，又增添了一项新的有价值的案例。

回想七年的“四校四导师”环境设计本科毕业设计实验教学课题，是兄弟院校间教授和企业成功合作的实验教学，是中国建筑装饰协会牵头下卓越人才计划的又一次成果，是向知识与实践并存型人才培养战略目标又迈进了一步，是具有国际教育战略意义价值上的拓展。共同的心愿、共享的成果把导师们连接起来，课题教师用心努力教好书，创基金鼎力的捐助，目的是为设计教育培养大批高质量合格人才，孵化出对未来充满幻想的一批优秀学子。首先要感谢课题带头人，清华大学美术学院张月教授、天津美术学院彭军教授、苏州大学王琼教授，感谢创立3十1名校教授实验教学模式的同仁。经过七载的实验教学证明共同的教学理念是打破院校间壁垒的成功尝试，共同的价值是凝聚知名学者教授的基础，是教授治学理念无限的、计划中的惊喜。

建立中外课题合作院校，架起与企业合作的桥梁，不断探索是全体课题组导师的奋斗目标，每年选择几所国内不同地区的大学，邀请建筑设计、环境设计、景观设计和相关学者、学科带头人为课题探索增加坚实的学理化基础，塑造和丰富“名师”实验教学品牌，带动相关院校的教学，根据不同类型课题项目和要求进行分类，制定可行性课题设计任务书，制定调研计划、实施现场体验、完成调研成果报告，分四个阶段完成教学计划。其特色是友情邀请兄弟院校及社会具有影响力的设计名师，与知名企业中的名师共同组成学术团队，提倡学生在导师组共同指导下进行调研，构思、独立完成调研报告的写作和动手表达能力，鼓励设计方案与解读设计任务书中的设计条件，做到有法规可依的设计原则，搭建名企、名家与学生的对话平台，鼓励参加课题院校学生之间相互交流、共同探讨，建立无界限交叉指导学生，科学有序地完成实验课题。打造多维的实验教学模式，强调三位一体的研究团队，即责任导师、国外知名教授、专家学者、企业名人的实验教学指导团队，科学有效地完成教学计划课题，为高等院校教授间的深入合作打下良好而有价值的可鉴案例。

回想探索教学的过程，智库团队的形成才是检验实验教学成功与否的生命条件。教师的使命让从事高等教育设计学科的教授们感到无限光荣，建立不断解放思想的平台，永无止境地学习。

感谢为实验教学作出贡献的伯乐们！

2015年6月20日于北京